雷毅　梁栋◎著

# 聚氨酯软泡材料
# 热解与阴燃特性

JUANZHI RUANPAO CAILIAO
RENJIE YU YINRAN TEXING

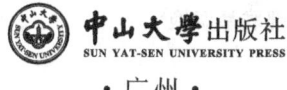
中山大学出版社
SUN YAT-SEN UNIVERSITY PRESS
·广州·

# 版权所有　翻印必究

## 图书在版编目（CIP）数据

聚氨酯软泡材料热解与阴燃特性/雷毅，梁栋著. —广州：中山大学出版社，2013.12
ISBN 978-7-306-04732-8

Ⅰ. ①聚…　Ⅱ. ①雷…②梁…　Ⅲ. ①聚氨酯—泡沫塑料—热分解法 ②聚氨酯—泡沫塑料—着火特性　Ⅳ. ①TQ328.3

中国版本图书馆 CIP 数据核字（2013）第 267016 号

| | |
|---|---|
| 出版人： | 徐　劲 |
| 策划编辑： | 周建华　赵丽华 |
| 责任编辑： | 赵丽华 |
| 封面设计： | 曾　斌 |
| 责任校对： | 张礼凤 |
| 责任技编： | 何雅涛 |
| 出版发行： | 中山大学出版社 |
| 电　　话： | 编辑部 020 - 84111996，84113349，84111997，84110779 |
| | 发行部 020 - 84111998，84111981，84111160 |
| 地　　址： | 广州市新港西路 135 号 |
| 邮　　编： | 510275　　传　真：020 - 84036565 |
| 网　　址： | http://www.zsup.com.cn　E-mail:zdcbs@mail.sysu.edu.cn |
| 印刷者： | 虎彩印艺股份有限公司 |
| 规　　格： | 787mm×1092mm　1/16　10 印张　213 千字 |
| 版次印次： | 2013 年 12 月第 1 版　2013 年 12 月第 1 次印刷 |
| 印　　数： | 1～1000 册　　定　价：29.00 元 |

如发现本书因印装质量影响阅读，请与出版社发行部联系调换

# 前　言

阴燃是一种发生在气固相界面处的化学反应，而没有气相火焰的缓慢燃烧现象，多发生在多孔积炭型材料中。随着城市的现代化，大量易燃的多孔类高分子聚合物广泛应用于建筑、装饰领域，由此导致的阴燃火灾时有发生，释放出大量浓烟和有毒气体，严重危及人民的生命财产。与有焰火火灾相比，阴燃在实验和理论方面的研究比较缺乏，因此，阴燃在火灾科学研究中具有重要的现实意义。

本书以典型多孔类聚氨酯软泡作为研究对象，对利用实验模拟、理论分析和数值拟合的方法研究其热解动力学、竖直向上阴燃火灾特性及影响因素进行了系统的介绍。

本书介绍利用热重—红外联用技术研究无阻燃聚氨酯软泡在不同气氛和升温速率下的热解行为和气体释放规律。描述可燃物在氮气和空气气氛下的热解过程的"双组份两阶段"和"多组分四阶段"表观动力学模型，采用 Coats-Redfern 模式拟合法计算出各步失重反应的表观动力学参数及相关研究结果。

本书还介绍了基于遗传算法求解聚氨酯热分析动力学模型的新方法。通过反应速率方程建立整个实验温度范围内固体组分失重模型，计算出各步动力学参数和化学计量数。利用竖直向上阴燃实验得出不同加热时间、热流强度、氧化剂流量和氧气浓度工况下对聚氨酯软泡阴燃点燃的影响规律、可燃物特征温度和温度分布等及相关研究结果。

进一步介绍了基于阴燃实验数据分析了不同工况下阴燃反应速度、阴燃波形成、传播过程中各阴燃反应区域的变化状况，以及各测量点温度、温度导数和烟气中各组分变化，采用向前差分拟合法得到阴燃二维和三维变化图等及相关研究结果。

本书在编写过程中，得到广东省消防科学技术重点实验室、广东省公安厅火灾物证鉴定技术重点实验室、中山大学安全工程研究中心多位专家的指导，在此深表感谢！

本书中的研究工作得到广东省消防科学技术重点实验室建设项目（2010A060801010）和广东省科技计划项目"阴燃火灾调查与物证鉴定关键技术研究（2009A030302002）"的资助，特此致谢！

由于时间仓促，作者水平有限，书中难免有不妥之处，敬请同行们给予批评指正。

作　者

2013 年 10 月

# 目　　录

1 绪　　论 ······································································································ (1)
　1.1　引言 ···································································································· (1)
　1.2　聚氨脂软泡和阴燃的相关术语 ······························································· (3)
　1.3　热解与阴燃研究进展 ············································································· (6)
　　1.3.1　聚氨酯软泡表观热解动力学进展 ······················································ (7)
　　1.3.2　基于遗传算法求解动力学模型研究进展 ············································ (8)
　　1.3.3　同向阴燃点燃分析研究进展 ···························································· (10)
　　1.3.4　同向阴燃火灾的研究进展 ······························································· (12)
　　1.3.5　阴燃向有焰火转化研究进展 ···························································· (14)
　　1.3.6　阴燃燃烧数理模型研究进展 ···························································· (20)

2 聚氨酯软泡表观热解（燃烧）动力学机理 ···················································· (27)
　2.1　引言 ···································································································· (27)
　2.2　实验条件与方法 ··················································································· (27)
　2.3　实验结果分析与讨论 ············································································· (28)
　　2.3.1　试样 FTIR 分析 ··············································································· (28)
　　2.3.2　氮气气氛下 TG-FTIR 分析 ······························································· (29)
　　2.3.3　空气气氛下 TG-FTIR 分析 ······························································· (30)
　2.4　Coats-Redfern 模式拟合法计算表观动力学模型 ····································· (34)
　　2.4.2　氮气气氛下聚氨酯软泡表观动力学参数 ············································ (37)
　　2.4.3　空气气氛下表观动力学参数 ···························································· (38)
　2.5　小结 ···································································································· (41)

3 基于遗传算法求解聚氨酯软泡表观热解动力学模型 ······································· (42)
　3.1　引言 ···································································································· (42)
　3.2　全局表观动力学模型 ············································································· (42)

1

3.3 遗传算法计算动力学模型步骤 …………………………………… (45)
3.4 遗传算法优化结果与分析 ………………………………………… (49)
　3.4.1 氮气气氛下拟合结果分析 ………………………………… (49)
　3.4.2 空气气氛下拟合结果分析 ………………………………… (54)
3.5 小结 ………………………………………………………………… (59)

# 4 竖直向上聚氨酯软泡阴燃点燃实验和分析 ……………………… (61)
4.1 引言 ………………………………………………………………… (61)
4.2 实验装置及条件 …………………………………………………… (61)
　4.2.1 小尺寸阴燃实验台的搭建 ………………………………… (61)
　4.2.2 实验工况 …………………………………………………… (64)
　4.2.3 实验步骤 …………………………………………………… (65)
4.3 加热时间的影响 …………………………………………………… (66)
　4.3.1 聚氨酯软泡热解动力学的影响 …………………………… (69)
　4.3.2 TC1 温度和温度导数在氧化反应阶段的变化 …………… (70)
　4.3.3 TC1，TC2，TC3 和 TC4 温度导数对比分析 …………… (72)
4.4 热流强度的影响 …………………………………………………… (74)
　4.4.1 热流强度对 TC1，TC2 和 TC3 的影响 ………………… (79)
　4.4.2 点燃过程无化学反应模拟分析 …………………………… (80)
　4.4.3 热流强度对点燃时间的影响 ……………………………… (84)
4.5 氧化剂流量的影响 ………………………………………………… (85)
　4.5.1 氧化剂流速对 TC1，TC2，TC3 温度和升温速率的影响 … (88)
　4.5.2 氧化剂流速对阴燃点燃时间的影响 ……………………… (89)
4.6 氧气浓度的影响 …………………………………………………… (90)
　4.6.1 氧气浓度对 TC1，TC2，TC3 温度和升温速率的影响 … (94)
　4.6.2 氧气浓度对点燃时间的影响 ……………………………… (95)
4.7 阴燃点燃过程理论分析 …………………………………………… (96)
4.8 小结 ………………………………………………………………… (100)

# 5 聚氨酯软泡阴燃传播过程和生成物分析 ………………………… (102)
5.1 温度差分拟合 ……………………………………………………… (102)
5.2 实验结论与分析 …………………………………………………… (105)
　5.2.1 加热时间的影响 …………………………………………… (105)
　5.2.2 热流强度的影响 …………………………………………… (112)
　5.2.3 氧化剂流量的影响 ………………………………………… (125)

5.2.4　氧气浓度的影响 ································································ (130)
5.3　聚氨酯软泡阴燃过程中烟气和燃烧产物变化特性的研究 ············· (135)
　　5.3.1　实验系统和实验方法 ························································ (136)
　　5.3.2　烟气成分分析 ·································································· (138)
　　5.3.2　烟气冷凝液分析 ······························································· (140)
　　5.3.3　聚氨酯软泡燃烧产物红外光谱分析 ···································· (142)
5.4　小结 ············································································· (144)

**参考文献** ············································································· (146)

# 1 绪 论

## 1.1 引言

火灾一直是影响社会经济发展的重要灾害，它不仅直接或间接地造成相当大的经济损失，还对人民生命安全产生严重的危害。火灾防治工作事关人民群众生命财产安全，事关社会安定、政治稳定、经济发展和国计民生。对于火灾，我国古代人们就总结出"防为上，救次之，戒为下"的经验[1]。随着社会的不断发展，在社会财富日益增多的同时，导致发生火灾的危险因素也在增多，火灾的危害性也越来越大（见表1-1）。

表1-1 我国近年来火灾事故相关数据统计[2]

| 年份 | 发生数（起） | 死亡人数（人） | 受伤人数（人） | 直接经济损失（万） | 人口火灾发生率（1/10万人） |
|---|---|---|---|---|---|
| 2009 | 129 381 | 1 236 | 651 | 162 390.7 | 9.7 |
| 2008 | 136 835 | 1 521 | 743 | 182 202.5 | 10.4 |
| 2007 | 163 521 | 1 617 | 969 | 112 515.8 | 12.6 |
| 2006 | 222 702 | 1 517 | 1 418 | 78 446.8 | 17.4 |
| 2005 | 235 941 | 2 496 | 2 506 | 136 287.5 | 18.6 |
| 2004 | 252 704 | 2 558 | 2 969 | 167 197.3 | 20.1 |
| 2003 | 253 932 | 2 482 | 3 087 | 159 088.6 | 20.3 |
| 2002 | 258 315 | 2 393 | 3 414 | 154 446.4 | 20.6 |
| 2001 | 216 784 | 2 334 | 3 781 | 140 326.1 | 17.5 |
| 2000 | 189 185 | 3 021 | 4 404 | 152 217.3 | 15.4 |

伴随着城市的现代化进程，各种新型建筑及装饰装修材料大量涌现，而相当多的产品含有大量可燃或易燃的高分子聚合物，很少的热量就可能导致阴燃火灾的发生，释放出大量浓烟和有毒气体，直接危及人民的生命、财产[3]。如1986年由未熄灭的烟头引燃地毯阴燃导致的哈尔滨白天鹅宾馆火灾；1987年由于阴燃导致死灰复燃的大兴安岭森林火灾；2004年吉林市中百商厦由烟头引发的重大火灾，造成54人死亡，70多人受伤。这些由阴燃引发的火灾均造成了巨大的经济损失和人员伤亡。在美国的城市火灾统计中[4,5]，由阴燃进一步引发的火灾，与所有其他原因导致的火灾相比，在数量上居于

首位。还有在森林中,长年积累的大量死亡的枝叶、杂草会在地面上形成相当厚的可燃物层,其厚度可达数米。此外,由于地表深层煤自燃而引发的阴燃使中国每年有 2 亿吨煤炭消耗殆尽,大量有害气体和煤灰被释放到空气中,导致大规模的温室效应,对生态环境和人类生活造成了极大的威胁[6]。

根据燃烧过程中是否有火焰产生可将火灾分为阴燃(smoldering)和明火(flaming)(见图 1-1)。明火为有焰火燃烧,是可燃物(固体、液体、气体)受热发生分解生成小分子的可燃性气体,与氧化剂发生强烈的化学反应,并伴有发光发热为主,释放出的热量又进一步促使可燃物发生热解生成小分子的可燃性气体的一种快速传播的燃烧过程[7]。阴燃(亦称闷烧),Ohlemiller 首先把其描述为依靠固体可燃物与氧气间的异相表面反应所放出的热量维持自身传播的一种缓慢、低温、无火焰燃烧过程[8]。在实际火灾(如室内火灾、森林火灾、煤矿火灾等)中,由于燃烧过程中氧气浓度的变化,阴燃与明火常常同时存在或互相转化。

图 1-1 聚氨酯材料阴燃和有焰火燃烧

阴燃与明火燃烧相比显著的特点是:缓慢、低温和无焰[9]。阴燃是通过可燃物自身与氧气间的异相表面反应所释放的热量和从反应区通过热导对流辐射到周围环境的热量之间的平衡而得以自维持传播。因此,阴燃现象与机理涉及化学反应动力学、流体力学、多孔介质的传热传质和表面化学反应等诸多问题,决定阴燃燃烧的内部因素包括热化学参数、可燃物物理性质(如空隙率、渗透性和热物性参数),外部影响因素有环境传热特性、浮力作用和点火源的物理状况等,这些都对阴燃燃烧的发生、传播以及向明火的转捩有着非常重要的影响[10]。由于阴燃的气固异相反应与有焰火燃烧的气相反应的不同,使阴燃出现一些特殊的危害:阴燃是多发生在缺氧条件下的不完全燃烧,比通常的有焰火燃烧释放出更多的有毒气体,给人们造成更大的伤害[11];阴燃火灾多发生于材料内部,难于探测和熄灭,因此潜在危险性很大;与有焰火燃烧相比,很少的热量就能使材料发生阴燃,并在一定条件下向明火转化,形成轰燃,导致发生严重的火灾事故。所以,阴燃在火灾科学、燃烧学研究中占有十分重要的地位。

## 1.2 聚氨脂软泡和阴燃的相关术语

聚氨酯是聚氨基甲酸脂的简称，是由异氰酸酯和羟基化合物反应而成。聚氨酯主要性能除受分子中链节组分的影响外，在分子结构方面的主要影响因素是交联度。因此，通过调节不同原料的相对分子质量和官能度就能控制产品的交联密度，从而制得从软质到硬质不同性能的泡沫制品。

聚氨酯是一种新兴的有机高分子材料，可以制成塑料、橡胶、纤维、涂料、胶黏剂等，因其卓越的性能而被广泛应用于国民经济的众多领域。据中国聚氨酯工业协会统计，2012年全国聚氨酯产销量达到780万吨，其中聚氨酯泡沫塑料产销量320万吨、氨纶35万吨、聚氨酯合成革浆料和鞋底原液195万吨、聚氨酯涂料130万吨、聚氨酯弹性体60万吨。到2012年年底，我国聚氨酯产销量占全球总产量40%以上，稳居世界首位。特别是聚氨酯泡沫塑料具有质轻、绝缘、隔音、保温、耐油、透气、无毒、高回弹等许多优异性能，其用量占到整个聚氨酯行业产量的40%。

聚氨酯软泡（即软质聚氨酯泡沫）是一种具有一定弹性的柔软性聚氨酯泡沫塑料，多为开孔结构，具有密度低、弹性回复好、吸音、透气、保温等性能。聚氨酯软泡生产中通常使用的物理发泡剂是CFC-11、$CH_2Cl_2$等，但这些发泡剂大都会破坏臭氧层，且对人体有一定的毒害。聚氨酯软泡的低雾化、低密度、阻燃等问题是人们关注的焦点。低雾化主要是各大组分（除了水）中易于挥发的小分子。TDI以其低密度化、强度高的优点占据比较大的市场，但是TDI存在的硬度低、毒性大、价格高的问题。阻燃剂是常规的提高阻燃性的手段。在发挥好的阻燃效果的前提下，又不降低泡沫的性能，研发这种阻燃剂是技术难度比较高。所以，对多元醇的阻燃改性以及异氰酸酯的阻燃改性是阻燃剂发展的必然趋势。

聚氨酯软泡一般可以分为普通软泡、超柔软泡、高承载软泡、高回弹软泡等。聚氨酯软泡在聚氨酯制品中用量很大，一般用于制造座垫、床垫等垫材，工业和民用上也把软泡用作过滤材料、隔音材料、防震材料、装饰材料、包装材料及隔热材料等。

阴燃属一种只在气固相界面发生燃烧反应，且没有气相火焰的燃烧现象。目前阴燃的实验模拟等方面还不完善，相关描述阴燃的名词术语还没有明确的定义。以下对其进行简要的说明。

阴燃：依靠固体可燃物与氧气间的异相表面反应所放出的热量维持自身传播的一种缓慢、低温、无火焰的燃烧过程。

同向阴燃：阴燃波的传播方向与氧化剂的传播方向相同，即燃料与氧化剂从相反的方向进入阴燃反应区，又称为扩散阴燃。

反向阴燃：阴燃波的传播方向与氧化剂传播方向相反，即燃料与氧化剂以不同的速度从相同的方向进入阴燃反应区，又称为预混阴燃。当考虑重力作用时，因浮力产生向上的气流，阴燃分为向上同向阴燃（upward forward smoldering）和向下反向阴燃（downward opposed smoldering）（见图1-2）。同理，当阴燃在水平反向传播时，也可分为水平同向阴燃和水平反向阴燃（见图1-3）。在实际情况中，阴燃传播常伴有同向和反向传播，但通常以一种传播方式为主。

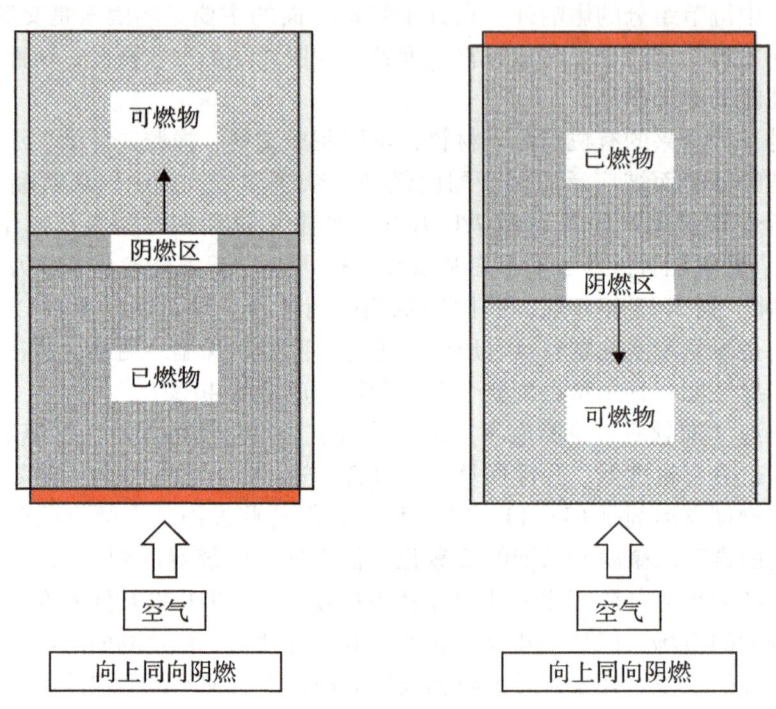

图1-2　一维向上同向阴燃和向下反向阴燃

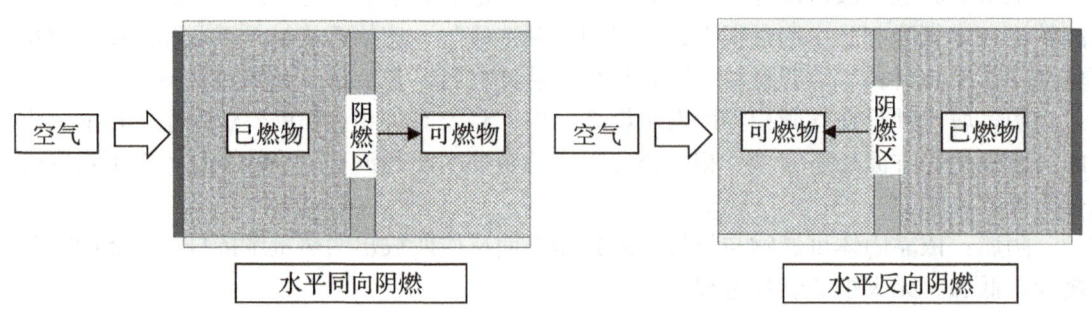

图1-3　一维水平同向阴燃和反向阴燃

阴燃引燃：是指对可燃物施加热流，使材料通过自身的氧化反应所产生的热量能够维持其向前传播的过程。

阴燃自维持传播：为可燃物依靠自身氧化反应释放出的热量推动阴燃向前传播的过程。当阴燃区域的热释放速率及热损失速率相差不大，阴燃区域产热仅维持阴燃向前传播时，就形成稳定的阴燃传播。

阴燃着火：当阴燃区域的热释放速率大于阴燃传播热损失速率时，内部热量聚集越来越多，使周围可燃物被加热到较高温度，同时阴燃区域逐渐扩大，使可燃气体释放速率加快，当可燃气体浓度、氧气浓度和温度达到一定的条件产生气相燃烧时，出现阴燃向有焰火的转换。

阴燃熄灭：可燃物引燃后，当阴燃区域的热释放速率小于热损失速率时，伴随阴燃传播，阴燃区域逐渐变小，进而由于没有足够热量维持而熄灭。

阴燃波：一种在阴燃区域用热量和质量进行交换，在可燃物中进行传播的波。它从阴燃区向热解区、预热区连续地传递热量，把未阴燃的可燃物温度升至材料氧化反应的温度从而维持阴燃波向前传播（见图1-4）。

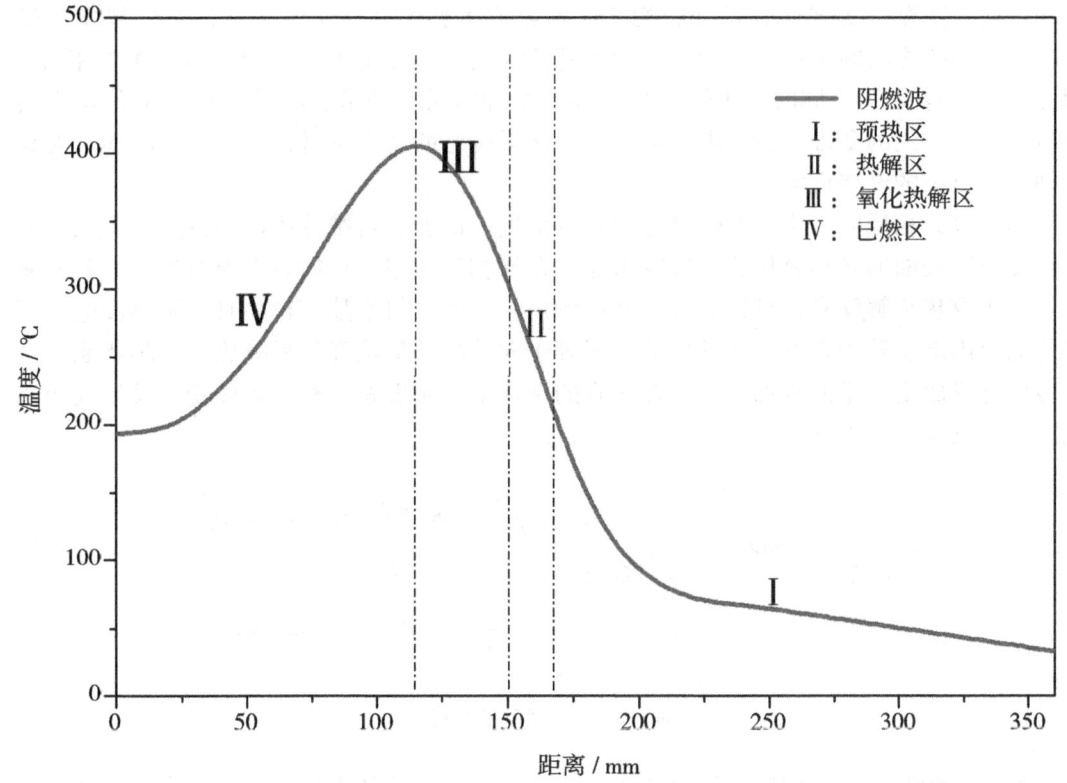

图1-4 典型阴燃波的不同区域

阴燃预热区：在阴燃燃烧区前沿很大的区域内，可燃物受热但不发生化学反应的区域。从聚氨酯材料的热重实验可以看到,当可燃物温度低于 200 ℃ 时,几乎没有化学反应产生。

阴燃热解区:指阴燃燃烧区前沿很小的区域。在这个区域内可燃物主要发生吸热热解反应或者以热解反应为主。

阴燃氧化热解区:主要以氧化反应为主的区域。与预混气体燃烧过程中的燃烧面或者火焰面所发生的剧烈化学反应不同,该区域主要以固体表面的氧化异相反应为主,反应速度慢,温度较低。

## 1.3 热解与阴燃研究进展

阴燃是一种只在气-固相界面处的燃烧反应,而没有气相火焰的缓慢燃烧现象,多发生在多孔积炭型材料中,如煤[12,13]、家具[14,15]、布料[16,17]、香烟[18-20]、木材[21]、垃圾[22,23]、聚氨酯材料[24,25]等。固体可燃物的种类、状态、尺寸、阴燃条件,特别是氧气浓度对阴燃转变规律有显著影响。这种影响主要表现在阴燃状态,换热规律与热解、气化规律之间的关系上。阴燃过程与化学反应、换热过程、气体流动、物质扩散、相变等因素有关[10]。同时,阴燃还是一种涉及到质量、动量、能量和化学组分在不同环境下相互作用的多维、多尺度、非定常、非平衡态的动力学过程。因此,阴燃火灾是一种非常复杂的燃烧现象[7]。

阴燃以异相反应为主,其燃烧过程具有缓慢、低温、自维持传播的特点。阴燃主要由多孔材料表面的异相氧化放热反应引起。在异相反应中,材料表面吸附扩散而来的氧气,发生放热热解反应,解析出气体并形成焦炭。当材料空隙率较高时,阴燃反应从表面传播至内部。若阴燃反应区的放热大于等于向外界的散热和材料吸热时,阴燃能自维持传播并释放出大量的有毒气体。在适宜的条件下,阴燃将向有焰火转变,发生气相燃烧。阴燃反应过程见图 1 - 5。

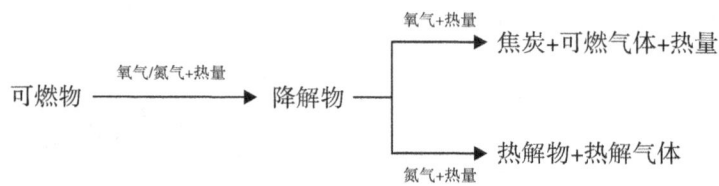

图 1 - 5 阴燃反应过程

鉴于可能发生阴燃现象的情况很多,为了弄清阴燃的基本现象及其出现的条件、主要控制参数,以及阴燃各过程之间的相互作用,必须合理地建立起物理模型和数学模型,通过实验和数值模拟等方法开展研究,并且随着计算机的发展,使阴燃的数值模拟易于实现,通过实验与计算机模拟相互结合,可使人们对阴燃的机理有进一步的了解,进而发展阴燃理论。但由于阴燃本身的复杂性,阴燃的机理还没有被人们很好地掌握[7]。

据文献记载,阴燃研究始于20世纪50年代末,Palmer[26]首先对典型可燃物的阴燃温度、速度和引燃最小厚度进行了实验研究,为后来的研究做了有意义的开端。60年代,Alfred Egerton[27]对香烟阴燃进行理论和实验研究,采用无量纲方法,分析传导、辐射和对流在阴燃传播中的作用。80年代,由于阴燃引起的火灾日益增多,欧美一些国家的学者开始对阴燃的研究加以重视[28-35]。国内对阴燃的研究起步较晚,孙文策[36,37]、郭晓平[38-40]、解茂昭[41]对纤维质材料在水平燃烧床阴燃的传播及其向明火的转捩进行了实验和数值模拟研究,路长等[42-45]对聚亚氨酯在水平反向阴燃的传播和向有焰火转化进行了实验研究并建立了相关的数理模型。相对于反向阴燃,对同向阴燃的研究较少。

### 1.3.1 聚氨酯软泡表观热解动力学进展

可燃物的热解失重过程是阴燃行为中最初始的阶段,对阴燃的发生、蔓延和向有焰火转化提供必要的热量和挥发性燃料。从某种意义上讲,热解行为对阴燃的着火过程是否发生,以及着火发生后阴燃峰的蔓延过程是否能维持以及阴燃向有焰火的转化,均起着关键作用。深入理解材料的热解行为及其规律,是研究阴燃过程和对其进行模拟的关键所在。可燃物,特别是有机高聚物的热解过程是非常复杂的物理化学过程,其中不仅包含非常复杂的化学动力学过程,而且包含许多复杂的物理过程,如热导、对流、辐射等传热传质过程以及这些过程的相互作用等。从火灾安全角度而言,大量的研究集中于材料有焰火失重的研究,而对阴燃这种氧化热解反应非常缓慢的失重过程研究很少。国内外学者对聚氨酯的热解研究多从全局建立热解、气化的动力学模型[46-51],并与实验研究相互配合、相互验证。

聚氨酯可制得从软质到硬质不同性能的泡沫制品[52]。聚氨酯基本反应方程式如图1-6所示。

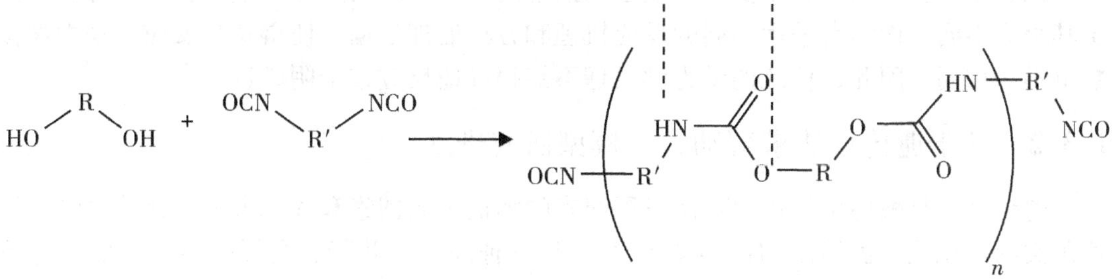

图1-6 聚氨酯基本反应方程式[53]

由于聚氨酯含可燃的碳氢链段、密度小、比表面积大、开孔高、可燃成分多,极易燃烧,较少的热量就能使其发生阴燃,产生大量的毒气和烟尘,并在适宜的条件下向有焰火转化,造成火灾蔓延。目前对聚氨酯在各种气氛下的热解机理有较多文献报道,所得出的结论也大致相同;而就热解动力学问题,由于不同研究者采用的计算方法和模型各异,因而其结果存在较大差异[54],如何建立起与阴燃失重过程相符的计算方法和模型是一个重要的问题。

聚氨酯热解动力学研究主要采用的分析手段有等温法和非等温法。等温法具有实验费时、易出现在温度升至预设温度前样品已发生分解而引入误差等缺点。因此,很多研究者都用非等温法计算聚氨酯热分解动力学参数,并分别提出了相关的热分解机理。非等温法采用动态技术,具有分析与升温过程同步,进而能比较完整地反映分解过程,且误差较小等优点。并利用单一非等温实验曲线导出 Arrhenius 参数以及过程反应模型。

对于聚氨酯软泡在氮气气氛下的热解过程,采用热重分析可得到两个明显的失重过程[55-58]。第一步表观失重过程主要是聚氨酯中的硬段—NHCOO—基团断裂为异氰酸酯,还有少量的烯烃、胺和 $CO_2$;随后是软段开始分解,此阶段主要逸出物是在低温范围内难热解的软段分解成的芳香脂、多元醇、氨、$CO_2$ 和卤化物等气体。异氰酸酯与多元醇不同配比制得的聚氨酯软泡其热解失重速度相差较大,随着材料中软段比例的增加,第一步热解速度减小。

学者们对空气气氛下聚氨酯软泡的热解过程有不同见解。一些研究者认为其热分解过程属多步串联反应。例如,Ohlemiller 等通过对聚氨酯泡沫的研究得出了在空气中的热分解是两步串联的反应机理[8]:第一步是泡沫的氧化分解,第二步为焦炭的氧化。Dosanjh[33]则将过程简化为一步反应,既聚氨酯的氧化分解。另一些研究者则采用多步平行反应描述其热解行为。Font[59]认为聚氨酯的分解过程由两步平行反应组成。Branca[60]对不同升温速率下的聚氨酯进行热重实验,得到的各步最优机理函数为扩散模型,采用三阶段反应描述其表观失重过程。

由于聚氨酯材料在热分解时复杂的物理和化学变化,其动力学过程至今仍不清楚。在阴燃研究中,学者们并未对聚氨酯材料提供合适的动力学参数,大都片面考虑氧化热解,或者用单步、两步、三步反应模型来描述阴燃反应区的热分解过程。且每种材料由于其组成不同,而学者采用不同的反应机理和方法处理数据,使得每步反应的动力学参数也不尽相同。因此,传统的动力学机理不能很好地反应整个阴燃过程[61]。

## 1.3.2 基于遗传算法求解动力学模型研究进展

遗传算法是模仿生物进化机制发展起来的随机全局搜索和优化方法,该算法借鉴了达尔文的进化论和孟德尔的遗传学说[62],是一种高效、并行、全局搜索的方法,它可在搜索过程中自动获取并积累搜索空间的知识,并能自适应地控制搜索过程来求出最优解[63]。在遗传算法每一代,都依据个体在问题域中的适应度和再造方法进行个体选择,以产生新的近似解[64]。作为一种随机优化与搜索的方法，遗传算法的特点有[65]：

（1）遗传算法的操作对象为一组可行解，并有多条搜索轨道，有良好的并行性。

（2）遗传算法具有很强的通用性，适用于大规模、高度非线性的不连续多峰复杂函数优化等。

（3）遗传算法择优机制具有良好的全优化性和稳健性。

（4）遗传算法具有良好的可操作性与简单性。

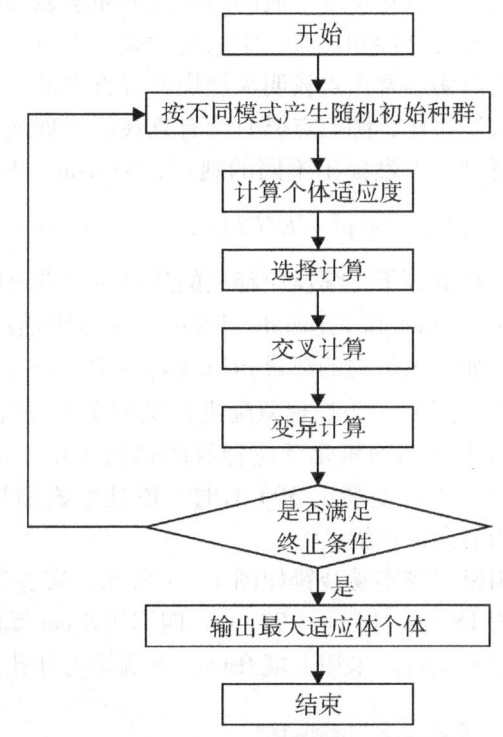

图 1-7 遗传算法基本流程

传统热分析动力学的研究目的在于定量表征反应（或相变）过程，确定其遵循的最概然机理函数 $f(\alpha)$，求出动力学参数 $E$ 和 $A$，算出速率常数 $K$，提出模拟 $TA$ 曲线的反应速率 $d\alpha/dt$ 的表达式[66]。根据热分析方法是否需要应用机理函数，分为模型拟合和非模型拟合两种方法[67]。模型拟合法通过线性拟合相关性的好坏进行动力学模型判定，对于热解机理复杂的多步分解过程模型拟合法工作量大，而且不能保证现有的机理函数已经覆盖所有的反应过程[68]。非模型拟合法在确定动力学参数时，不涉及反应参数的选择，但是常见非模型拟合法一般用于求解反应活化能。由于聚氨酯复杂的化学反应（对持反应、平行反应、连续反应以及这些反应的组合），以及方程组的高度非线性，传统的积分法和微分法很难对其进行计算。

遗传算法采用求解目标函数极小值的思想，结合算法随机并行搜索的特点，通过选择和设置合适的父体选择策略、杂交算子、变异算子等参数运算，得到最优解[69]。国内外研究者[70-75]基于遗传算法在非线性约束问题优化问题做了大量的研究。

### 1.3.3 同向阴燃点燃分析研究进展

阴燃点燃是可燃物阴燃燃烧的最初阶段，是指在外加热流下使可燃物产生化学反应，当停止加热时，自身热解氧化反应释放的热量能够使阴燃继续燃烧。阴燃燃烧中需要达到的条件包括物质具有可燃性和具有一定浓度的氧气。由于阴燃主要在可燃物内部传播，氧气浓度较低，所以阴燃着火点较明火燃烧的着火点低。

与可燃物着火产生火焰相比，阴燃点燃时没有直观的物理现象判断其是否阴燃。在热点火理论中，学者对可燃物点燃提出不同的观点，Averson, Barzykin 和 Merzhanov[76]提出临界条件为 $\hat{q}(t_{ign}) = QK \int_0^\infty \{\exp[-E/R\hat{T}(x, t_{ign})] - \exp(-E/RT_i)\} dx$。这一条件表示，当从外热源获得的热量等于化学反应释放的热量时，点火就开始。对于可燃物在阴燃点燃的临界条件，Anthenine 和 Fernandez-Pello[77]认为阴燃波向前传播需要的热量应大于等于阴燃反应区向加热区散失的热量 $\rho C_p u_s (T_P - T_0) \geq \lambda (T_P - T_A)/x_{min}$。

Walter 等[78]在空气气氛下对无阻燃聚氨酯进行阴燃实验发现，当离加热面 3 cm 处的温度低于 300 ℃时，由于可燃物氧化反应释放的热量不足以促使阴燃向前传播，阴燃很快就发生熄灭；反之，当温度高于 300 ℃时，该处聚氨酯材料氧化反应加速释放大量的热量，从而推动阴燃向前传播。

路长等设计的同向阴燃点燃实验装置如图 1-8 所示。实验装置中聚氨酯泡沫材料被垂直放置，材料尺寸为 15 cm×14 cm×22 cm，四周用 4 cm 厚的硅酸铝纤维隔热，使实验过程在自然对流条件下进行，采用上端开口、下端均匀开孔方式。下部热源由一排

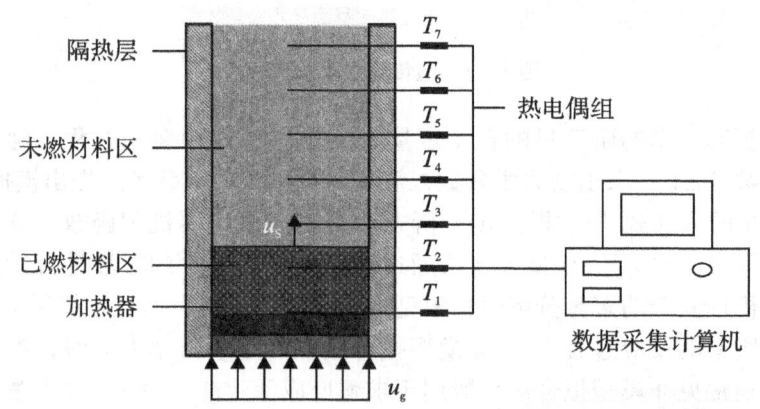

图 1-8 实验装置示意图[79]

电加热棒均匀加热来提供，工作电压通过变压器在 0～250 V 进行调节，且在 220 V 电压下总功率为 105 W。装置中设置热电偶测温，热电偶沿着阴燃传播的方向均匀布置，间隔 3 cm。第 1 根热电偶放置在材料表面，但不接触加热棒，各测点温度值使用高速数据采集计算机进行同步采集和记录。在实验中，加热一段时间后，将加热棒从实验体中移除，让聚氨酯泡沫材料不再受到外热源的作用，而靠自身的反应决定燃烧能否维持。[79]

通过实验得出了不同热流密度下的加热时间与阴燃的关系、不同加热时间下的阴燃传播过程，如图 1-9 和图 1-10 所示。结果表明，当 6 cm 处的温度约超过 110 ℃，同时 3 cm 处温度高于 300 ℃ 处于氧化反应状态时，阴燃能实现自维持传播；而低于 110 ℃ 时则会很快熄灭。

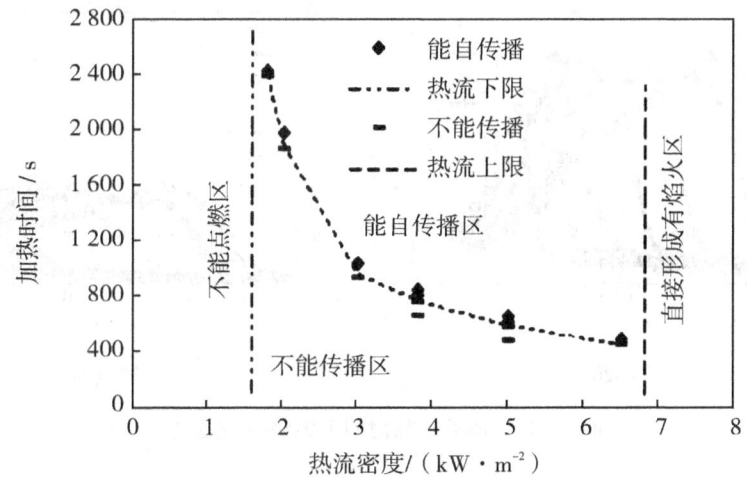

图 1-9　不同热流密度下的加热时间与阴燃的关系[79]

路长等[79]认为：聚氨酯泡沫材料受到加热时，在一定的环境下如果加热的热流密度值小于确定的热流下限值，无论加热时间多长，材料都不能被点燃；热流密度值大于确定的热流上限值且氧气供应充足，例如在自然对流条件下则材料以有焰火形式燃烧；热流密度值介于下限值和上限值之间时，经过足够长的时间材料就会被点燃，以阴燃形式进行传播。阴燃过程能够点燃成功，要求材料自身放热反应产生的热量大于向外界散热量和非放热区升温吸热量的总和。

真实情况下由于存在热损失，通常把可燃物在化学反应中热释放速率开始超过系统的热损失速率时所处的最低温度定义为着火温度。因此，如何确定可燃物释放的热量等于热损失和加热热解可燃物的能量这一临界点是研究的关键。由于阴燃时温度较低，导致可燃物氧化反应的速度也较慢，其热释放速率较小，而散热量由于受外界条件影响较

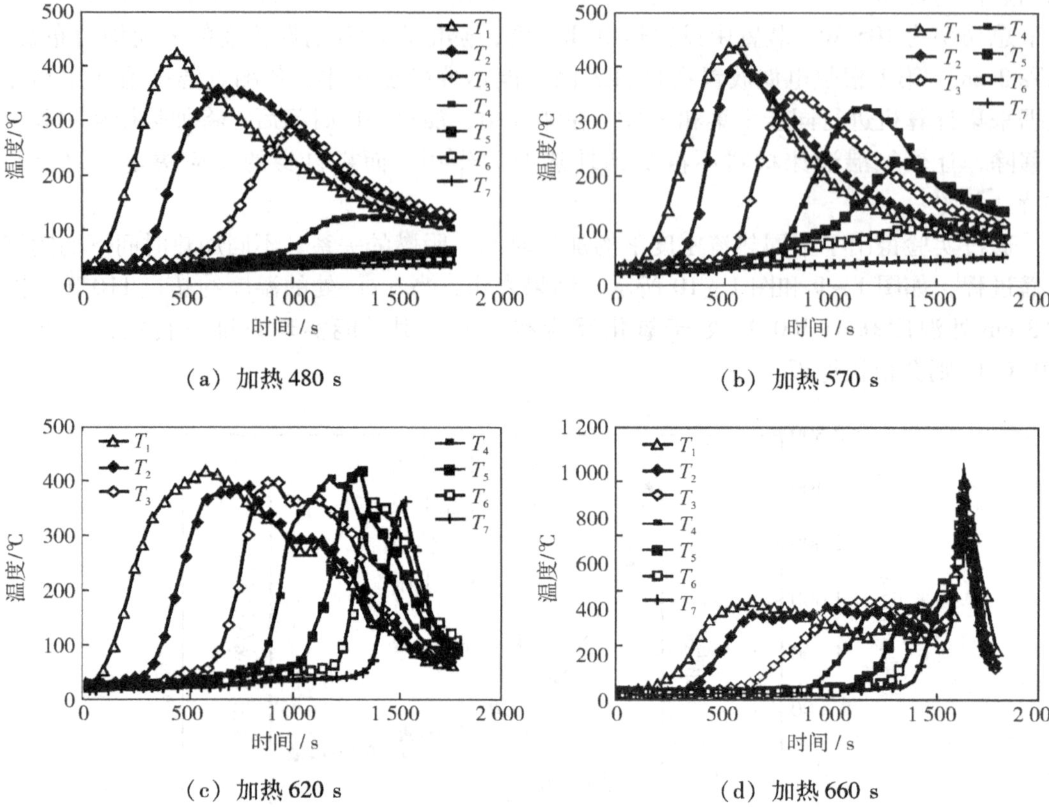


（a）加热 480 s　（b）加热 570 s　（c）加热 620 s　（d）加热 660 s

**图 1－10　不同加热时间下的阴燃传播**[79]

大，使放热量和散热量在引燃前期总是在不断变化。因而，通常需要外加热流到一定时间使可燃物在阴燃区域形成一定厚度的反应层来减少散热量，这样才能使可燃物在停止加热后依靠其自身产生的热量向前传播。

## 1.3.4　同向阴燃火灾的研究进展

自 20 世纪 60 年代初，Alfred Egerton[27] 对香烟的阴燃机理进行理论和实验研究，采用无因次方法，确定三种传热方式在阴燃传播中的作用，是后续研究的很好的开端。Ohlemiller 和 Lucca[9] 最初对同向阴燃进行研究，认为阴燃反应区包括吸热热解和随后的氧化放热反应。Dosanjh 和 Pagni[34] 采用两步反应模型进行研究，假设气固两相满足区域热化学平衡，固相体积分数恒定，辐射传热采用扩散传热的形式。文中假定吸热热解反应发生在已知温度，用无限反应速度（infinite reaction rate）模拟氧化反应；因热解和氧化的反应速度不同，致使阴燃传播不稳定；得出焦炭反应速度、最高温度、热解反应速度。文中还分别考虑有灰分产生和无灰分产生两种情形，结果表明：当有灰分形成时，阴燃区最高温度大于无灰分时的温度，这是由于灰分的保温绝热作用，减少了从反应区辐射出的热量，得出自维持同向阴燃发生在 $c_g(T_M - T_P)/Q_P \geqslant Y_{O_2}V_{us}M_{us}/V_O M_O$ 时。

Schult[80]采用大活化能渐进方法对单步氧化反应模型进行分析。尽管没有考虑吸热热解反应，但模型得到两种阴燃传播结构：反应主导（reaction leading）和反应跟随（reaction trailing）。当氧气浓度很高时，为反应主导结构，由于反应后面的传热层预热进入的冷气流，使得氧化反应速度大于传热速度。反之，当氧气浓度较低时，为反应跟随结构，传热层在氧化层前面，预热反应物，使得氧化峰传播速度小于传热峰。在反应主导中，气体被预热；而在反应跟随中，固体反应物被预热。此外，作者还研究了化学反应当量和动力学控制机理。当氧气供应速度慢于其氧化热解速度时，反应为当量系数控制机理，反之为动力学控制过程。（假设区域热和化学平衡，不考虑辐射传热及多孔率和渗透率的变化，表达了各自的反应速度、温度、固体燃烧率、气流量和氧气浓度变化规律。）

Buckmaster[81]基于 Dosanjh[34]提出的一步反应模型，假设阴燃区域满足区域热和化学平衡，不考虑辐射传热，材料多孔率和渗透率变化不计。假定在给定的温度下，热解峰发生在氧化峰之前。用截止温度求解冷边界条件，这时热解率为零，氧化区域内大部分燃料未进行反应，此时缺氧，反应受氧控制。此外还分析了不稳定阴燃传播仅发生在截止温度以下。他还发现阴燃温度、热解峰与氧化峰的传播速度与气体流量无关。

Torero[82]在实验条件下对比研究了聚氨酯材料向上和向下同向阴燃，分析浮力对阴燃的作用原理。实验表明，当气体流量增加时，由于残炭层消耗掉流入反应区的氧气造成单步氧化反应转变为热解和氧化两步反应。当气流量较大时，多数残炭发生氧化反应，反之有大量的残炭存在。他认为残炭与未燃材料具有不同的反应机理，因此不同气流和温度产生不同的氧化反应机理。在低气流下，采用单步反应和 Schult[34]模型计算阴燃速度。当气流大于 1.0 mm/s 时，热解发生在焦炭氧化之前，作者采用 Dosanjh[80]模型计算阴燃传播速度。假设氧气反应完全，由于文中没有考虑热损失，不能预测氧气通过反应区的情况。

Leach[83]深入研究了一维同向阴燃。假设气固两相之间热化学不平衡，采用 Ohlemiller[84]首次提出的三步反应机理描述阴燃过程，包括燃料吸热热解、放热氧化、焦炭氧化以及相关的动力学参数。气固两相之间的传热系数由流体流经填料床的模型决定。辐射传热用线性有效辐射率表示。将底板加热到一特定温度阴燃材料，以 0.53 cm/s 的气体流速和 23% 的氧气浓度计算反应动力学参数。研究了气流在 0.09~0.78 cm/s 之间对阴燃的影响，并模拟吸热峰和氧化峰结构，模拟得出的温度、阴燃速度与气流相互之间的关系与 Torero[30]的实验结果相符。作者还进一步研究了燃料氧化、焦炭氧化、热解动力学参数。发现进气量较低时，阴燃为缺氧状态；进气量较高时，动力学对阴燃有很大的影响。因此，作者得出结论：当进气量在 3~5 cm/s 时，阴燃从缺氧状态变为受动力学控制状态。

Walther 和 Aldushin[78]详细分析了同向和反向阴燃中的气固不平衡，发展了一种稳健的一维瞬时模型来模拟气固不平衡。建立气固两相的能量方程，两相之间的传热系数用区域气体传热系数表示；用三步反应表示，包括燃料的吸热热解、放热氧化和焦炭氧化反应。模拟结果表明，当气流量较高时，由于没有足够的时间使气固两相达到平衡，对阴燃传播的速度和温度有较大的影响。在同向阴燃中，由于气流首先经过高温的焦炭层而预热，使气流对燃料起加热作用，使阴燃传播速度增大。

## 1.3.5　阴燃向有焰火转化研究进展

阴燃向有焰火的转化多发生在同向阴燃情况下。Palmer[26]在实验条件下以谷物秸秆和纤维板为研究对象，对从顶部通入气流的同向阴燃向有焰火转变进行了研究。当谷物颗粒尺寸从 0.1 cm 增加到 0.48 cm 时，诱发明火出现的气流从 0.9 m/s 增加到 1.7 m/s，明火区域发生在阴燃区上面的烟气层或者已燃燃料附近，小于 0.1 cm 则没有明火出现。而纤维板没有出现阴燃向有焰火的转化，但打开燃烧炉，使燃烧暴露在空气中则出现明火。

Moussa[26]在圆柱形实验炉中对纤维质材料进行阴燃研究，通过改变压力和氧浓度来观察阴燃现象。结果表明，稳定阴燃能发生在很广的压力和氧浓度区域。当氧浓度在 0.4 atm 以下或者压力在 0.14 atm 以下时，阴燃不能向有焰火转化。作者主要对稳定阴燃进行研究，未对向有焰火转变的机理进行分析。

Torero[30]研究竖直向上阴燃条件下聚氨酯材料向有焰火转变，材料尺寸为 150～300 mm。发现在最长的样品中，有焰火出现在末端。作者认为是由于增加了气流在样品中的预热作用和残炭层的渗透作用。

Ortiz-Molina[85]首先对水平条件下阴燃向有焰火转变进行了详细研究，研究对象为矩形聚氨酯板、圆柱形聚氨酯体和外层包裹棉花的矩形聚氨酯板。结果表明，在自然条件下，由于重力和扩散系数对反应区域的氧气输运影响，使得阴燃向有焰火转化受压力和氧气浓度控制。

Leisch[86]以谷灰、木屑为燃料，分别在自然条件、4 m/s 的气流量下进行水平阴燃研究。通过安装在燃料层不同部位的陶瓷片加热引燃燃料。发现在 2.54～3.81 cm 处进行加热，以 4 m/s 的流速通气时，焦炭层中的孔洞部位出现明火，温度升高 200 ℃ 左右。但以不同气流在燃料层顶部附近引燃时，由于阴燃峰通过之后的焦炭层没有形成较大的孔洞，没有焰火出现，因此，作者认为燃料层尺寸和空气流速对阴燃向有焰火转化起着重要的作用，但没有对其进行进一步的研究。Tse[87]认为焦炭中形成的孔洞加速了氧气的输运，为气相反应提供了合适的空间，并减少了热损失。

Chen[88]对不同纤维质材料、木屑和碎纸进行水平阴燃研究，实验条件与 Leisch[86]类似。当水平风速从 1.2 m/s 增加至 3 m/s 时，向有焰火转变时间减少。而燃料层密度和阴燃部位的深度增加时，转变为明火的时间也增加。

Ohlemiller[35]以纤维质材料为主进行了一系列实验。燃料层尺寸为46 cm×17.8 cm×10.7 cm，风速为0.3～5.0 cm/s通过燃料层上表面，以电加热器进行引燃。使用温度传感器、红外摄像仪、高速摄像仪记录、观察阴燃过程，发现反向阴燃没有出现向明火的转变。当风速大于1.5 cm/s时，同向阴燃中的焦炭层出现明火并向有焰火转变。

Tse[24]运用热传感器和超频探测技术研究了聚氨酯材料阴燃向有焰火的转变。实验是在向上通风条件下进行的。其中样品的三个表面绝热，另一面暴露在空气中并用恒热流进行加热。超声探测与热电偶安装在相同的高度，用来测量样品的渗透率。用热电偶和超声追踪阴燃峰传播并记录数据。数据表明，由于焦炭的二次氧化使渗透率增加，并发生阴燃向有焰火的转化，产生的气孔提供了气相引燃的空间。结果表明，孔洞的形成并不是阴燃向有焰火转变的必要条件。研究中运用了两种表观焦炭浓度的新方法：渗透性变化率和焦炭二次氧化速度。渗透性变化率表示材料孔洞的变化规律，实验发现：当氧气浓度增加或气流增加时，其值也随着增加，并使向有焰火转化成为可能。根据渗透性数据，计算出二次氧化速度，而氧化速度与有焰火的转化密切相关。一种简单的能量平衡模型可以模拟二次氧化速度与氧浓度和热流的变化关系。

Chao[89]对以聚氨酯为燃料的水平阴燃进行实验，实验装置和条件与Ohlemiller[35]相似。同样也发现在焦炭层的孔洞部位出现明火并向有焰火转变，但作者认为引发气相反应的热量主要是由焦炭的二次氧化提供的，因为焦炭氧化比聚氨酯氧化释放出更多的热量。

孙文策[36-37]、郭晓平[38-40]、解茂昭[41]对纤维质材料在水平燃烧床阴燃的传播及其向明火的转捩进行了实验和数值模拟研究，路长等[42-45]对聚亚氨酯在水平反向阴燃的传播和向有焰火的转化进行了实验研究并建立相关数理模型。相对于反向阴燃，同向阴燃研究较少。

路长等设计了聚亚胺酯材料阴燃转为有焰燃烧的实验装置（如图1-11所示）[43]。

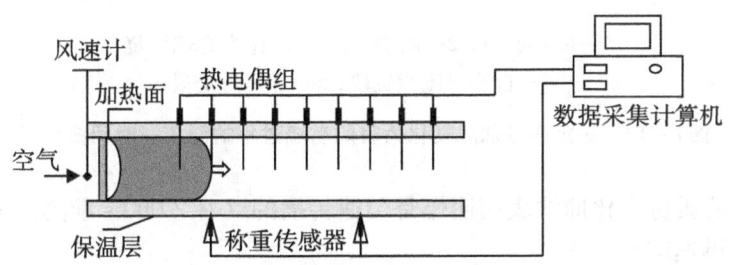

图1-11 聚亚胺酯材料阴燃转为有焰燃烧的实验装置[43]

实验装置中聚氨酯泡沫材料被水平放置，实验体尺寸为40 cm×15 cm×12 cm，两端开口，四周封闭，内截面为180 cm²。使用精密传感器UTE-UBA对模型进行称重，以便完整地记录整个阴燃过程缓慢的质量变化。阴燃采用电加热器点燃，加热器的功率可调节,断电后加热器可以移走以减少余热对阴燃过程的影响。采用直径为 1 mm 的热电偶测温,热电偶设在聚亚胺酯材料的中心线上;相邻热电偶间距为 3 cm 左右;使用多通道高速数据采集器进行数据采集,采样频率为 50 kHz;用手持式风速计在前端测量外加的风速;为了有效地测量阴燃过程中质量的变化,实验体和保温层都采用较轻的物质,加热器和热电偶都由外支架支撑。[43]

路长等[43]针对聚亚安酯阴燃向有焰燃烧转化开展了 4 个实验。

### 1.3.5.1 稳定阴燃向有焰燃烧转化的实验

加热器通电使聚亚安酯发生阴燃,经过 870 s 后对加热器断电并将其移走,在自然对流条件下阴燃自维持传播。在 2 150 s 时沿着阴燃传播方向风速 $v$ 为 0.17 m/s。在经过约 30 s 后,阴燃燃烧没有回复到阴燃状态,继续保持有焰燃烧的燃烧方式。在 2 300 s,继续加风速仍为 0.17 m/s,直到燃烧结束。整个过程热电偶所记录的温度曲线和称重传感器记录的质量变化曲线如图 1 - 12 和图 1 - 13 所示。[43]

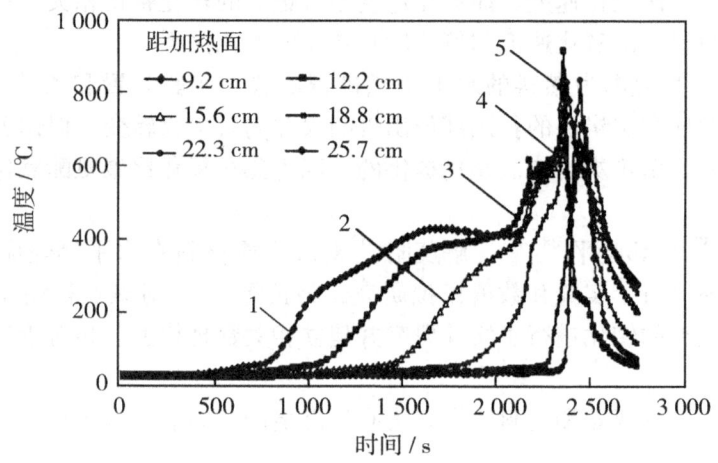

1—阴燃起点;2—阴燃段;3—转化为有焰燃烧;
4—自然对流燃烧段;5—加风燃烧段

**图 1 - 12　稳定阴燃加风转化为有焰燃烧过程的温度—时间曲线**[43]

图 1 - 13 的质量变化曲线表明阴燃是匀速传播的(在 2 000 s 前为直线),而形成有焰燃烧后质量迅速减少。

此外,实验表明:在自然对流条件下,聚亚胺酯阴燃的较高温度和较充足的气体可燃物,使外界增加风速(供氧增大)时,有焰燃烧随之发生。

### 1.3.5.2 氧气供应量与阴燃向有焰燃烧转化的关系实验

实验体保持两端开口,在后端下部挖出一个 1 cm(高)×3 cm(宽)×5 cm(深)的空缺进行自然对流阴燃实验,在加热器通电 930 s 后将其关掉并移走,实现了

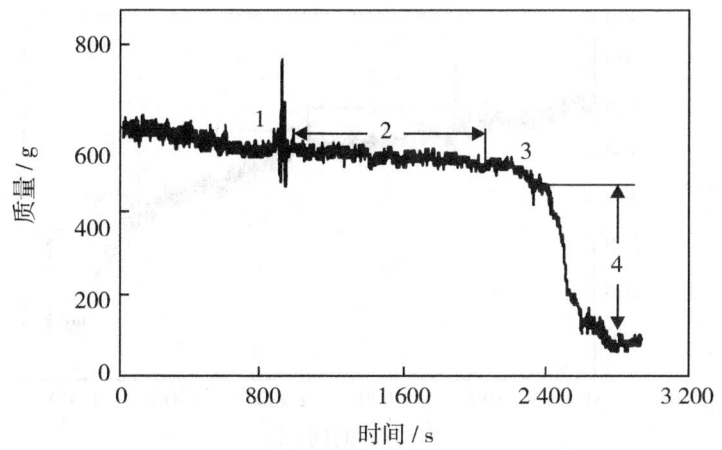

1—撤走加热器时的扰动；2—阴燃段；
3—自然对流有焰燃烧段；4—加风下有焰燃烧段

**图 1-13　稳定阴燃加风转化有焰燃烧过程的质量—时间曲线**[43]

聚亚胺酯阴燃从前端向后端的传播，在 3 540 s 时阴燃前锋距离末端约 4 cm，阴燃突然转变为有焰燃烧。热电偶所记录的温度曲线和称重传感器所记录的质量变化曲线如图 1-14、图 1-15 所示。

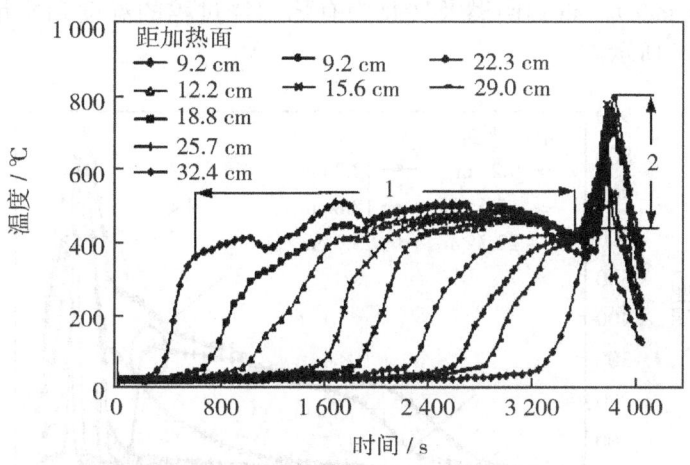

1—自然对流下稳定阴燃；2—在末端形成有焰燃烧

**图 1-14　材料后端加开口的自然对流阴燃及形成有焰燃烧的温度—时间曲线**[43]

由图 1-15 的质量变化曲线可见，燃烧可分为三个阶段：第一阶段是自然对流下主要由前端扩散供氧的阶段，第二阶段是阴燃加速阶段，第三阶段是引起有焰燃烧阶段。

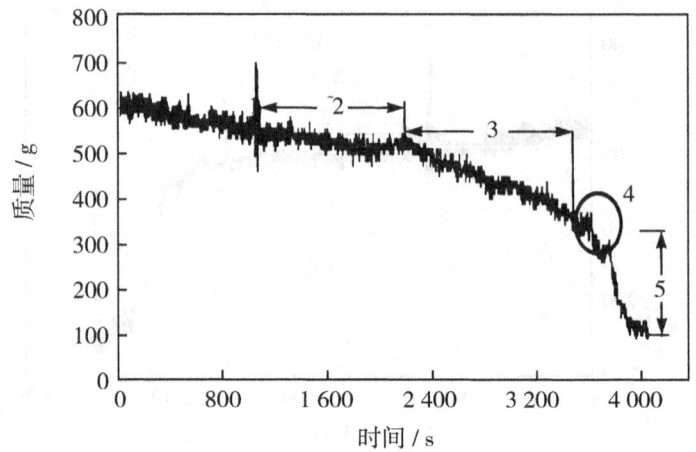

1—撤走加热器时的扰动；2—主要由一端扩散供氧的阴燃段；
3—两端同时扩散供氧的阴燃段；4—转化为有焰燃烧点；
5—自然对流有焰燃烧段

图 1-15 材料后端加开口的自然对流阴燃及形成有焰燃烧质量—时间曲线[43]

### 1.3.5.3 富氧条件下阴燃向有焰燃烧转化的实验

实验开始后持续加风（使阴燃在富氧条件下进行），对聚亚胺酯进行加热 660 s 后开始加风（$v=1$ m/s）。得到阴燃及转化为有焰燃烧过程的温度和质量变化曲线如图 1-16 和图 1-17 所示。

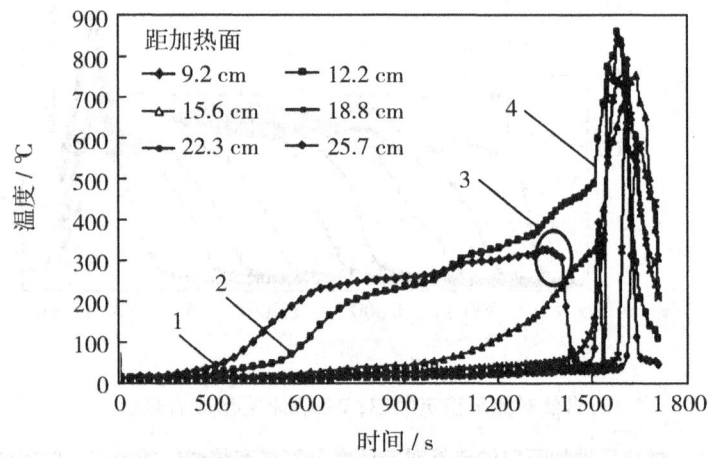

1—曲线1；2—曲线2；3—熄灭点；4—转化为有焰燃烧

图 1-16 聚亚胺酯阴燃发生后持续加风的温度—时间曲线[43]

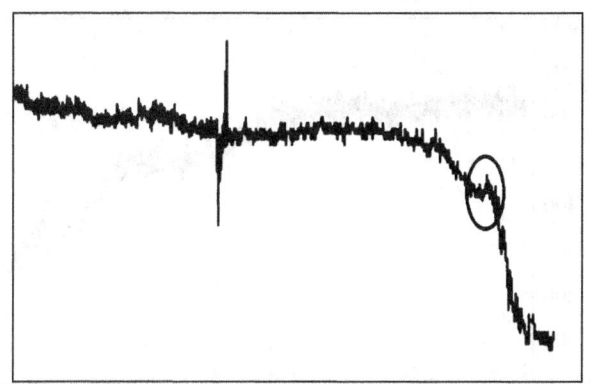

1—撤走加热器和加风时刻；2—转化为有焰燃烧点

图 1-17　聚亚胺酯阴燃发生后持续加风的质量—时间曲线[43]

#### 1.3.5.4　逆向阴燃向有焰燃烧转化的实验

首先对聚亚胺酯材料加热 600 s，然后在自然对流条件下先让阴燃自维持传播；在 2 700 s 时沿着阴燃传播的逆向加以 0.25 m/s 的风速。阴燃及后来转化为有焰燃烧过程的温度和质量—时间曲线如图 1-18 和图 1-19 所示。

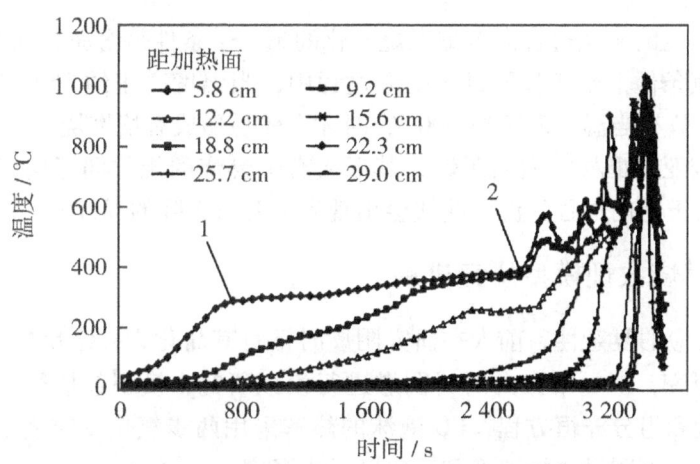

1—停止加热时刻；2—逆向加风时刻

图 1-18　逆向加风阴燃转化为有焰燃烧过程的温度—时间曲线

从图 1-18 和图 1-19 中可以看出，经历了又一个较短的温度再上升和再下降过程后，有焰燃烧形成，直至燃烧结束。

由以上 4 个实验得出以下主要结果：

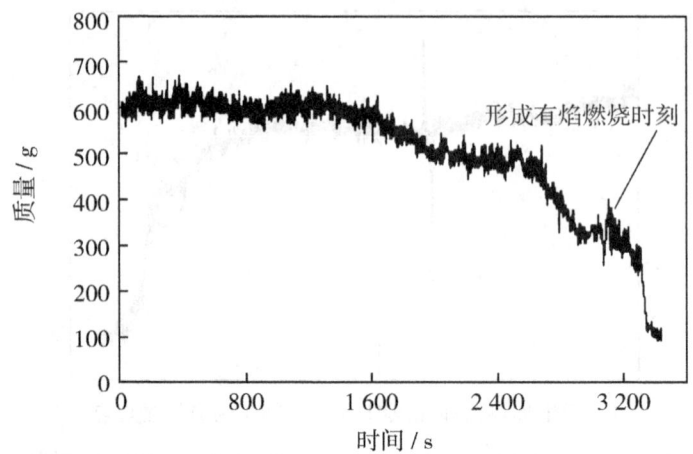

图 1-19  逆向加风阴燃转化为有焰燃烧过程的质量—时间曲线

（1）不论是提高风速（正向、逆向）还是自然对流条件，聚亚胺酯材料的阴燃在适合条件下都会使阴燃向有焰燃烧发生转化。

（2）稳定阴燃达到峰值温度（大于 400 ℃）后，稳定阴燃向有焰燃烧转化不需要一个继续升温过程。

（3）促使稳定的阴燃过程向有焰燃烧转化的第一个条件是增加氧气的流量。

（4）在富氧条件下聚亚胺酯材料阴燃过程中，当温度高于约 350 ℃ 时阴燃的吸热热解反应加快。只有当温度高于约 400 ℃ 时才会较易形成有焰燃烧。

（5）对于聚亚胺酯材料逆向阴燃，其形成有焰燃烧的规律同正向过程一致；同正向过程的区别在于逆向过程的温度曲线会出现先上升再下降的局部峰。

## 1.3.6  阴燃燃烧数理模型研究进展

由于阴燃反应的复杂性，前人在研究阴燃时常将其简化为一维反应过程。Ohlemiller[90]根据实验研究，对一维方向瞬时阴燃进行模拟研究，模型包括气固两相中各自质量、动量、能量和组分守恒方程，PU 泡沫的热解采用两步氧化反应表示。该模型能模拟热解峰结构，预测阴燃传播速度和反应区最高温度。

Ohlemiller[90]根据实验研究，首次对一维方向瞬时阴燃进行模拟研究，模型包括气固两相中各自质量、动量、能量和组分守恒方程，PU 泡沫的热解采用两步氧化反应表示。该模型能模拟热解峰结构，预测阴燃传播速度和反应区最高温度。

Summerfield[91]用一维热物理模型对香烟进行了阴燃分析。同样，用气固相守恒方程、热解和氧化反应表示动力学过程，动力学参数通过对烟叶的热分析获得。模拟结论中气流与传播速度和压差的关系与实验相符。

Di Blasi[92]发展自然条件下纤维质填料床的二维非稳态阴燃模型,化学动力学过程用 Ohlemiller 三步反应表示。物理模型包括气固相守恒方程,边界条件为三面绝热、一面与大气相连。模拟了二维阴燃峰结构,表明燃料的热解是推动阴燃峰传播的主要因素,并使阴燃峰传播至燃料内部;向外界散热和氧气输运影响阴燃的强度和传播速度,但没有与相关的实验进行对比分析。

Leach[83]发展了多孔材料一维点燃和阴燃传播模型。该模型能对不同燃料、不同动力学过程进行模拟计算。模型首先对包括热解和氧化两步反应的聚氨酯材料的反向阴燃进行模拟。文中研究了不同物理机理对传播的影响,并与 Torero[30]实验相对比,特别是作者发现物质扩散、气相导热和固体辐射导热对阴燃的影响,并能预测大气流量下阴燃的熄灭。其次采用 Ohlemiller[8]的三步反应进行反向阴燃模拟,研究认为反向阴燃熄灭是由热损失、燃料热解和动力学导致的。最后,作者同样采用三步反应模型模拟反向阴燃,并与 Terero[30]的实验结果进行对比校正动力学参数。

Saidi[93]采用数值模拟的方法对香烟阴燃三维动力学模型进行了研究。模型包括气固相动量、质量守恒方程,温度分布通过实验获得,对氧气消耗率的数值计算结果与实验结果相符。

孙文策[37]、郭晓平[38-40]、解茂昭[41]对纤维质材料在水平燃烧床阴燃的传播及其向明火的转捩进行了数值模拟研究,路长等[42-45]对聚亚氨酯在水平反向阴燃的传播和向有焰火的转化进行了实验研究并建立相关数理模型。

郭晓平[38]在对二维碳粒床中阴燃传播的数值模拟研究中,根据炭的燃烧理论,假设固态炭在无水气的气体氧化剂环境中反应,且反应式为:

$$C + O_2 \longrightarrow CO_2 \quad (Ⅰ)$$
$$2C + O_2 \longrightarrow 2CO \quad (Ⅱ)$$
$$C + CO_2 \longrightarrow 2CO \quad (Ⅲ)$$
$$2CO + O_2 \longrightarrow 2CO \quad (Ⅳ)$$

当温度较低时,以炭的氧化生成 $CO_2$ 及 CO 的反应Ⅰ及反应Ⅱ为主;而温度较高时,则炭的还原反应Ⅲ起主要作用,反应Ⅳ属于气相反应。由于无反应空间,故反应Ⅳ不参与。[38]

由于填充床的密度较大,忽略了固体之间的辐射换热。并忽略固体与气体之间的传热阻力,即假设气、固两相的温度在固体外表面处处相等;还忽略组份浓度差引起的扩散所携带的热量传递,而将各种气体各组份的比热看作是均一的一个常数衡量;还假设碳粒具有一定的刚度,当阴燃波经过之后颗粒可以失去质量但不变形;忽略浮力并把阴燃波设为连续波。

基于这些假设,系统控制方程为:

(1) 气相连续方程：

$$\frac{\partial}{\partial t}(\varphi \rho_g) + (\nabla \cdot \varphi \rho_g \vec{V}_g) = -A_S W_C$$

$$A_S = 6(1-\varphi)/d_p$$

(2) 固相连续方程：

$$\frac{\mathrm{d}}{\mathrm{d}t}[(1-\varphi)\rho_s] = A_S W_C$$

(3) 气相组份方程：

$$\frac{\partial}{\partial t}(\varphi \rho_g Y_{gi}) + \nabla \cdot (\varphi \rho_g Y_{gi} \vec{V}_g) = \nabla \cdot (\varphi \rho_g D \nabla Y_{gi}) + A_S W_i \quad (i = O_2, CO, CO_2)$$

(4) 动量方程：

$$\frac{\partial}{\partial t}(\varphi \rho_g Y_g) + \nabla \cdot (\varphi \rho_g \vec{V}_g \vec{V}_g) = -g\nabla p - C_1 \mu_g \vec{V}_g - C_2 \rho_g (\vec{V}_{gx} \mid v_{gx} \mid + \vec{V}_{gy} \mid v_{gy} \mid)$$

$$C_1 = 150(1-\varphi)^2/\varphi d_p^2$$

$$C_2 = 1.75(1-\varphi)^2/\varphi^3 d_p$$

(5) 气固能量方程：

$$\frac{\partial}{\partial t}[(\varphi \rho_g h_g) + (1-\varphi)\rho_p h_p] + \nabla \cdot (\varphi \rho_g h_g \vec{V}_g) = \nabla \cdot (\lambda_e \nabla T) + A_S \sum r_j \Delta H$$

(6) 理想气体状态方程：

$$\frac{p}{\rho_g} = \frac{RT}{M}$$

阴燃传播模型中，共有 9 个待求量（$\rho_p$，$\rho_g$，$V_{gx}$，$V_{gy}$，$Y_{O_2}$，$Y_{CO}$，$Y_{CO_2}$，$T$，$p$）分别为固体密度、气体密度、气体 $X$ 方向速度、气体 $Y$ 方向速度、$O_2$ 浓度、CO 浓度、$CO_2$ 浓度、温度 $T$ 和压力。

模拟计算采用图 1-20 所示坐标系，计算区域：$X$ 方向坐标为无穷远，$Y$ 方向厚度为 $2H$。

郭晓平等[38]利用差分方法对阴燃模型进行数值求解，采用 PISO 算法对离散方程组进行求解。填充床的网格均匀划分，且用 $i$，$k$ 变量来确定网格点的位置；时间步长非均匀取值；点火期的时间步长为 0.1 s，点火后步长为 5 s。共完成在填充床中间点火和在填充床边界面处点火两种情况的计算。

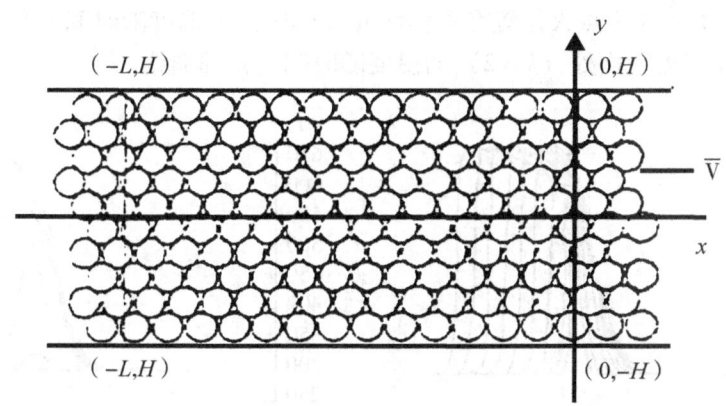

图1-20 碳粒填充床[38]

(1) 在填充床中间点火。

设填充床长 $L$ 为 750 mm，半高 $H$ 为 90 mm，空隙率 $\rho$ 为 0.259 52，碳粒直径 $d$ 为 1.0 mm，横向与纵向的网格点 $N \times M = 48 \times 6$；点火位置在 $i = 25$ 处，点火温度 $T_w = 800$ ℃，点火时间 $t$ 为 5 s；且强迫气流速度 $V = 0$。图1-21 为点火位置在对称面处（$k = 6$）的温度随时间变化的曲线，图1-22 为点火位置在邻近壁面处（$k = 2$）的温度随时间变化的曲线，曲线间的时间间隔为 $500 \times 5 = 2\ 500$ s。

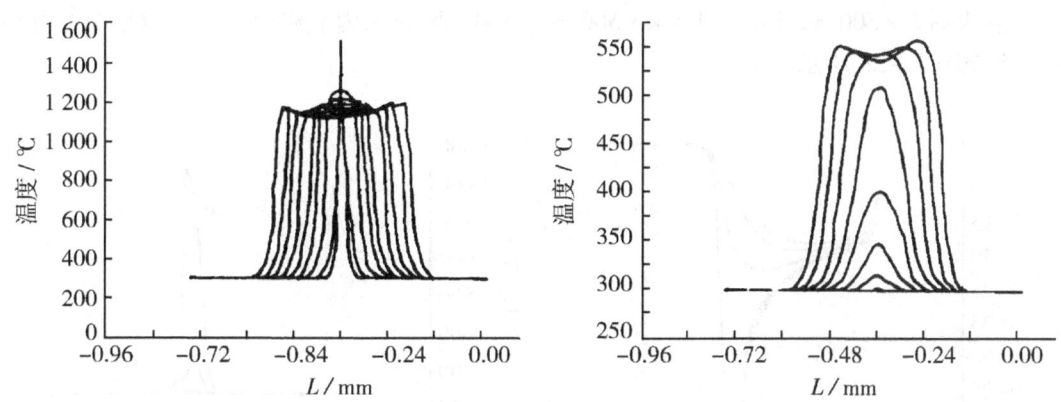

图1-21 $k=6$ 时温度随时间变化的曲线[38]　　图1-22 $k=2$ 时温度随时间变化的曲线[38]

由图可以得出以下结论：温度分布以点火处为对称轴形成一个对称温度场；点火后 4 min 时在 $M$ 点出现阴燃的最大峰值温度 $T_{max} = 1\ 535$ ℃。随着阴燃继续进行，阴燃峰值温度开始下降，达稳态传播时填充床内最大温度为 1 180 ℃。[38]

当取 $p_1 = (1+0.003)p_0$ 和强迫气流速度 $V = 1.33$ mm/s 时，计算得出的温度随时间变化曲线。图 1-23 为点火位置在对称面处（$k=6$）的温度随时间变化曲线，图 1-24 为点火位置在邻近壁面处（$k=2$）的温度随时间变化的曲线。[38]

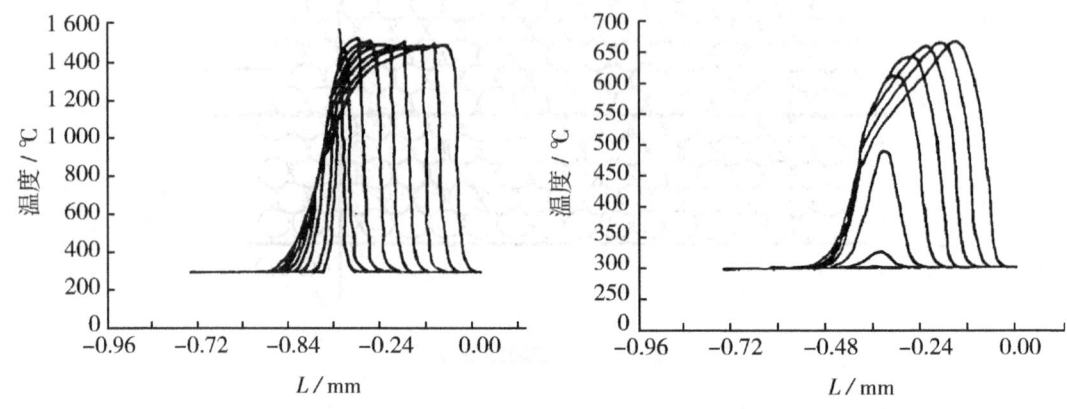

图 1-23　$k=6$ 温度随时间变化的曲线[38]　　图 1-24　$k=2$ 温度随时间变化的曲线[38]

由郭晓平等[38]的研究结果分析得出以下结论：阴燃属于反向阴燃（即阴燃波传播方向与氧流动方向相反，温度场分布是迎着气流方向的）；最大阴燃峰值温度为 1 588 ℃，出现在点火后 5 min。阴燃稳态传播时的峰值温度为 1 490 ℃；点火后 25 min 达阴燃的稳态传播，传播速度为 0.016 mm/s。

点火后 $5 \times 500 = 2\,500$ s 和 $5 \times 3\,500 = 17\,500$ s 填充床内氧组分分布与温度分布如图 1-25 至图 1-28 所示。

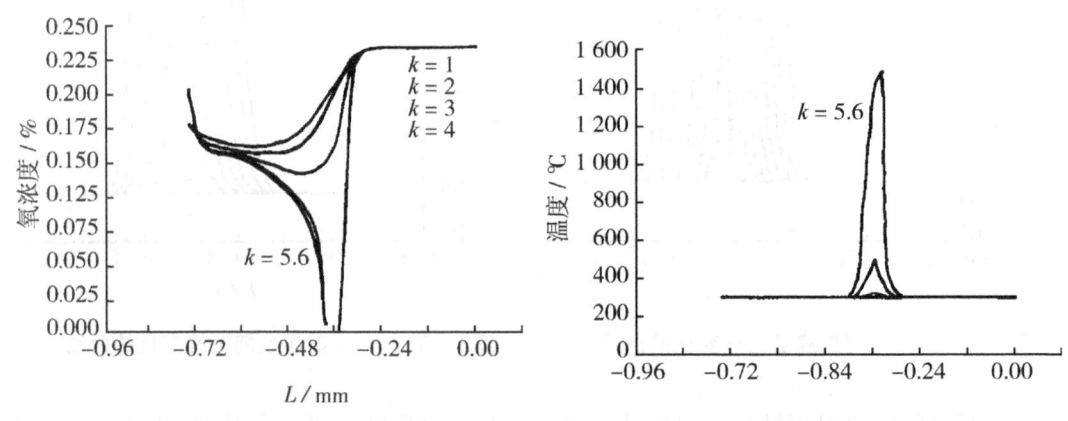

图 1-25　点火后 $5 \times 500$ s 填充床内　　图 1-26　点火后 $5 \times 500$ s 填充床内
　　　　氧浓度分布[38]　　　　　　　　　　　　　温度分布[38]

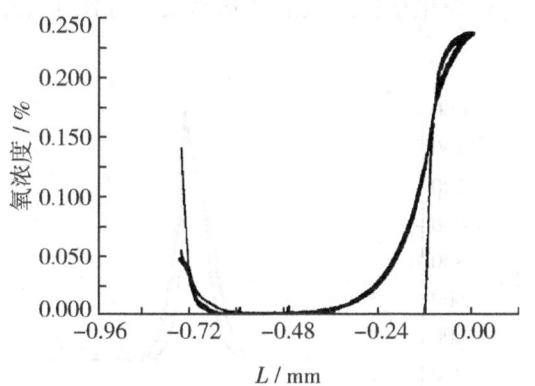

图 1-27 点火后 $5 \times 3\,500$ s 填充床内氧浓度分布[38]

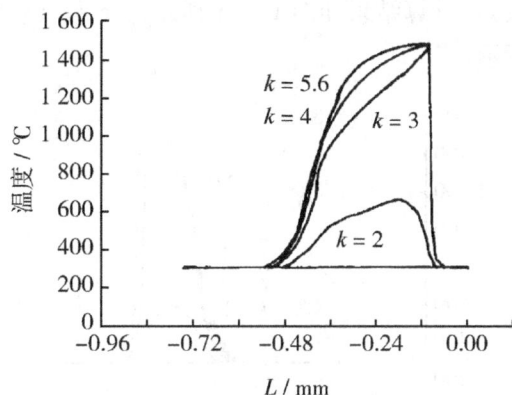

图 1-28 点火后 $5 \times 3\,500$ s 填充床内温度分布[38]

由郭晓平等[38]的研究结果分析得出，受迫气流的速度对阴燃波的传播方向、传播速度、峰值温度等阴燃特性起着重要作用。

图 1-29 为 $V = 1.33$ mm/s，点火后 $5 \times 2\,000$ s 填充床内温度分布，对应最大阴燃温度为 $T_{max} = 1\,588$ ℃；而图 1-30 为 $V = 45$ mm/s，点火后 $5 \times 2\,000$ s 填充床内温度分布，对应最大阴燃温度为 $T_{max} = 2\,847$ ℃。这表明受迫气流速度越大，阴燃峰值温度越高，阴燃波传播速度越快。[38]

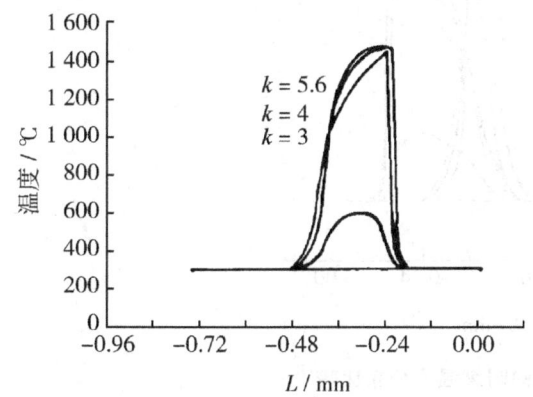

图 1-29 点火后 $5 \times 2\,000$ s 填充床内温度分布[38]

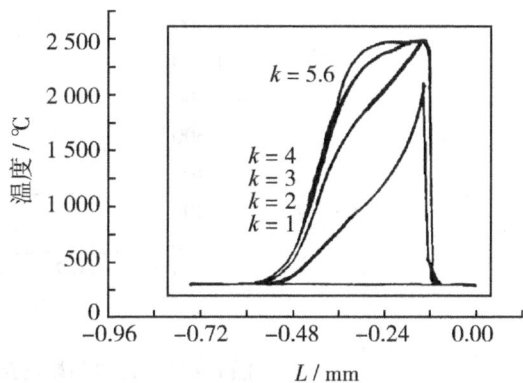

图 1-30 点火后 $5 \times 2\,000$ s 填充床内温度分布[38]

（2）在填充床边界面处点火。

以点火处 $x = x_m$ 为截面将填充床分成两部分。取上游（$x > x_m$）为化学反应区（设化学反应只在其中一部分内进行，而另一部分只起稳定流场的作用，两侧其余条件一致)。计算结果如图 1-31 所示。下游($x < x_m$)为化学反应区的计算结果,如图 1-32 所示。[38]

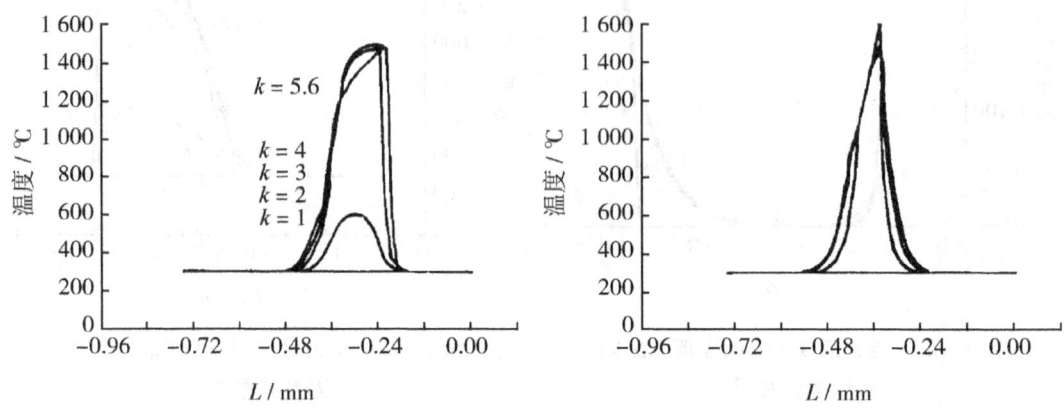

图 1-31　反向阴燃填充床内温度分布[38]　　　1-32　正向阴燃填充床内温度分布[38]

将图 1-31 和图 1-32 数据合并在一起为图 1-33。从图 1-33 可见,反向阴燃的传播速度比正向阴燃的传播速度大得多;而正向阴燃的传播最高温度比反向阴燃的大。根据计算两种阴燃过程中的最高峰值温度相同,为 1 588 ℃[38]。

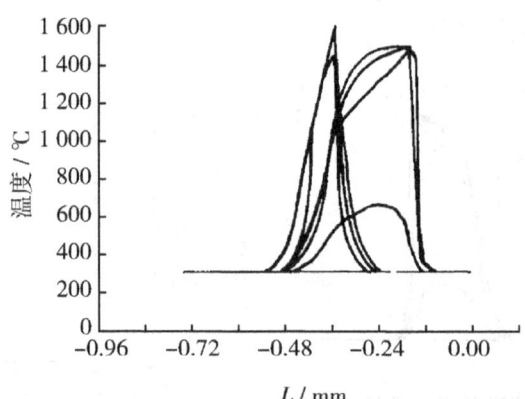

图 1-33　正向阴燃与反向阴燃温度分布比较[38]

# 2 聚氨酯软泡表观热解（燃烧）动力学机理

## 2.1 引言

聚氨酯软泡的热解失重过程是阴燃行为中最初始的阶段，为阴燃过程提供必要的热量和挥发性燃料。聚氨酯软泡的热解行为对阴燃过程的各阶段均起着重要作用。从火灾安全而言，大量的研究集中于对材料有焰火失重的研究，而对阴燃这种氧化热解反应非常缓慢的失重过程研究很少。因此，对热解过程的深入理解，在某种意义上是对阴燃整个过程进行模拟的关键所在。国内外学者对聚氨酯的热解研究多从全局建立热解动力学模型，并与实验研究相互配合、相互验证。

## 2.2 实验条件与方法

实验主要采用热重和热重—红外分析法，分别在氮气和空气气氛中，不同加热速率条件下，对易于发生阴燃火灾的典型多孔类可燃物——聚氨酯软泡的热解机理及表观热解动力学进行研究。

热重法在程序控制温度下测量样品的质量随温度（或时间）变化[94-95]，是研究物质受热分解过程的重要方法。通过热分析动力学研究获得相应反应所遵循的机理函数和动力学速率参数[96]。采用热重—红外联用技术分析聚氨酯软泡在氧化热解失重过程中烟气的释放特性。主要实验仪器及参数条件如下：

（1）热重实验：采用耐驰 TG-209 热重分析仪，选用 $Al_2O_3$ 坩埚，样品质量为 5 mg，气体流量为 20 mL/min，不同气氛下的温度范围分别为 15～500 ℃（氮气）和 15～700 ℃（空气），升温速率为 2.5 ℃/min 和 10 ℃/min。

（2）热重—红外联用实验：热重分析仪为耐驰 TG-209，样品质量为 35 mg 左右，气体流量为 40 mL/min，实验的温度范围与热重实验相同，升温速率为 5 ℃/min。气体红外光谱分析采用 Bluker Vector 22 傅里叶变换红外光谱仪。

（3）聚氨酯软泡红外分析实验：测量仪器为 Bluker Vector-60，采用 ATR 方法对聚氨酯软泡进行红外分析，光谱范围为 600～4 500 $cm^{-1}$，最高分辨率为 0.1 $cm^{-1}$。

## 2.3 实验结果分析与讨论

### 2.3.1 试样 FTIR 分析

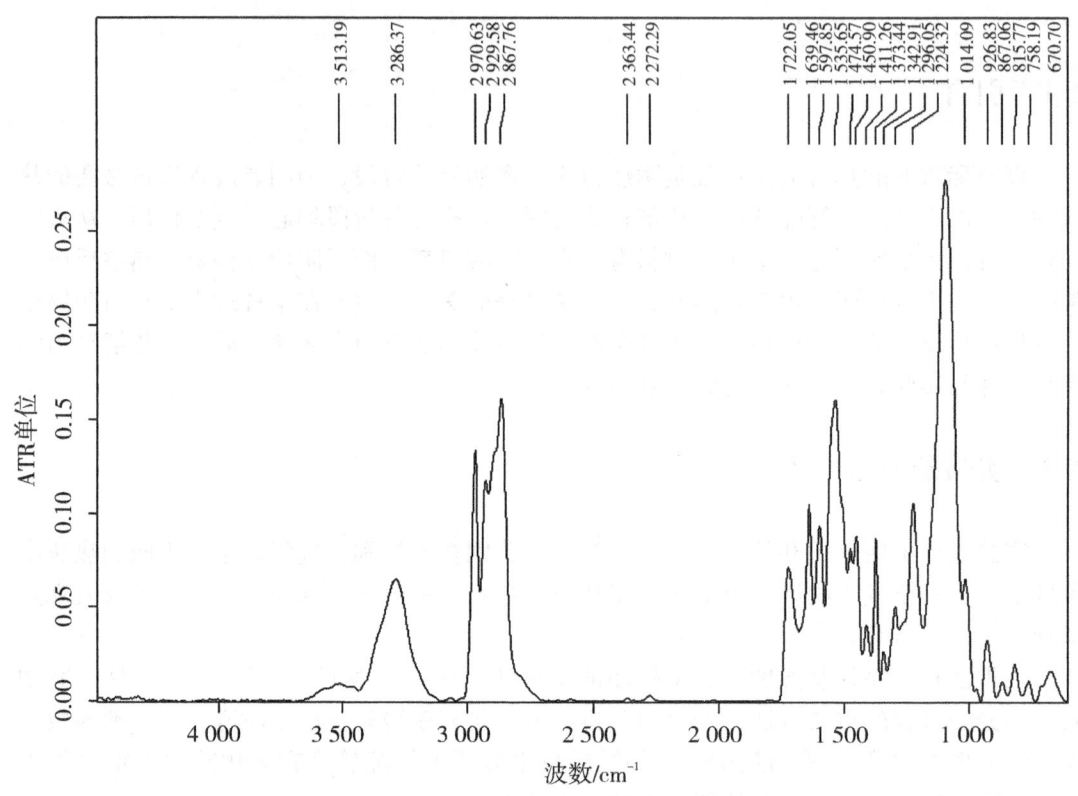

图 2-1 聚氨酯软泡 C181A 红外光谱图

图 2-1 为聚氨酯软泡 C181A 在空气常温下的红外光谱图。根据对 IR 图吸收峰位置的分析，3 286 cm$^{-1}$ 处的宽峰是硬段 N—H 的伸缩振动峰，2 868～2 971 cm$^{-1}$ 的几个强峰主要是 C—H 的伸缩振动峰，2 272 cm$^{-1}$ 处的峰为—CNO 异氰酸键的特征吸收峰，说明还有少量残余的异氰酸酯没有反应完全。1 722 cm$^{-1}$ 的宽窄峰为 C=O 的伸缩振动峰，1 451～1 639 cm$^{-1}$ 处的几个中强峰为苯环上 C=C 的伸缩振动峰，1 598 cm$^{-1}$ 处的峰为苯环骨架特征吸收峰，1 536 cm$^{-1}$ 处的强峰为聚氨酯中 C—N 和 N—H 的混合吸收特征谱带，它反应聚氨酯中氨基甲酸酯的量[97]。1 373 cm$^{-1}$ 和 1 343 cm$^{-1}$ 处为—CH$_3$ 和 C—H 的弯曲振动峰，1 296 cm$^{-1}$ 主要是 $\delta$C—N 和 $\nu$N—H 的重叠吸收带，1 224 cm$^{-1}$ 处

的窄强峰为 C—C 的伸缩振动峰，1 093 cm$^{-1}$ 处的强峰为酯 O=C—O 的不对称伸缩峰。926 cm$^{-1}$ 处的弱吸收峰为多取代苯环上 C—H 的振动峰，867 cm$^{-1}$ 处为 C—CH$_3$ 的面外摇摆峰，816 cm$^{-1}$ 为取代苯环上的面外弯曲振动峰，758 cm$^{-1}$ 为 O=C—O—弯曲振动峰。

### 2.3.2 氮气气氛下 TG-FTIR 分析

图 2-2 是在氮气气氛下加热速率分别为 2.5 ℃/min 和 10 ℃/min 时得到的聚氨酯软泡 TG 和 DTG 曲线。从图中可以得到：不同升温速率下得到的 TG 和 DTG 曲线形状类似，不同之处在于达到最快反应速率时温度（$T_p$）的漂移，以及聚氨酯软泡不同热解反应阶段的起始温度（$T_i$）和结束温度（$T_f$）的变化。试样质量在温度低于 180～200 ℃ 时基本不变，当温度进一步升高时，开始进入失重阶段。伴随加热速率增加，聚氨酯软泡起始分解温度升高，整个 TG 曲线向右漂移，达到最快反应速率时的温度（$T_p$）逐渐增大，同时 DTG 曲线中对应的最大质量变化速率峰值也逐渐增大。

升温速率较小时，试样升高到同等加热温度下，试样的受热时间长，加热炉与试样之间温差 $\Delta t$ 小。当加热温度达到试样热解反应的起始温度 $T_i$，由于加热炉与试样之间温差小，低升温速率下的试样首先升温至 $T_i$，从 TG 曲线上表现为升温速率越小，试样的起始分解温度 $T_i$ 和结束温度 $T_f$ 越小，越接近试样自身的起始分解温度和结束温度；随着升温速率增大，加热炉与试样之间温差 $\Delta t$ 越大，且试样有一定的几何尺寸，聚氨酯软泡试样颗粒外部吸收的热量在高升温速率下传热速度慢，不能及时传递至试样内部，从而使得试样内部温差较大，形成很大的温度梯度，使试样热解温度滞后，TG 和 DTG 曲线向右漂移，且 DTG 曲线中最大失重速率变大。

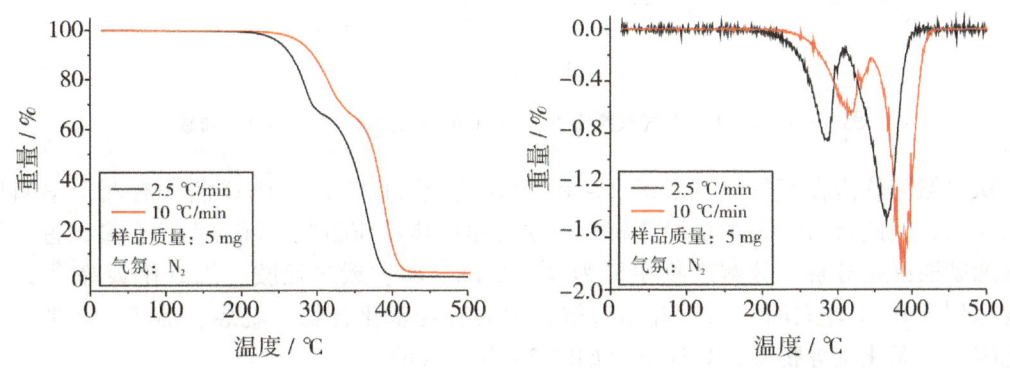

**图 2-2　氮气氛围不同升温速率下聚氨酯软泡 TG-DTG 曲线**

分析聚氨酯软泡 C181A 在氮气下 2.5 ℃/min 升温速率下热解的 TG-DTG 曲线，其热失重可以分为 4 个阶段：初温到 200 ℃ 左右，C181A 的失重过程进行得非常缓慢，从升温速率为 5 ℃/min 的 TG-FTIR 的红外光谱图可以分析，此过程主要为样品中吸附水蒸气和少量小分子物质的逸出；200～340 ℃ 阶段，该聚氨酯软泡样品发生剧烈失重，热重曲线迅速下降，其失重量达到45%左右，从红外光谱分析，此阶段主要是聚氨酯软泡中—NHCOO—基团断裂为异氰酸酯，还有少量的烯烃、胺和$CO_2$；在340～410 ℃ 是样品失重的主要阶段，在DTG曲线上显示一个很大的失重峰，其失重量高达54%，从红外光谱分析的结果得出此阶段主要逸出物为在低温范围内难热解的软段分解为芳香脂、多元醇、氨、$CO_2$和卤化物等气体；当温度高于410 ℃ 时，材料热分解基本结束，其TG曲线为一条直线，样品质量几乎没有变化，剩余物质基本为灰分，在整个热解过程中，样品失重率为99%左右。

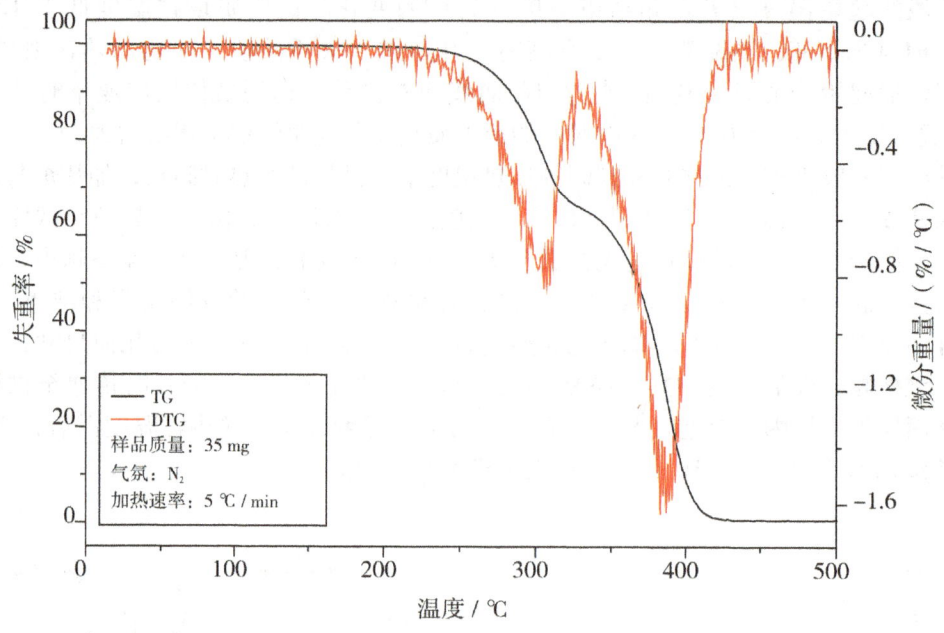

图2-3　C181A 氮气气氛下 5 ℃/min 时聚氨酯软泡 TG-DTG 曲线

从聚氨酯软泡在氮气气氛下的 TG 和 DTG 曲线可以看出，DTG 曲线有两个很明显的反应峰，因此材料的表观全局热解反应主要由两步反应组成。随着温度升高，首先是聚氨酯硬段开始分解，分解产物主要为异氰酸酯、醇、碳二亚胺、二氧化碳等[98]；当温度达到330 ℃ 左右时，软段开始分解，主要有羟基化合物、烷烃、烯烃、胺类、二氧化碳、一氧化碳等物质，具体反应如图2-5[99]所示。

### 2.3.3　空气气氛下 TG-FTIR 分析

图2-6是在空气气氛下加热速率分别为2.5 ℃/min 和 10 ℃/min 时得到的聚氨酯软泡 TG 和 DTG 曲线。从图中可以看出：随着升温速率的增大，在整个氧化热解过程中

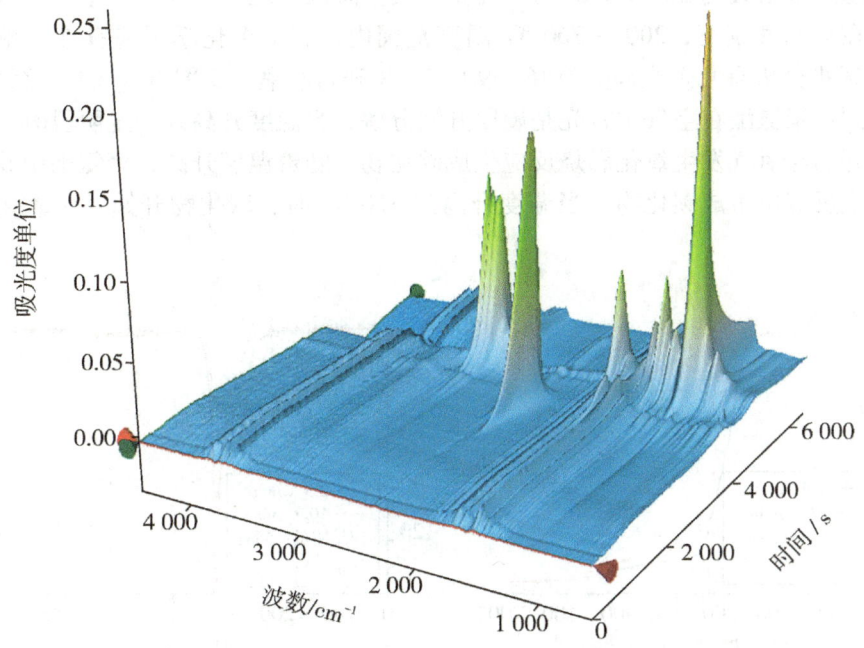

图2-4 C181A 氮气气氛下 5 ℃/min 时聚氨酯软泡 TG-FTIR 图

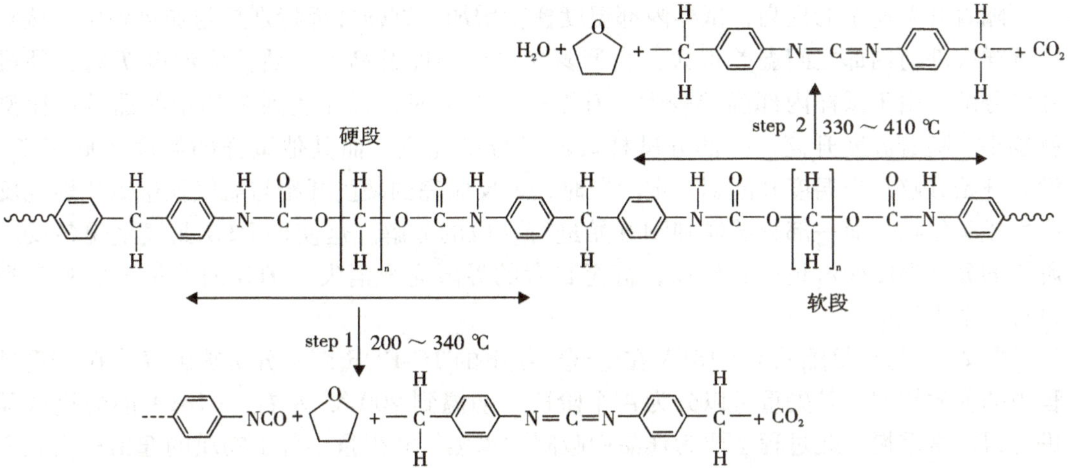

图2-5 聚氨酯软泡反应图

起始失重温度、最大失重速率也逐渐增大。但与在氮气气氛下不同,不同升温速率下得到的 TG 曲线,特别是 DTG 曲线形状有很大的差异。分析图中 DTG 曲线变化可知:在 2.5 ℃/min 升温速率下,在失重阶段 290~320 ℃下,DTG 曲线速率变化峰有一个肩状部，而当升温速率增大到 10 ℃/min 时，在整个失重阶段出现一个大的失重峰。这表明聚氨酯软泡在空气气氛下，200～360 ℃ 温度范围内，有多个化学反应存在，单纯从 DTG 曲线上很难分析有几个全局失重峰。从图 2-8 升温速率为 5 ℃/min 的热重红外光谱图可以看到：聚氨酯在空气中首先是硬段开始分解，当温度升高到一定阶段时，未反应完的硬段开始与氧气发生氧化燃烧反应生成碳化物；随着温度升高，聚氨酯中软段与氧气发生燃烧反应也生成碳化物；当温度升高到 360 ℃ 时，碳化物开始发生氧化反应生成灰分。

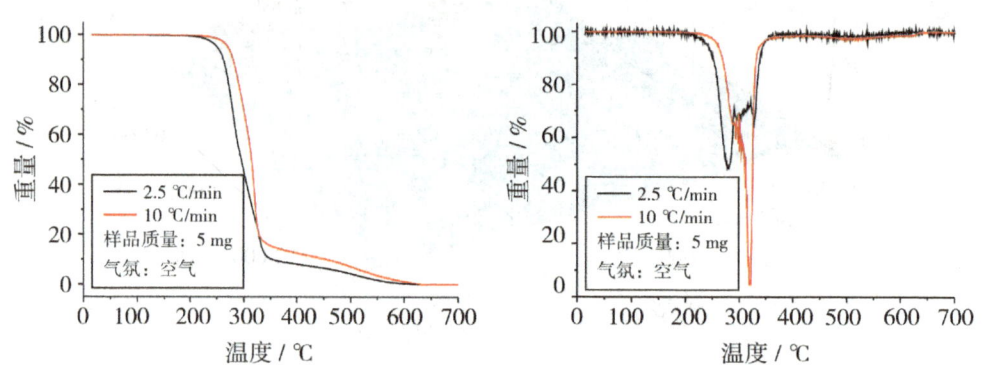

图 2-6　空气氛围不同升温速率下聚氨酯软泡 TG-DTG 曲线

随着升温速率的提高，试样内部温度梯度增加，试样外部特别是与加热炉坩埚接触的试样底部与内部之间温差很大，当聚氨酯试样温度升高到起始反应温度 $T_i$ 时，硬段开始分解。由于试样内部温差较大，升温速率越大时，首先达到 $T_i$ 的聚氨酯试样比例就越小。随着温度升高，一部分试样硬段已分解完全，而其他试样的温度还低于 $T_i$，没有开始分解；当温度升高到一定阶段时，未反应完的硬段开始与氧气发生氧化燃烧反应生成碳化物，而一部分试样则刚开始进行硬段的分解。这使得 DTG 曲线呈现各反应阶段的分解温度变得越来越模糊，甚至二者的界限完全消失，DTG 曲线呈现肩状部到只有一个失重峰。

图 2-8 为聚氨酯软泡 C181A 在空气气氛下的 TG-FTIR 图，分析热解气体在失重过程中的释放规律，其失重可以分为 4 个阶段：初温到 200 ℃ 左右，C181A 的失重过程进行得非常缓慢，此过程主要为样品中吸附的水蒸气和少量小分子物质的逸出；当温度升高至 200 ℃ 时，与在氮气气氛下的失重相同，聚合物主链上的—NHCOO—基团断裂为异氰酸酯；当温度升高到 260 ℃ 时，聚氨酯软泡开始发生氧化反应，随后热解氧化反应相互竞争到 325 ℃ 时聚氨酯反应完全；在 300 ℃ 时，样品热解后残留的多元醇和二酰亚胺等物质开始氧化燃烧生成更难分解的芳香脂，并释放出氨、二氧化碳、一氧化碳和卤化物等气体；当温度高于 410 ℃ 时，主要是大相对分子质量的炭化物开始发生

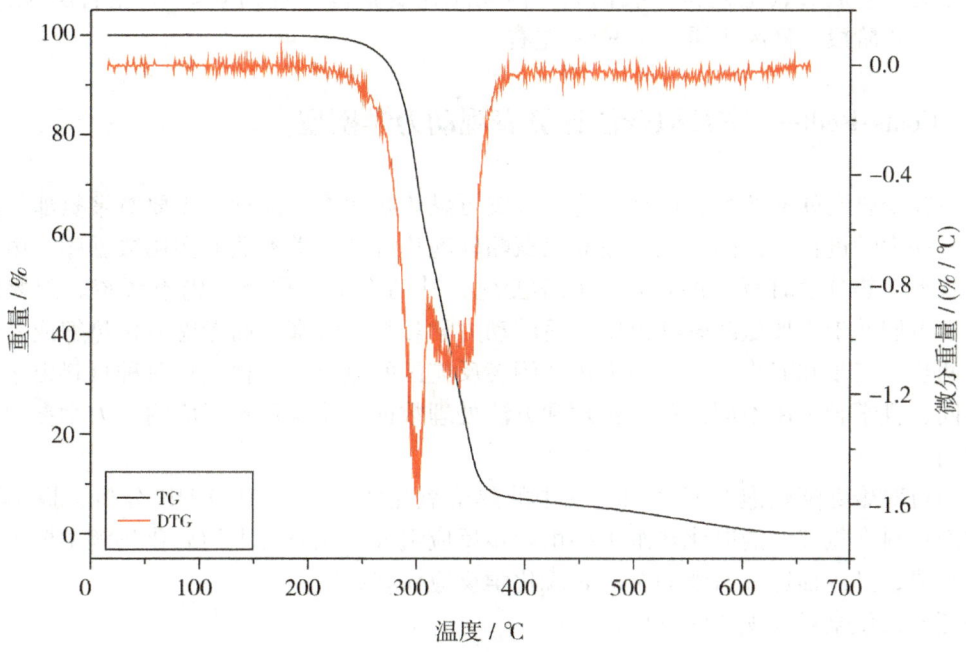

图 2-7　聚氨酯软泡 C181A 空气气氛下 5 ℃/min 时 TG-DTG 曲线

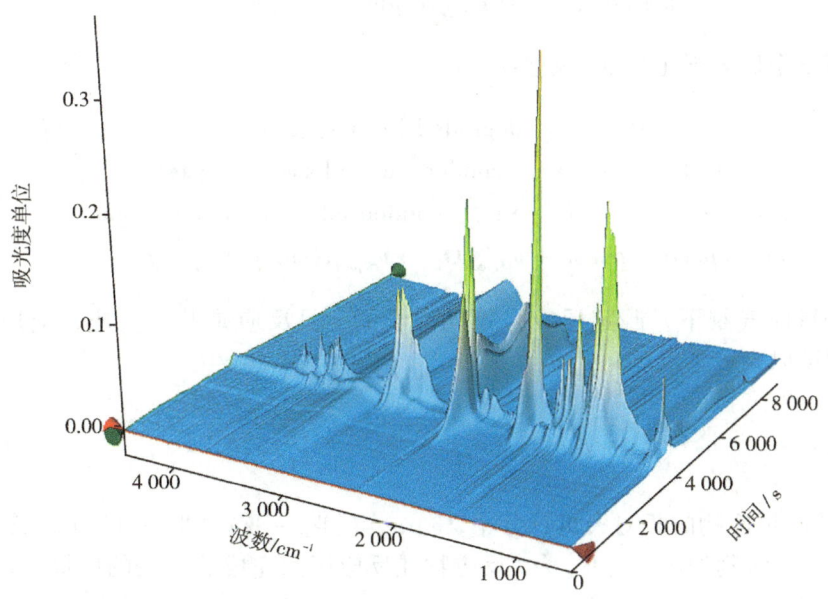

图 2-8　聚氨酯软泡 C181A 空气气氛下 5 ℃/min 时 TG-FTIR 图

氧化燃烧，生成二氧化碳和一氧化碳，但反应速度很慢，直到 600 ℃ 左右反应完全。在整个氧化阶段，样品失重率为 99% 左右。

## 2.4 Coats-Redfern 模式拟合法计算表观动力学模型

研究聚氨酯软泡的着火机理，建立火灾可燃热解和着火模型，需要对聚氨酯软泡热解反应动力学进行深入的研究，建立聚氨酯软泡热解动力学参数的实用数据库。由于聚氨酯软泡在热分解时复杂的物理和化学变化，其动力学过程至今仍不清楚。阴燃研究中，学者们并未为聚氨酯软泡提供合适的动力学参数。大都片面考虑氧化热解或者用单步、两步、三步和五步反应模型来描述阴燃反应区的热分解过程。且每种材料由于其组成不同，且学者采用不同的反应机理和方法处理数据，使得每步反应的动力学参数也不尽相同。

通过对聚氨酯软泡在氮气和空气中的热解氧化实验以及 TG-FTIR 分析，提出聚氨酯软泡材料在氮气中的氧化热解主要由两步反应组成，在空气中的氧化热解主要由四步反应组成，具体描述聚氨酯的全局表观化学反应模型如下：

氮气气氛全局表观化学反应模型：

$$PU \rightarrow v_{dg,p} \text{degraded PU} + v_{g,p}\text{gas}$$
$$\text{degraded PU} \rightarrow v_{rd,dg} \text{residue} + v_{g,pdg}\text{gas}$$

空气气氛下全局表观化学反应模型：

$$PU \rightarrow v_{dg,p} \text{degraded PU} + v_{g,p}\text{gas}$$
$$PU + v_{O_2,o}O_2 \rightarrow v_{cd,o}\text{condensed} - \text{phase} + v_{g,o}\text{gas}$$
$$\text{degaded PU} + v_{O_2,odg}O_2 \rightarrow v_{cd,odg}\text{condensed} - \text{phase} + v_{g,odg}\text{gas}$$
$$\text{condensed} - \text{phase} + v_{O_2,ocd}O_2 \rightarrow v_{rd,ocd}\text{residue} + v_{g,ocd}\text{gas}$$

在恒定的反应气氛下，假定反应是等动力学的，且反应是基元反应，应用 Arrhenius 反应速率可以表示为：

$$\frac{d\alpha_i}{dt} = A_i e^{-\frac{E_i}{RT}} f(\alpha_i) \qquad i = 1,\dots,N \qquad (2-1)$$

式中：$\alpha_i$ 是 $t$ 刻 $i$ 反应物的相对失重百分率，%；$\alpha = (W_0 - W)/(W_0 - W_\infty)$，其中，$W_0$ 为 $i$ 反应物在开始时刻的质量，$W_\infty$ 为 $i$ 反应物在反应区间完成后剩余的质量，$W$ 则为 $i$ 反应物在 $t$ 时刻的质量；$T$ 为反应温度，K；$A$ 为频率因子，$s^{-1}$；$E$ 为活化能，kJ/mol；$R$ 为理想气体常数，$8.314 \times 10^{-3}$ kJ·(mol·k)$^{-1}$；$f(\alpha)$ 是反应速率函数，对于固体分解反应而言，可能的反应机理是多种多样的，反应速率函数 $f(\alpha)$ 根据反应机理的不同而具有不同的数学表达形式。

若考虑程序升温速率为 $\beta$ ℃/min 时，而且

$$\beta = \frac{dT}{dt} \tag{2-2}$$

将式（2-2）带入式（2-1）可得：

$$\beta \frac{d\alpha_i}{dT} = A_i e^{-\frac{E_i}{RT}} f(\alpha_i) \tag{2-3}$$

对式（2-3）两边取对数，变换可得：

$$\ln\left(\beta \frac{d\alpha_i}{dT}\right) = -\frac{E_i}{RT} + \ln(A_i f(\alpha_i)) \tag{2-4}$$

同理，对式（2-3）两边积分变换可得：

$$g(\alpha_i) = \int_0^\alpha \frac{d\alpha_i}{f(\alpha_i)} = \frac{A_i}{\beta} \int_{T_0}^T \exp\left(-\frac{E_i}{RT}\right) dT \tag{2-5}$$

目前，学者们[100-105]根据式（2-3）提出了很多动力学计算方法。首先通过热分析实验得到试样的 TG 或 DTG 曲线，然后由式（2-3）导出反应动力学参数，如表观活化能 $E$ 和频率因子 $A$，并确定反应速率函数 $f(\alpha)$ 的形式。

利用微分式（2-4），需结合 DTG 曲线来进行动力学分析。该方法主要步骤是通过热重实验获得的 $dw_i/dt$ 或者 $dw_i/dT$ 数据，经过计算得出时刻 $t$ 的反应速率 $d\alpha/dt$，在任一给定的 $\alpha$ 下由 $\ln(\beta d\alpha_i/dT)$ 对 $1/T$ 作图，采用最小二乘法拟合数据，由斜率求该 $\alpha$ 下的表观活化能 $E_a$。

在热分析实验中，直接得到的是样品重量随温度或者时间的变化曲线，微商失重 DTG 曲线则是通过数值方法计算得出，得出的 DTG 数据由于计算导数而伴随有一定的数值误差。利用积分式（2-5），结合 TG 曲线来计算动力学参数，避免在分析过程中带来计算导数所伴随的数值误差，称为积分法。因此，主要采用积分法计算动力学参数。

式（2-5）左边的 $\int_0^\alpha d\alpha_i/f(\alpha_i)$ 为转化率函数积分，右边的 $\int_{T_0}^T \exp(-E_i/RT) dT$ 称为温度积分，其最大的缺点是温度积分没有解析解，只能通过不同的数学处理方法得到数值解或者近似解。数值解俗称精确解，是一种由辛普生法则、梯形法则和高斯法则对式（2-6）做数值积分得到的解，计算精度可达 ±10% ～11%[106]。近似解则是通过对式（2-6）做近似推导得出数学表达式。目前，大多数积分动力学分析方法使用不同的温度积分近似式，如 Gorbachev 法、Ozawa 法、Lee-Bech 法、Coats-Redfern

法等[107-110]。

$$\Lambda(T) = \int_{T_0}^{T} e^{-\frac{E_i}{RT}} dT \qquad (2-6)$$

采用 Coats-Redfern 积分法，该方法主要将温度积分通过积分变换得下式：

$$g(\alpha_i) = \frac{A_i}{\beta} \int_{T_0}^{T} \exp\left(-\frac{E_i}{RT}\right) dT = \frac{A_i E_i}{\beta R} \int_{\infty}^{u} \frac{-e^{-u}}{u^2} du = \frac{A_i E_i}{\beta R} P(u) \qquad (2-7)$$

这样，解温度积分的问题就变为寻找函数 $P(u) = \int_{\infty}^{u}(-e^{-u}/u^2) du$，下面采用分步积分来计算 $P(u)$ 可得：

$$P(u) = \int_{\infty}^{u} \frac{-e^{-u}}{u^2} du = \frac{-e^{-u}}{u^2}\left(1 - \frac{2!}{u} + \frac{3!}{u_2} - \frac{4!}{u_3} + \cdots\right) \qquad (2-8)$$

取方程式（2-8）右端括号内前两项，得到 Coats-Redfern 法的一级近似的表达式：

$$\int_{0}^{\alpha} \frac{d\alpha_i}{f(\alpha_i)} = \frac{A}{\beta} \frac{RT^2}{E}\left(1 - \frac{2RT}{E}\right) e^{\frac{-E}{RT}} \qquad (2-9)$$

对上式两边取对数，就得到 Coats-Redfern 积分方程：

$$\ln\left[\frac{g(\alpha)}{T^2}\right] = \ln\left[\frac{AR}{\beta E}\left(1 - \frac{2RT}{E}\right)\right] - \frac{E}{RT} \qquad (2-10)$$

一般的反应温区和大部分 $E$ 值，有 $E/RT \geq 1$，$(1-2RT/E) \approx 1$，右端第一项一般为常数。式（2-10）中，$g(\alpha)$ 是 TG 曲线的积分函数，对于不同的反应机制，其动力学模型函数 $f(\alpha)$ 及相应的积分函数 $g(\alpha)$ 选取如表 2-1[111]。

传统热分析动力学的研究目的在于定量表征反应（或相变）过程，确定其遵循的最概然机理函数 $f(\alpha)$，求出动力学参数 $E$ 和 $A$，算出速率常数 $K$，提出模拟 TA 曲线的反应速率 $d\alpha/dt$ 表达式[112]。Coats-Redfern 法计算表观动力学参数首先通过 DTG 曲线不同的失重峰将其分为不同的反应阶段，对于每个反应阶段的 $f(\alpha)$ 根据式（2-10）选择表中不同的机理函数将 $\ln(g(\alpha)/T^2)$ 对 $1/T$ 进行作图得出最概然机理函数。当确定了最佳的机理函数后，就可以从 $\ln(g(\alpha)/T^2)$ 对 $1/T$ 图线中通过采用最小二乘法拟合数据得到一条直线，通过直线的斜率项和截距项分别就是计算该反应阶段的表观活化能 $E$ 和频率因子 $A$，该计算方法统称模式拟合法。

表2-1 不同机制的动力学模型函数和积分函数

| 函数法则名称 | | $g(\alpha)$ | $f(\alpha) = (\frac{1}{k})(\frac{d\alpha}{dt})$ |
|---|---|---|---|
| 普通反应 | 相界面反应 | $\alpha$ | 1 |
| | 一级反应 | $-\ln(1-\alpha)$ | $1-\alpha$ |
| | 二级反应 | $(1-\alpha)^{-1}$ | $(1-\alpha)^2$ |
| | 三级反应 | $(1-\alpha)^{-2}$ | $(1-\alpha)^3$ |
| 阶段边界控制反应 | 收缩圆柱体 | $1-(1-\alpha)^{\frac{1}{2}}$ | $2(1-\alpha)^{\frac{1}{2}}$ |
| | 收缩球体 | $1-(1-\alpha)^{\frac{1}{3}}$ | $3(1-\alpha)^{\frac{2}{3}}$ |
| 扩散控制反应 | 幂函数法则 | $\alpha^2$ | $\frac{1}{2\alpha}$ |
| | Valensi 方程 | $(1-\alpha)\ln(1-\alpha)+\alpha$ | $[-\ln(1-\alpha)]^{-1}$ |
| | Jander 方程 | $[1-(1-\alpha)^{\frac{1}{3}}]^2$ | $\frac{3}{2}(1-\alpha)^{\frac{2}{3}}[1-(1-\alpha)^{\frac{1}{3}}]^{-1}$ |
| | G-B 方程 | $(1-\frac{2\alpha}{3})-(1-\alpha)^{\frac{2}{3}}$ | $\frac{3}{2}[(1-\alpha)^{\frac{1}{3}}-1]^{-1}$ |

由于失重曲线各温度特征点没有统一的规定。比如 TG 曲线开始偏离基线点的温度叫起始分解温度，曲线到达最大失重时的温度叫终止温度，但由于诸多因素一般很难确定；采用双切线法确定外延起始温度，即为曲线下降段切线与基线延长线的交点，切线与最大失重线的交点为外延终止温度；还有将失重率 5%，10%，50% 作为特征温度[113]。采用双切线法来确定各反应阶段的起始点和终止点（如图 2-9）。

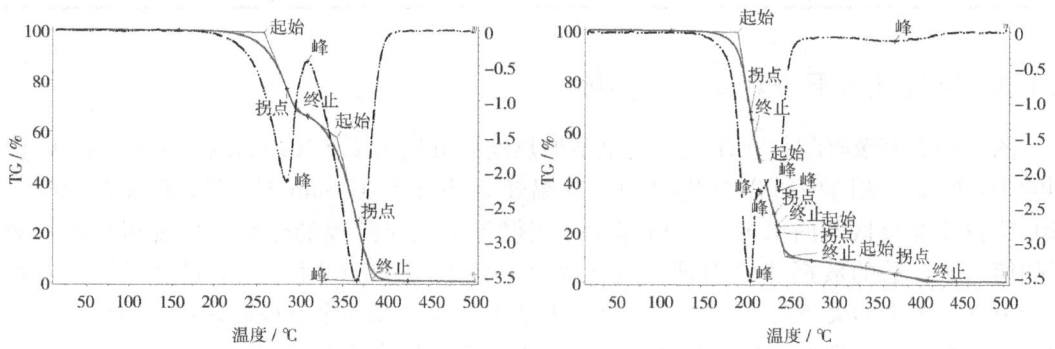

图 2-9 双切线法选取聚氨酯软泡各反应阶段温度特征点

## 2.4.2 氮气气氛下聚氨酯软泡表观动力学参数

前文通过对聚氨酯软泡在氮气气氛下的 TG 和 TG-FTIR 分析得到，其主要的热分解曲线有两个失重阶段。第一阶段是聚氨酯软泡中—NHCOO—基团断裂为异氰酸酯，还有少量的烯烃、胺和二氧化碳；第二阶段是聚氨酯软泡低温段难分解的芳香脂、多元醇、氨、二氧化碳和卤化物等气体。因此，可以将其看成不同温度区间内发生的独立的两个反应过程，区间的分界以 DTG 曲线上绝对值最小点的温度为分界温度，采用双切线法来确定各反应阶段的起始点和终止点。

氮气气氛全局表观化学反应模型可以表述如下：

$$PU \rightarrow v_{dg,p}\text{degraded PU} + v_{g,p}\text{gas}$$
$$\text{degraded PU} \rightarrow v_{rd,dg}\text{residue} + v_{g,pdg}\text{gas}$$

采用 Coats-Redfern 法分别对表 2-1 中 10 种机理函数的 $\ln(g(\alpha)/T^2)$ 对 $1/T$ 在两个特征温度范围的线性相关系数进行对比，得到一级反应模型线性程度最好。将最佳机理函数代入式（2-10），分别计算不同温度区间的聚氨酯软泡在氮气气氛下的热解失重表观动力学参数，计算结果见表 2-2。

表 2-2 氮气氛围中聚氨酯软泡的表观热解动力学参数

| $\Phi$/<br>(℃/min) | 失重阶段 | 温度范围/<br>℃ | 失重范围/<br>% | $E$/<br>(kJ/mol) | $\lg A$/<br>$s^{-1}$ | $r$ |
|---|---|---|---|---|---|---|
| 2.5 | Ⅰ | 258～295 | 92.21～68.95 | 162.31 | 14.8 | 0.998 |
|  | Ⅱ | 344～384 | 51.19～5.19 | 191.15 | 15.01 | 0.997 |
| 10 | Ⅰ | 270～320 | 83.88～59.36 | 153.82 | 13.50 | 0.999 |
|  | Ⅱ | 376～405 | 44.13～5.73 | 211.69 | 16.24 | 0.997 |

## 2.4.3 空气气氛下表观动力学参数

图 2-12 为聚氨酯软泡在空气气氛下加热速率分别为 2.5 ℃/min 和 10 ℃/min 时得到的 TG 曲线。从图中可以分析得到：升温速率为 2.5 ℃/min 时，TG 曲线在 300～320 ℃ 这个温度区间内出现一个肩部状，使得各个反应阶段的分界温度变得模糊，对于如何选取合适的数据造成困难；当升温速率为 10 ℃/min 时，各个温度区间相互重合，呈现一个大的失重峰。在传统计算动力学中，在计算各个反应阶段或者温度区间内的动力学参数中，都有明显的分解温度点，为计算提供合适的数据。在空气气氛下，不同升温速率的热失重曲线差异较大，使得如何选取各反应阶段的特征温度点变得很困难。

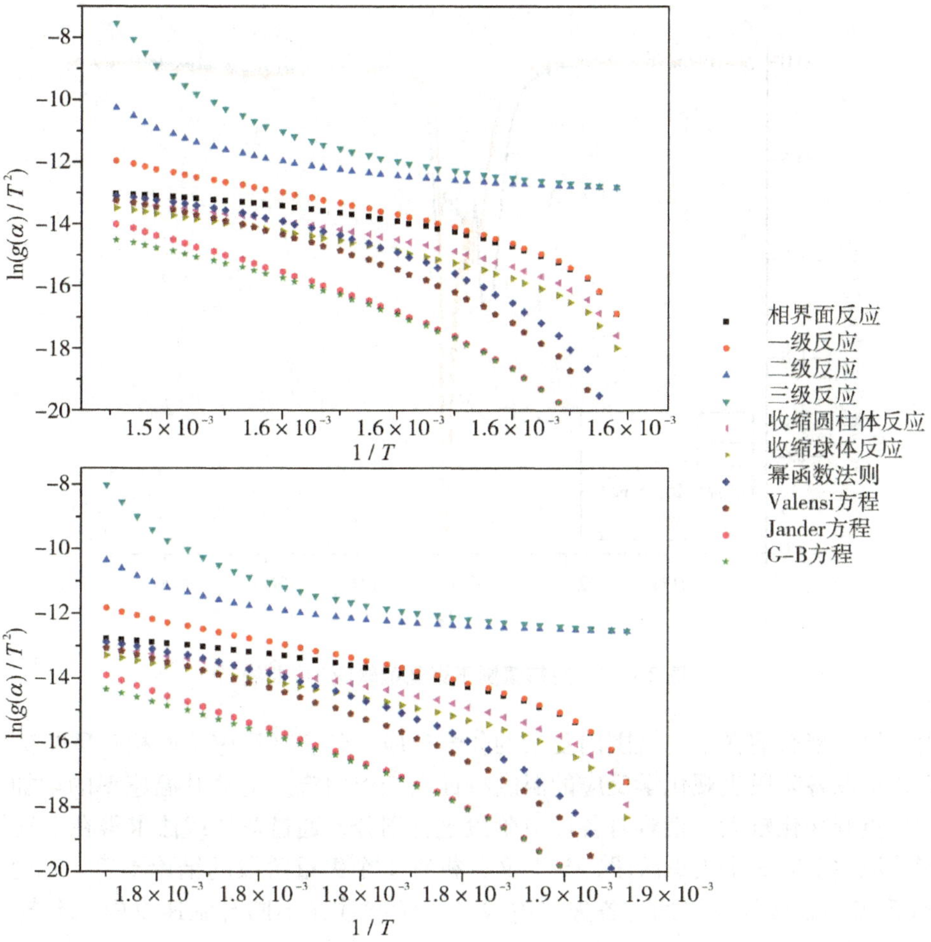

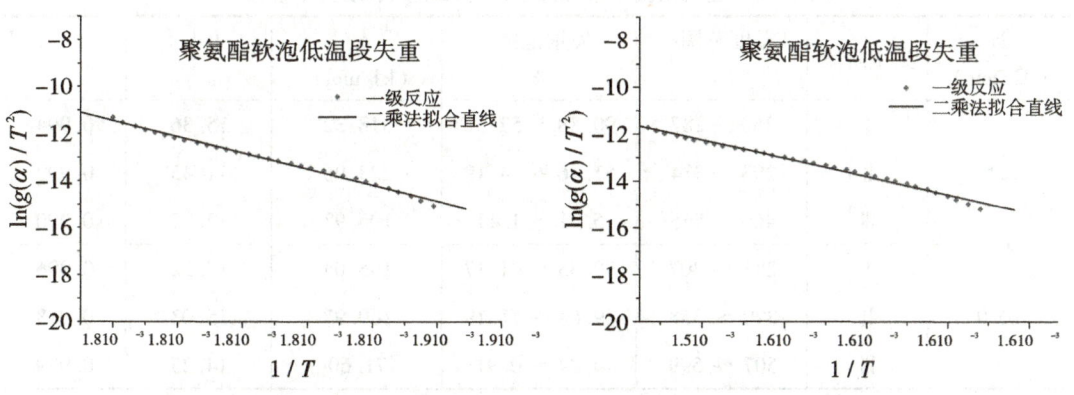

图2-10 氮气气氛下聚氨酯软泡不同温度阶段线性相关图（2.5 ℃/min）

图2-11 氮气气氛下聚氨酯软泡不同温度阶段C-F曲线（2.5 ℃/min）

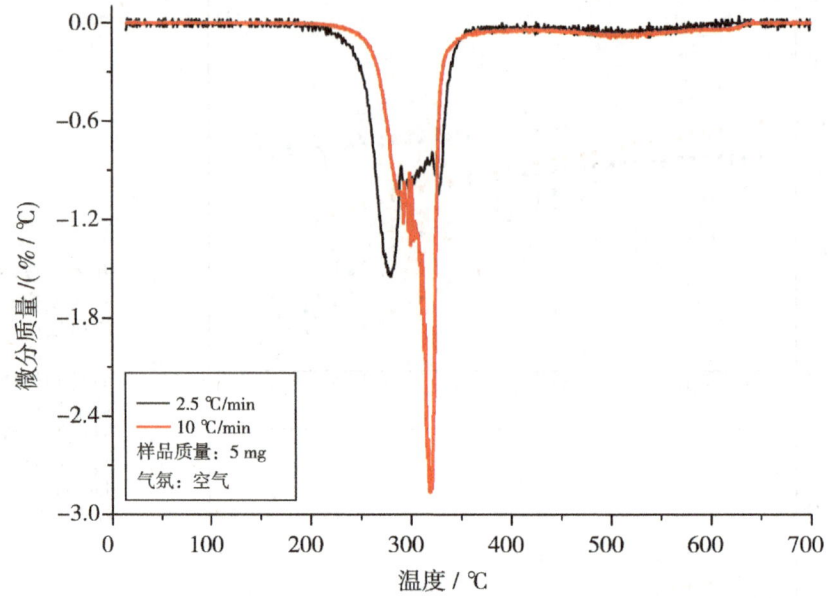

图 2-12 空气氛围下聚氨酯软泡 TG 曲线

由于聚氨酯软泡在空气氛围内复杂的化学反应，各表观反应阶段相互重叠交叉，采用双切线求取各阶段表观化学反应的温度特征点变得困难。随着升温速率的增加，DTG 曲线的失重峰变化较大，很难对各反应阶段进行划分，通过双切线法求得在空气气氛下聚氨酯软泡主要有 3 个失重阶段，与上文分析有 4 个失重阶段的结论不符。通过 Coats-Redfern 模型拟合法计算得到的各失重阶段动力学参数在不同升温速率中相差较大，如表 2-3 所示。

表 2-3 空气氛围中聚氨酯软泡的表观热解动力学参数

| $\Phi$/(℃/min) | 失重阶段 | 温度范围/℃ | 失重范围/% | $E$/(kJ/mol) | $\lg A$/$s^{-1}$ | $r$ |
| --- | --- | --- | --- | --- | --- | --- |
| 2.5 | I | 260～287 | 90.88～52.32 | 318.32 | 15.36 | 0.994 |
|  | II | 293～334 | 51.46～14.19 | 223.96 | 11.45 | 0.992 |
|  | III | 469～565 | 5.71～1.11 | 196.93 | 12.73 | 0.990 |
| 10.0 | I | 282～307 | 90.33～61.17 | 195.04 | 18.22 | 0.996 |
|  | II | 320～358 | 49.68～11.19 | 169.97 | 15.03 | 0.988 |
|  | III | 507～599 | 4.24～0.91 | 71.60 | 14.25 | 0.989 |

## 2.5 小结

首先利用热重法、热重-红外光谱联用法对聚氨酯软泡在不同气氛和升温速率下的热解行为进行详细探讨，其次确定聚氨酯软泡在氮气和空气中热解失重的表观动力学模型，采用 Coats-Redfern 模式拟合法计算各步失重反应的表观动力学参数，研究结果表明：

（1）在氮气气氛中，聚氨酯软泡主要热解失重过程分为2个阶段：在200～340 ℃温度范围内主要是聚氨酯软泡中—NHCOO—基团断裂为异氰酸酯；340～410 ℃聚氨酯软段分解为芳香脂、多元醇、氨、二氧化碳和卤化物等气体。

（2）在空气气氛中，聚氨酯软泡主要包括4个主要的失重过程：200 ℃时，与在氮气气氛下的失重相同，聚合物主链上的—NHCOO—基团断裂为异氰酸酯；当温度升高到260 ℃时，聚氨酯开始发生氧化反应，随后热解氧化反应相互竞争到325 ℃时聚氨酯反应完全；在300 ℃时，聚氨酯热解后残留的多元醇和二酰亚胺等物质开始氧化燃烧生成更难分解的芳香脂，并释放出氨、二氧化碳、一氧化碳和卤化物等气体；当温度高于410 ℃时，主要是大分子量的炭化物开始发生氧化燃烧，生成二氧化碳、一氧化碳，但反应速度很慢，直到600 ℃左右反应完全。

（3）通过对聚氨酯软泡在氮气和空气气氛下的表观热解行为的分析，分别建立"双组份两阶段"和"多组分四阶段"表观热解动力学模型，采用 Coats-Redfern 模式拟合法计算各步失重反应的表观动力学参数，计算结果为："双组份两阶段"模型能很好地表述聚氨酯软泡在氮气气氛中的热解行为，各步最佳机理函数为一级反应，不同升温速率下低温段、高温段活化能相差不大，拟合相关系数都高于0.995；而空气气氛下的聚氨酯软泡热重过程中各步反应相互重叠，难以求取各步表观反应的特征温度点和失重数据，且不同升温速率下的 DTG 出现不同的失重峰。不考虑其热解行为纯粹用双切线法选取失重数据，不同加热速率下的各步表观动力学参数之间相差太大，传统动力学法很难正确的计算复杂的多组分多阶段反应模型。

# 3 基于遗传算法求解聚氨酯软泡表观热解动力学模型

## 3.1 引言

传统热分析动力学的研究目的在于定量表征反应（或相变）过程，确定其遵循的最概然机理函数 $f(\alpha)$，求出动力学参数 $E$ 和 $A$，算出速率常数 $K$，提出模拟 TA 曲线的反应速率 $d\alpha/dt$ 表达式。在分析材料热解氧化反应模型时，不仅要求出"动力学三因子"，还要计算每步化学反应方程的当量系数。常用于热分析中的动力学方法及其方程，如 Ozawa、Friedman、Kissinger 以及分部积分等。由于聚氨酯复杂的化学反应（对持反应、平行反应、连续反应以及这些反应的组合），以及方程组的高度非线性，传统的积分法和微分法很难对其进行计算。本研究采用遗传算法来拟合寻求方程组的最优解，并与由 Coats-Redfern 积分法计算出的动力学三因子相互验证。

## 3.2 全局表观动力学模型

通过前文采用 Coats-Redfern 积分法计算动力参数可以看出，聚氨酯软泡在空气气氛下由于 DTG 失重峰没有明显的分界温度，各个反应阶段相互重合，采用传统算法计算每个失重过程变得困难。因此，应通过建立整个热解过程中质量变化方程组模型，采用遗传算法对数学模型进行优化计算，从而得到各个反应阶段的动力学参数。

在热分析实验中，可以得到在整个升温过程中试样质量随温度或时间的变化曲线，因此，固体热解失重过程中各组分的总质量 $m$ 的反应速率 $\dot{\omega}$ 是可知的，任何时刻或任何温度固体总质量是各组分质量的和：

$$m_i = m_{1i} + m_{2i} + m_{3i} + \cdots + m_{ni} \quad (3-1)$$

其中，$m$ 表示坩埚中固体总质量，下标 $i$ 表示在失重过程中的时间或温度点，下标 $1$，$2$，$\cdots$，$n$ 则表示固体中不同组分。通过表观化学反应模型可知：氮气气氛中，聚氨酯软泡在热解过程中含有三种固体组分，聚氨酯软泡（PU）、降解物（degraded PU）和灰分（residue）；空气气氛下含有四种固体组分，聚氨酯软泡（PU）、降解物（degraded PU）、氧化产物（condensed phase）和灰分（residue）。

在失重过程中，各组分的转换率为：

## 3 基于遗传算法求解聚氨酯软泡表观热解动力学模型

$$\alpha_{ni} = \frac{m_{n0} - m_{ni}}{m_{n0} - m_{n\infty}} \quad (3-2)$$

则固体总的转换率为：

$$\alpha_i = \sum_{n=1}^{n} \frac{m_{n0} - m_{ni}}{m_{n0} - m_{n\infty}} \quad (3-3)$$

分别对式（3-3）两边取对数变换得到：

$$\frac{d\alpha_i}{dt} = \frac{d\alpha_{i1}}{dt} + \frac{d\alpha_{i2}}{dt} + \frac{d\alpha_{i3}}{dt} + \cdots + \frac{d\alpha_{in}}{dt} = \sum_{n=1}^{n} \frac{d}{dt}\left(\frac{m_{n0} - m_{ni}}{m_{n0} - m_{n\infty}}\right) \quad (3-4)$$

若考虑程序升温速率为 $\beta$，固体热解的反应速率 $\dot{\omega}_{in}$ 可以表示为：

$$\dot{\omega}_{in} = \frac{d\alpha_{in}}{dt} = \beta \frac{d\alpha_{in}}{dT} = A_{in} e^{-\frac{E_{in}}{RT}} f(\alpha_{in}) \quad (3-5)$$

对式（3-5）两边积分变换可得：

$$g(\alpha_{in}) = \int_0^{\alpha_i} \frac{d\alpha_{in}}{f(\alpha_{in})} = \frac{A_{in}}{\beta} \int_{T_0}^{T_i} \exp\left(-\frac{E_{in}}{RT}\right) dT \quad (3-6)$$

由于温度积分方程（3-6）没有解析解，只能通过不同的数学处理方法得到数值解或者近似解。上一章采用 Coats-Redfern 法求得 $\int_{T_0}^{T_i} \exp(-E_{in}/RT) dT$ 温度积分的一级近似表达式。为了提高计算精度，对温度积分采用内节点 $n=5$ 高斯－洛巴度（Gauss-Lobatto quadrature）进行数值计算[114]。

在热重实验中，可以得固体总质量随每个温度点变化的数据，因此，对温度积分区间 $[T_i, T_{i+1}]$ 的间隔为 1 ℃，假设函数 $\Lambda(T)$ 有如下表达式：

$$\Lambda(T_i) = \int_{T_i}^{T_{i+1}} F(T) dT \quad (3-7)$$

$$F(T) = e^{-\frac{E}{RT}} \quad (3-8)$$

$T_{i+1} = T_i + 1$，当内节点 $n=5$ 时，间隔 1 ℃时的积分方程 $\Lambda(T)$ 的 Gauss-Lobatto 求积公式可以表示为：

$$\int_{T_i}^{T_{i+1}} F(T) dT \approx \frac{h}{1470} \{77[F(T_i) + F(T_i+1)] + 432[F(m - T_i h) + F(m + T_i h)]$$
$$+ 625[F(m - \beta h) + F(m + \beta h)] + 672 F(m)\}$$

$$(3-9)$$

其中,

$$h = \frac{1}{2}, \ m = T_i + \frac{1}{2}, \ \alpha = \sqrt{\frac{2}{3}}, \ \beta = \frac{1}{\sqrt{5}} \quad (3-10)$$

联立式(3-6)、式(3-9)和式(3-10)可得:

$$g(\alpha_{in}) = \int_0^{\alpha_i} \frac{\mathrm{d}\alpha_{in}}{f(\alpha_{in})} = \sum_{i=1}^{i-1} \frac{A_{in}}{\beta} \int_{T_i}^{T_i+1} F_n(T) \mathrm{d}T \quad (3-11)$$

则 $T_i$ 温度点时的组分 $n$ 的转换率 $\alpha_{in}$ 为:

$$\alpha_{in} = \frac{A_{in} f(\alpha_{in})}{\beta} \int_{T_i}^{T_i+1} F_n(T) \mathrm{d}T \quad (3-12)$$

联立式(3-4)、式(3-12)和氮气气氛中聚氨酯软泡化学反应模型,其中,在氮气气氛下的机理函数用 $f(\alpha) = (1-\alpha)^n$ 表示可以得到固体每个温度点时的总转化率:

$$\int_{t_i}^{t_{i+1}} \left[ \frac{\mathrm{d}\left(\frac{m_0 - m_i}{m_0 - m_\infty}\right)}{\mathrm{d}t} \right] \mathrm{d}t = \frac{m_i - m_{i+1}}{m_0 - m_\infty} = \frac{1}{\beta} \int_{T_i}^{T_i+1} \left( \frac{\mathrm{d}m_{pu}}{\mathrm{d}T} + \frac{\mathrm{d}m_{dg}}{\mathrm{d}T} + \frac{\mathrm{d}m_{rd}}{\mathrm{d}T} \right) \mathrm{d}T$$

$$= \frac{(v_{dg,p} - 1) A_{pu,p} m_{pu,p} n_{pu,p}}{\beta} \int_{T_i}^{T_i+1} \mathrm{e}^{-E_{pu,p}/RT} \mathrm{d}T$$

$$+ \frac{(v_{rd,p} - 1) A_{dg,p} m_{dg,p} n_{dg,p}}{\beta} \int_{T_i}^{T_i+1} \mathrm{e}^{-E_{dg,p}/RT} \mathrm{d}T$$

$$(3-13)$$

同理,空气气氛下氧化反应用 $f(\alpha) = (1-\alpha)^n c_{o_2}^\delta$ 表示,可以得到空气气氛中固体每个温度点时的总转化率:

$$\int_{t_i}^{t_{i+1}} \left[ \frac{\mathrm{d}\left(\frac{m_0 - m_i}{m_0 - m_\infty}\right)}{\mathrm{d}t} \right] \mathrm{d}t = \frac{m_i - m_{i+1}}{m_0 - m_\infty} = \frac{1}{\beta} \int_{T_i}^{T_i+1} \left( \frac{\mathrm{d}m_{pu}}{\mathrm{d}t} + \frac{\mathrm{d}m_{dg}}{\mathrm{d}t} + \frac{\mathrm{d}m_{cd}}{\mathrm{d}t} + \frac{\mathrm{d}m_{rd}}{\mathrm{d}t} \right) \mathrm{d}T$$

$$= \frac{(v_{dg,p} - 1) A_{pu,p} m_{pu,p} n_{pu,p}}{\beta} \int_{T_i}^{T_i+1} \mathrm{e}^{-E_{pu,p}/RT} \mathrm{d}T$$

$$+ \frac{(v_{cd,o} - 1) A_{pu,o} m_{pu,o} n_{pu,o} y_{O_2}^\delta}{\beta} \int_{T_i}^{T_i+1} \mathrm{e}^{-E_{pu,o}/RT} \mathrm{d}T$$

$$+ \frac{(v_{cd,odg} - 1) A_{dg,o} m_{dg,o} n_{dg,o} y_{O_2}^\delta}{\beta} \int_{T_i}^{T_i+1} \mathrm{e}^{-E_{dg,o}/RT} \mathrm{d}T$$

$$+ \frac{(v_{rd,ocd} - 1) A_{cd,o} m_{cd,o} n_{cd,o} y_{O_2}^{\delta}}{\beta} \int_{T_i}^{T_{i+1}} e^{-E_{cd,o}/RT} dT$$

(3 – 14)

从上文的分析我们得到热重过程中，各组分随温度变化的转化率模型，并采用内节点 $n=5$ 的 Gauss-Lobatto 求积公式对温度积分进行数值计算。不同气氛状态下，每步反应都包含有四个未知参数：表观化学计量数和动力学三因子。模型中各方程相互耦合，高度非线性，因此，采用遗传算法对模型进行优化计算，求出最优解。

其中，遗传算法的目标函数可以表示为：

$$\varphi = \sum_{T=T_{\text{ini}}}^{T_{\text{end}}} \left| \left(\frac{m_i - m_{i+1}}{m_0 - m_\infty}\right)_T^{cal} - \left(\frac{m_i - m_{i+1}}{m_0 - m_\infty}\right)_T^{tg} \right|^2 \quad (3-15)$$

式中：$((m_i - m_{i+1})/(m_0 - m_\infty))_T^{tg}$ 为温度 $T$ 时，通过热重实验测量的数据经过计算得到的组分转化率，$((m_i - m_{i+1})/(m_0 - m_\infty))_T^{cal}$ 为温度 $T$ 时，通过遗传算法计算得到的组分转化率。

## 3.3 遗传算法计算动力学模型步骤

（1）基于聚氨酯软泡热重和热重–红外实验建立试样在整个温度区间内失重过程的固体质量守恒模型。从上文采用传统模式拟合法计算得到聚氨酯软泡在氮气和空气中的最概然机理函数为一级反应模型，但各步反应温度区间的选取采用双切线法取值，及外延起始温度和外延终止温度，导致温度区间较小，并不能完全反映反应的开始温度和终止温度。采用指数方程来表示各步反应的机理函数，其中热解反应 $f(\alpha) = (1-\alpha)^n$，氧化反应 $f(\alpha) = (1-\alpha)^n c_{O_2}^{\delta}$。采用 Gauss-Lobatto 5 节点计算温度积分 $\int_T^{T+1} \exp(-E/RT) dT$。因此，建立了氮气和空气气氛下整个温度区间内固体质量的守恒数学模型，氮气中 2 步反应有 8 个未知参数，空气中 4 步反应有 16 个未知参数。

$$\int_{t_i}^{t_{\text{end}}} \left[ \frac{d\left(\frac{m_0 - m_i}{m_0 - m_\infty}\right)}{dt} \right] dt = \sum_{t=t_i}^{t_{\text{end}}} \int_t^{t+1} \left[ \frac{d\left(\frac{m_{t+1} - m_t}{m_i - m_\infty}\right)}{dt} \right] dt$$

$$= \sum_{T=T_i}^{T_{\text{end}}} \left[ \frac{(v_{dg,p} - 1) A_{pu,p} m_{pu,p} n_{pu,p}}{\beta} \int_T^{T+1} e^{-E_{pu,p}/RT} dT \right.$$

$$\left. + \frac{(v_{rd,p} - 1) A_{dg,p} m_{dg,p} n_{dg,p}}{\beta} \int_T^{T+1} e^{-E_{dg,p}/RT} dT \right]$$

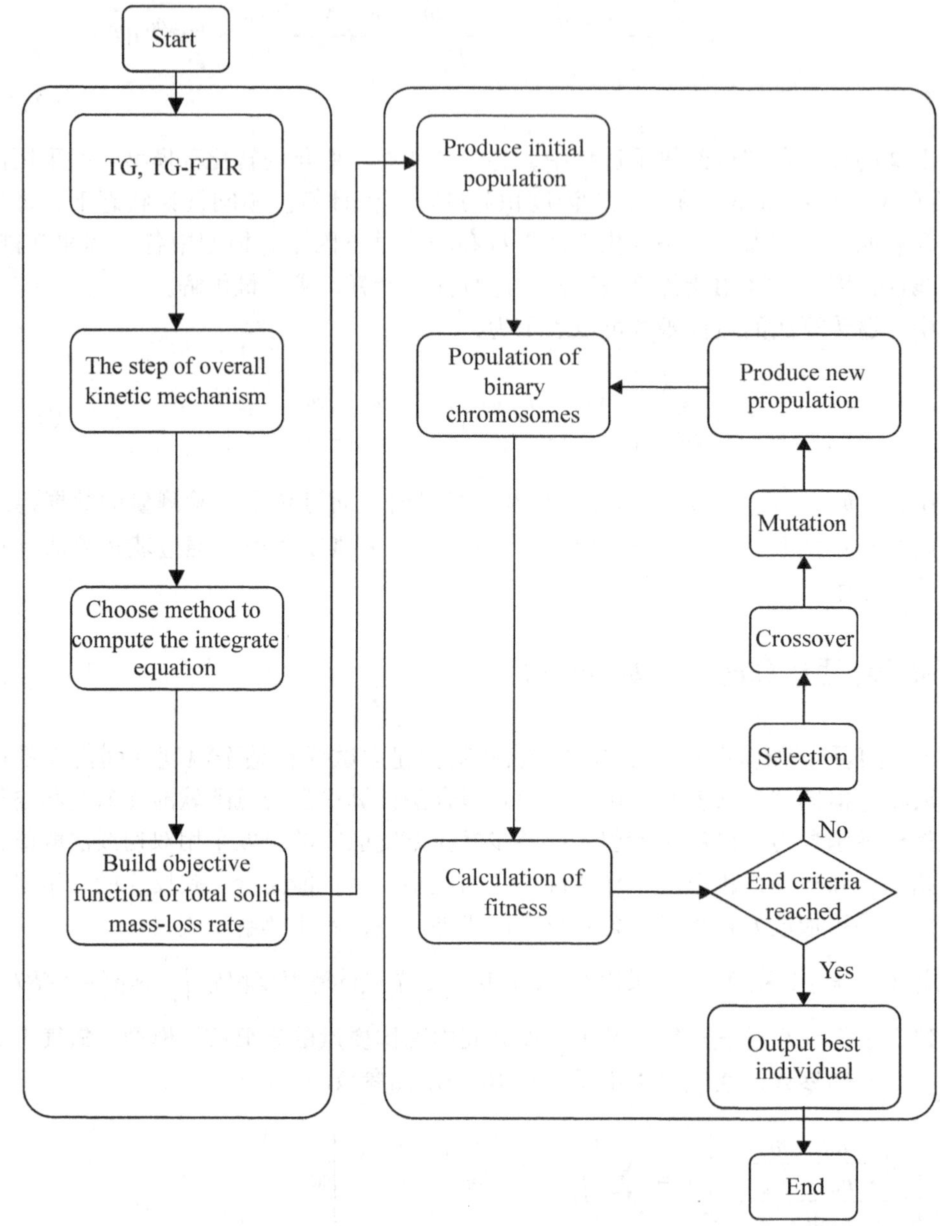

图 3-1 遗传算法计算热解动力学模型流程

$$\int_{t_i}^{t_{end}} \left[ \frac{d(\frac{m_0 - m_i}{m_0 - m_\infty})}{dt} \right] dt = \sum_{t=t_i}^{t_{end}} \int_{t}^{t+1} \left[ \frac{d(\frac{m_{t+1} - m_t}{m_i - m_\infty})}{dt} \right] dt$$

$$= \sum_{T=T_i}^{T_{end}} \Big[ \frac{(v_{dg,p}-1)A_{pu,p} m_{pu,p} n_{pu,p}}{\beta} \int_T^{T+1} e^{-E_{pu,p}/RT} dT$$

$$+ \frac{(v_{cd,o}-1)A_{pu,o} m_{pu,o} n_{pu,o} y_{O_2}^\delta}{\beta} \int_T^{T+1} e^{-E_{pu,o}/RT} dT$$

$$+ \frac{(v_{cd,odg}-1)A_{dg,o} m_{dg,o} n_{dg,o} y_{O_2}^\delta}{\beta} \int_{T_i}^{T_{i+1}} e^{-E_{dg,o}/RT} dT$$

$$+ \frac{(v_{rd,ocd}-1)A_{cd,o} m_{cd,o} n_{cd,o} y_{O_2}^\delta}{\beta} \int_T^{T+1} e^{-E_{cd,o}/RT} dT \Big]$$

（2）对求解模型中各步反应方程的动力学"三因子"和质量反应系数选取合适的取值范围。表3-1和表3-2为各未知参数的寻优范围，合适的取值范围可以减少盲目搜索，减少计算量。

表 3-1　氮气气氛下取值范围

| 参数 | $E_{pu,p}/$ (kJ/mol) | $\ln A_{pu,p}/$ $s^{-1}$ | $n_{pu,p}$ | $V_{dg,p}$ | $E_{dg,p}/$ (kJ/mol) | $\ln A_{dg,p}/$ $s^{-1}$ | $n_{dg,p}$ | $V_{rd,p}$ |
|---|---|---|---|---|---|---|---|---|
| 下界 | 130 | 11 | 0.5 | 0.4 | 170 | 13 | 0.8 | 0.01 |
| 上界 | 180 | 15 | 2.0 | 1.0 | 220 | 17 | 1.5 | 1.00 |

表 3-2　空气气氛下取值范围

| 参数 | $E_{pu,p}/$ (kJ/mol) | $\ln A_{pu,p}/$ $s^{-1}$ | $n_{pu,p}$ | $V_{dg,p}$ | $E_{pu,o}/$ (kJ/mol) | $\ln A_{pu,o}/$ $s^{-1}$ | $n_{pu,o}$ | $V_{cd,o}$ |
|---|---|---|---|---|---|---|---|---|
| 下界 | 130 | 11 | 0.5 | 0.4 | 180 | 13 | 0 | 0 |
| 上界 | 180 | 15 | 2 | 1 | 250 | 20 | 3 | 1 |
| 参数 | $E_{dg,o}/$ (kJ/mol) | $\ln A_{dg,o}/$ $s^{-1}$ | $n_{dg,o}$ | $V_{cd,odg}$ | $E_{cd,o}/$ (kJ/mol) | $\ln A_{cd,o}/$ $s^{-1}$ | $N_{cd,o}$ | $V_{rd,ocd}$ |
| 下界 | 180 | 13 | 0 | 0 | 150 | 10 | 0 | 0 |
| 上界 | 250 | 20 | 3 | 1 | 250 | 20 | 10 | 1 |

（3）定义各变量维数为20，随机选取初始遗传种群1 000，并计算目标函数值，按照线性评估原则计算各目标函数值的适应度 $F(j_i) = j_i / \sum_{i=1}^{nind} j_i$，选择适应度大的个体 $P(j_i) = F_i / \sum_{i=1}^{nind} F_i$，对适应度大的个体进行二进制编码，再经过交叉算法、变异算法、

重组算法产生新一代遗传种群。

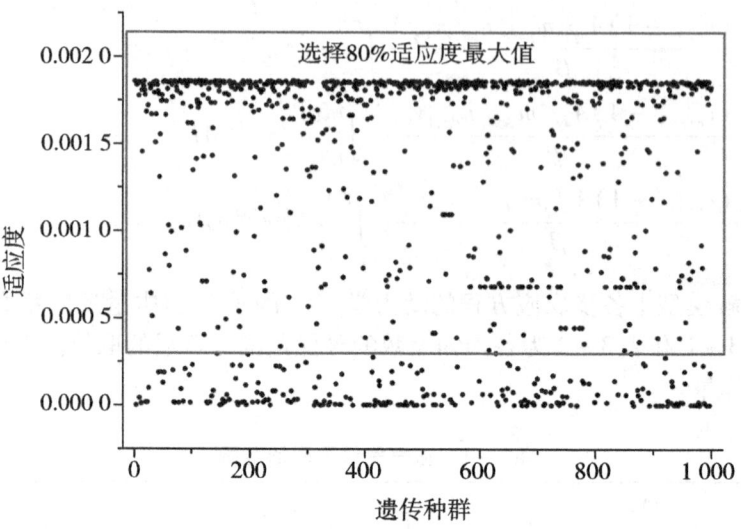

图3-2 迭代过程中适应度个体的选择

（4）根据新一代的遗传种群计算目标函数值，及对应的个体适应度，再进行选择、交叉、变异、重组直至目标函数值或遗传代数满足条件。

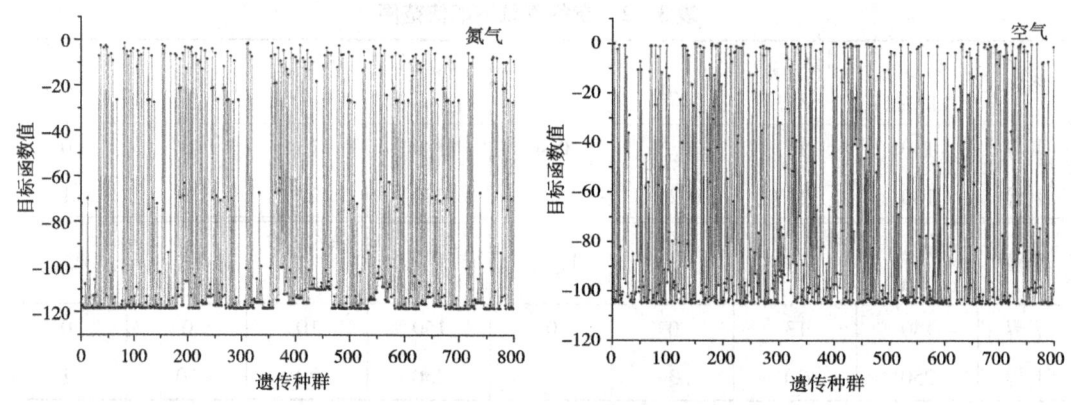

图3-3 迭代结束时遗传种群目标函数值

（5）输出满足最优目标函数值的个体，终止遗传计算。

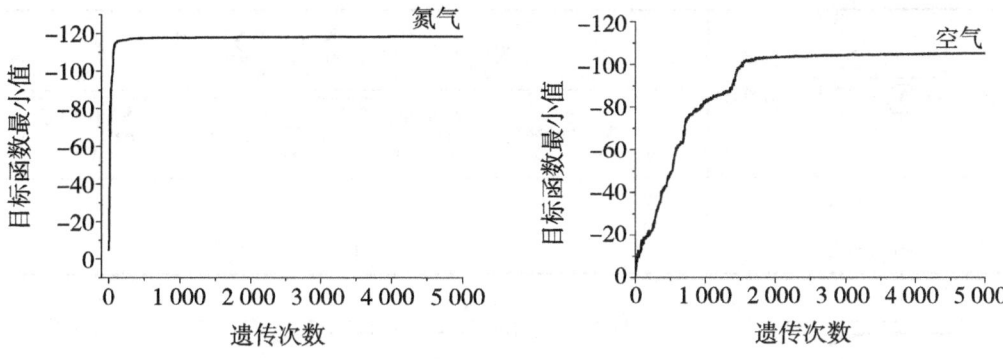

图 3-4　经过 5 000 次迭代后种群目标函数最小值的变化

## 3.4　遗传算法优化结果与分析

### 3.4.1　氮气气氛下拟合结果分析

经过遗传算法计算得到聚氨酯软泡在氮气气氛下最优表观动力学参数如表 3-3，选取目标函数最小值的参数作为最优结果。从表中可以看到在不同升温速率下计算得到的动力学参数相差不大，机理函数的指数取值范围在 1.1～1.25 之间，接近用 Coats-Redfern 积分法计算的一级反应模型。

表 3-3　迭代结束时目标函数最小值及对应的种群最优解

| 反应气氛 | $\beta$/(℃/min) | 反应阶段 | $E$/(kJ/mol) | $\ln A$/$s^{-1}$ | $n$ | $\nu$ | 残留 | GA 步骤 |
|---|---|---|---|---|---|---|---|---|
| 氮气 | 2.5 | I | 157.808 | 12.259 | 1.236 | 0.657 | 0.006 6 | 5 000 |
| | | II | 205.061 | 14.197 | 1.170 | 0.008 | | |
| | 10.0 | I | 149.056 | 11.510 | 1.114 | 0.646 | 0.006 3 | 5 000 |
| | | II | 208.504 | 14.429 | 1.188 | 0.010 | | |

图 3-5 为不同气氛下实验和采用遗传算法计算得到的热重曲线，以及每个温度点上实验和优化的误差曲线。从图中可以看到采用遗传算法计算的热重曲线与试验曲线几乎重合。采用实验数据与计算数据的误差 RE 和 Pearson 相关系数 $r$ 来检验遗传算法的可靠性。其误差、相关系数计算公式和结果如表 3-4 所示。

表 3-4  实验与优化数据误差和相关系数

| $\beta$/(℃/min) | $RE = \sqrt{\sum (TG^{EXP} - TG^{GA})^2}$ | $r = \dfrac{\sum TG^{EXP}TG^{GA} - \dfrac{\sum TG^{EXP} \sum TG^{GA}}{N}}{\sqrt{\left(\sum (TG^{EXP})^2 - \dfrac{(\sum TG^{EXP})^2}{N}\right)\left(\sum (TG^{GA})^2 - \dfrac{(\sum TG^{GA})^2}{N}\right)}}$ |
|---|---|---|
| 2.5 | 0.103 46 | 1 |
| 10.0 | 0.106 79 | 1 |

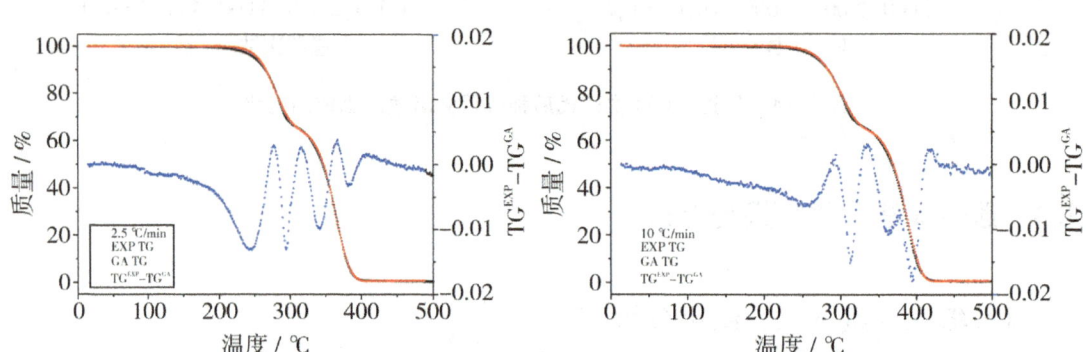

图 3-5  实验和模拟得到的聚氨酯软泡 TG 曲线和误差

图 3-6 为升温速率为 2.5 ℃/min 时，采用遗传算法计算得出的 TG 曲线、实验 TG、各物质失重曲线以及反应速率曲线，其结果表明采用两步表观动力学模型能很好地反映聚氨酯软泡在氮气气氛下的热解过程。

$$PU \rightarrow v_{dg,p} \text{degraded PU} + v_{g,p} \text{gas}$$
$$\text{degraded PU} \rightarrow v_{rd,dg} \text{residue} + v_{g,pdg} \text{gas}$$

从图中可以看出，其热失重可以分为 4 个阶段：初温到 209 ℃ 左右没有热解反应产生，而试验热重曲线有非常小的失重过程，主要是材料升温导致水分蒸发；209~325 ℃ 阶段，该样品发生剧烈失重，热重曲线迅速下降，其失重量达到 45% 左右，该失重阶段主要是聚氨酯软泡中—NHCOO—基团断裂为异氰酸酯，还有少量的烯烃、胺和二氧化碳，在 280 ℃ 达到最大失重速率；从 298~401 ℃ 是样品的主要失重阶段，在 DTG 曲线上显示一个很大的失重峰，在 365 ℃ 达到最大失重速度，其失重量高达 54%，从红外光谱分析的结果，得出此阶段主要逸出物为在低温段难热解的芳香脂、多元醇、氨、二氧化碳和卤化物等气体；当温度高于 410 ℃ 时，材料热分解基本结束，TG 曲线为一条直线，样品质量几乎没有变化，剩余物质基本为灰分，在整个热解过程中，样品失重率为 99.9% 左右。

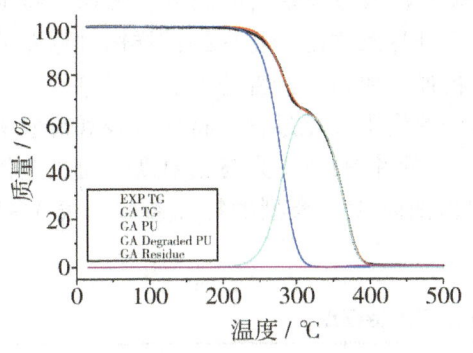
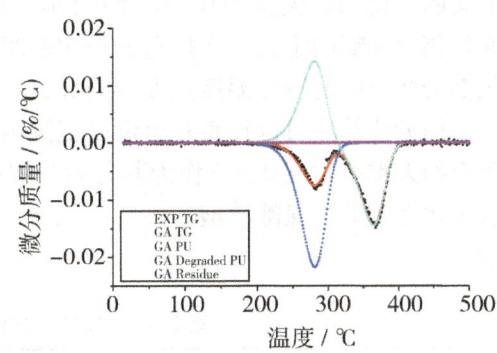

图 3-6 实验测定与遗传优化值比较及各组分变化（2.5 k/min）

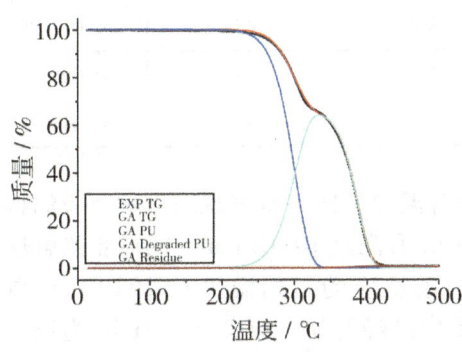
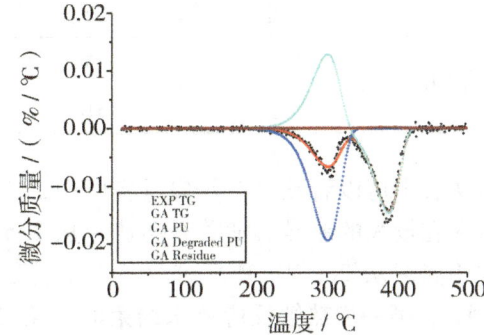

图 3-7 实验测定与遗传优化值比较及各组分变化（10 ℃/min）

图 3-7 为升温速率为 10 ℃/min 时，采用遗传算法计算得出的 TG 曲线、实验 TG、各物质失重曲线以及反应速率曲线。从图中可以得到：与 2.5 ℃/min 得到的 TG 和 DTG 曲线形状类似，不同之处在于达到最快反应速率时的温度（$T_p$）的漂移，以及聚氨酯软泡不同热解反应阶段的起始温度（$T_i$）和结束温度（$T_f$）的变化。试样质量在温度低于 180～200 ℃时基本保持不变，伴随温度升高，开始进入失重阶段。随着加热速率增加，聚氨酯软泡起始分解温度升高，整个 TG 曲线向右漂移，达到最快反应速率时的温度（$T_p$）逐渐增大，同时 DTG 曲线中对应的最大质量变化速率峰值也逐渐减小。

这主要是在热重分析仪中，加热炉通过热导作用将热量传递至坩埚和试样时，在坩埚和试样以及试样内部存在温度差，使得在同一温度点上，具有一定几何尺寸的试样本身各处的温度存在差异。当升温速率增加时，试样内部形成的温度梯度也越大，导致在热失重过程中的某一时间点上，具有相同温度试样质量也越小。在 TG 曲线中表现为起始温度、最大失重温度、终止温度偏高，曲线向高温方向推移。事实上，在不同升温速率下，每步表观化学反应的特征温度是根据试样反应速率过程中导致热失重质量的大小来定义的，比如将失重为 0.2% 和 0.5% 等时的温度表示为起始反应温度。因而，特征温度是相对模糊的定义。在热重分析实验时，由于外界条件的变化导致试样内部温差的变化都会使反应的特征温度点发生差异，如试样粒径、质量、升温速率。

采用遗传算法可以计算整个温度范围内各组分的失重变化过程，将各步表观反应中的反应物失重率达到 0.5% 作为其起始分解温度，失重率 99.5% 为终止温度。通过遗传算法优化得到的聚氨酯软泡在氮气气氛下"双组份两阶段"模型的特征参数如表 3-5 所示。

表 3-5 模拟得到的各阶段温度特征点

| $\beta/(℃/min)$ | 反应阶段 | 起始温度/℃ | 峰值温度/℃ | 终止温度/℃ | 最大失重率 |
| --- | --- | --- | --- | --- | --- |
| 2.5 | I | 209 | 280 | 325 | 0.020 65 |
|  | II | 298 | 365 | 401 | 0.014 39 |
| 10.0 | I | 235 | 300 | 337 | 0.020 34 |
|  | II | 318 | 389 | 428 | 0.013 25 |

从表中可以看到：在热失重实验中，不同的升温速率使各步表观动力学反应的特征温度存在较大的差异。随着升温速率从 2.5 ℃/min 升高至 10 ℃/min，第一步热解反应的起始温度从 209 ℃ 升高到 235 ℃，第二步热解反应的起始温度从 298 ℃ 升高到 318 ℃。第一步热解反应还未结束时，第二步反应已经开始。以 2.5 ℃/min 为例，在 298~325 ℃ 间两步反应相互重叠，纯粹从热重实验得到的 DTG 曲线很难区分第一步反应的结束温度和第二步反应的起始温度，而通过遗传算法建立的动力学模型则能很好地模拟各步化学反应的失重过程，求得特征温度。使用升温速率为 10 ℃/min 的热解动力学参数，聚氨酯软泡在氮气气氛下的动力学模型如下：

$$\frac{d\alpha}{dt} = -0.354 \frac{d\alpha_{pu,p}}{dt} - 0.09 \frac{da_{dg,p}}{dt}$$

其中

$$\frac{d\alpha_{pu,p}}{dt} = 10^{11.510} \exp\left(-\frac{149\,056}{RT}\right)(1-\alpha_{pu,p})1.114$$

$$\frac{da_{dg,p}}{dt} = 10^{14.429} \exp\left(-\frac{208\,504}{RT}\right)(1-\alpha_{dg,p})1.188$$

通过上述表观动力学模型，在 Matlab 中编程计算在不同升温速率下 TG 曲线、DTG 曲线和各步反应速率方程，得到各步表观反应的温度特征点与升温速率的关系。从图中可以得到，随着升温速率的增加，试样 TG 曲线、DTG 曲线，以及各组分反应速率、反应质量曲线向高温方向推移，组分失重的温度范围变大，各步表观反应的特征温度也增大，相应的最大失重速度减小。通过该算法能很好地模拟不同加热速率下试样的热失重过程，分析其热解行为，各步反应的特征温度呈 $y = a + bx^c$ 函数关系，为后续研究聚氨酯软泡在阴燃点燃、传播过程提供基础数据。

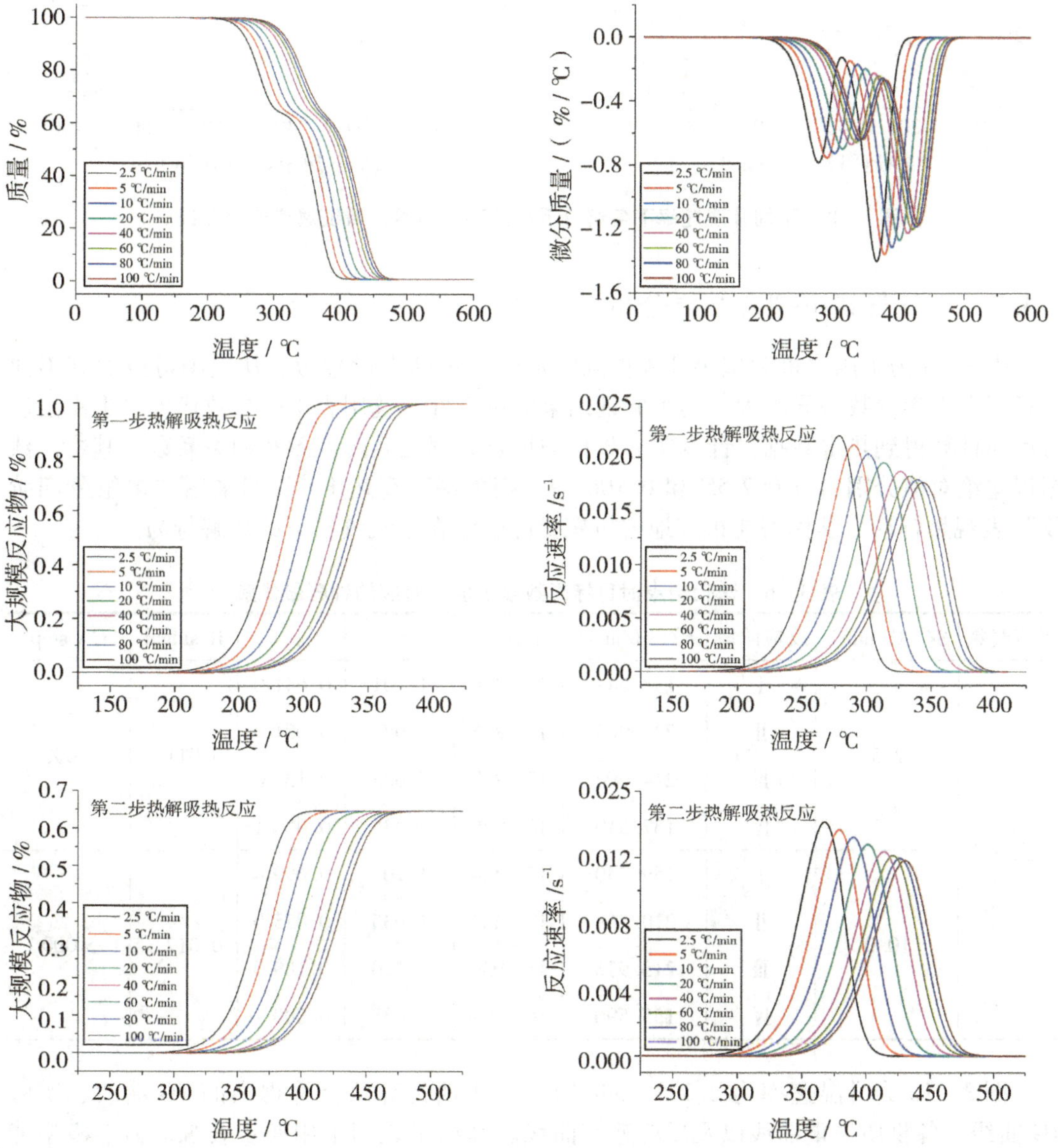

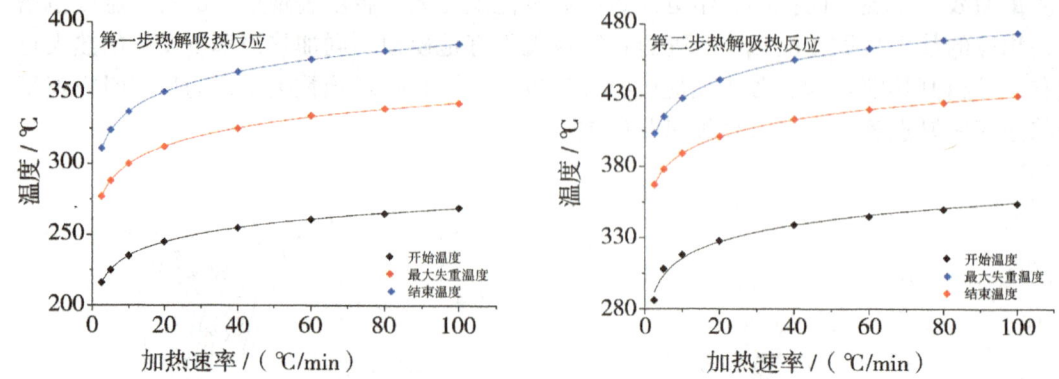

图3-8 不同升温速率下各组分反应速率、质量、特征温度变化曲线

### 3.4.2 空气气氛下拟合结果分析

表3-6为采用二进制编码计算得到的最优表观动力学参数。从表中可以看到不同气氛下动力学参数差异不大。为了验证结果的可靠性，选用表中的参数代入热重模型进行反演计算得到热重数据，计算实验数据与拟合数据之间的误差和相关系数。其中，数据误差绝对值分别为0.097 55和0.106 79，相关系数高达1，表明采用"多组分四阶段"表观热解动力学模型能很好地解析聚氨酯软泡在空气气氛下的热解行为。

表3-6 迭代结束时目标函数最小值及对应的种群最优解

| 反应气氛 | $\beta/(\degree C/min)$ | 反应阶段 | $E/(kJ/mol)$ | $\ln A/s^{-1}$ | $n$ | $\nu$ | Residual | GA step |
| --- | --- | --- | --- | --- | --- | --- | --- | --- |
| 空气 | 2.5 | I | 158.647 | 12.306 | 1.101 | 0.641 0 | 0.011 5 | 5 000 |
| | | II | 224.965 | 18.805 | 1.072 | 0.081 0 | | |
| | | III | 214.694 | 17.257 | 1.623 | 0.131 0 | | |
| | | IV | 157.319 | 10.079 | 2.435 | 0.000 1 | | |
| | 10.0 | I | 159.740 | 12.444 | 1.101 | 0.699 0 | 0.012 3 | 5 000 |
| | | II | 210.259 | 17.202 | 1.035 | 0.025 0 | | |
| | | III | 213.916 | 16.934 | 1.420 | 0.109 0 | | |
| | | IV | 155.596 | 10.394 | 2.438 | 0.000 1 | | |

图3-10为升温速率为2.5 ℃/min时，采用遗传算法计算得出的TG曲线、实验TG曲线、各物质失重曲线以及反应速率曲线。其结果表明采用四步表观动力学模型能很好地反应聚氨酯软泡在空气气氛下的氧化热解过程。

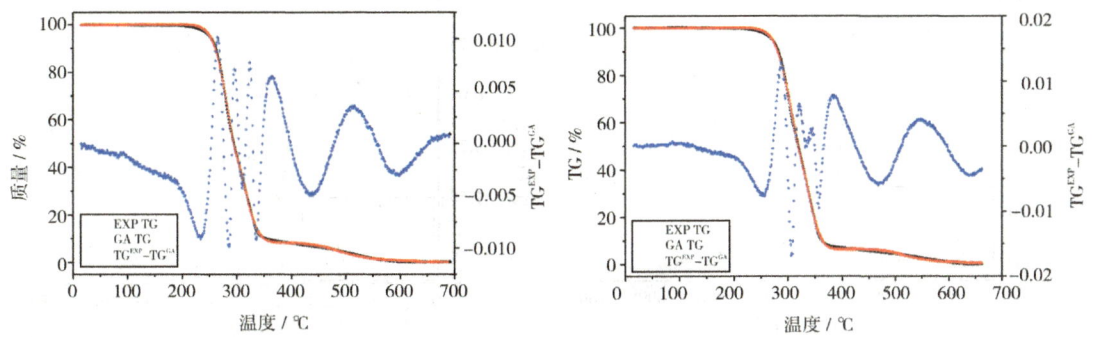

图3-9 实验和模拟得到的TG曲线和误差

$$PU \rightarrow v_{dg,p} \text{degraded PU} + v_{g,p} \text{gas}$$
$$PU + v_{O_2,o}O_2 \rightarrow v_{cd,o} \text{condensed} - \text{phase} + v_{g,o} \text{gas}$$
$$\text{degraded PU} + v_{O_2,odg}O_2 \rightarrow v_{cd,odg} \text{condensed} - \text{phase} + v_{g,odg} \text{gas}$$
$$\text{condensed} - \text{phase} + v_{O_2,ocd}O_2 \rightarrow v_{rd,ocd} \text{residue} + v_{g,ocd} \text{gas}$$

从图中可以很明显地看到聚氨酯软泡在空气气氛下主要有四个表观化学反应：初温到210 ℃左右，C181A的失重过程进行得非常缓慢，从升温速率为5 ℃/min的TG-FT-IR的红外光谱图可以分析，此过程主要是样品中吸附的水蒸气和少量小分子物质的逸出；随后开始氧化热解失重阶段，单纯从上文的TG和DTG曲线很难分析其热解过程，主要是由于DTG曲线没有明显的失重峰，由于各反应相互交叉叠合，使得DTG曲线没有明显的分解点。而采用遗传算法计算得到的TG和DTG曲线则可以很好地反映各反应物和生成物的失重过程和反应速率。当温度升高到210 ℃起，样品发生剧烈失重，热重曲线迅速下降。从试样的失重曲线可以得到：在210～305 ℃阶段，聚氨酯软泡首先发生热解反应，当温度升高到260 ℃时，聚氨酯开始发生氧化反应，随后热解氧化反应相互竞争到305 ℃时聚氨酯反应完全；在293 ℃时，聚氨酯热解后残留的多元醇和二酰亚胺等物质开始氧化燃烧生成更难分解的芳香脂，并释放出氨、二氧化碳、一氧化碳和卤化物等气体；从412 ℃最后残留的大分子芳香脂碳化物开始发生氧化失重，生成二氧化碳、一氧化碳，但反应速度很慢，490 ℃开始燃烧速率增大，直到580 ℃左右反应完全。

从2.5 ℃/min和10 ℃/min的热重曲线可以分析得到：聚氨酯试样温度升高到起始反应温度$T_i$时，硬段首先开始分解。由于试样内部温差较大，升温速率越大，首先达到$T_i$的聚氨酯试样比例就越小，随着温度升高，一部分试样硬段已分解完全，而其他试样的温度还低于$T_i$没有开始分解。当温度升高到一定阶段时，未反应完的硬段开始与氧气发生氧化燃烧反应生成碳化物，而一些则刚开始进行硬段的分解，这使得各反应

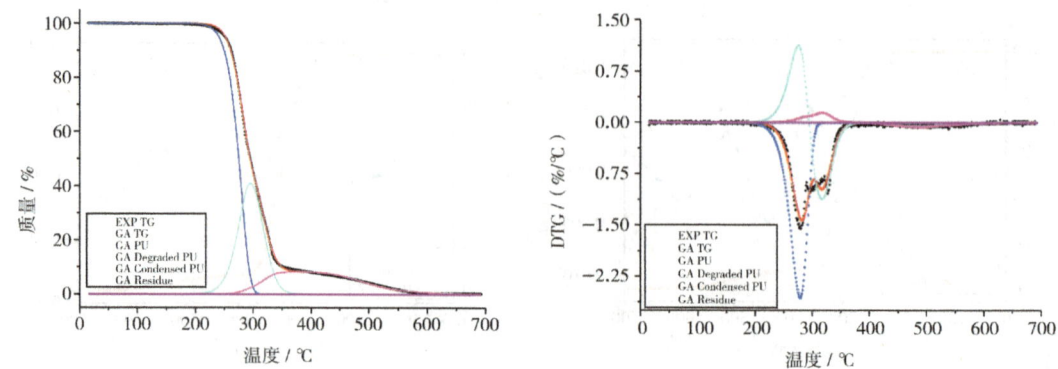

图 3-10　实验测定与遗传优化值比较及各组分变化（2.5 ℃/min）

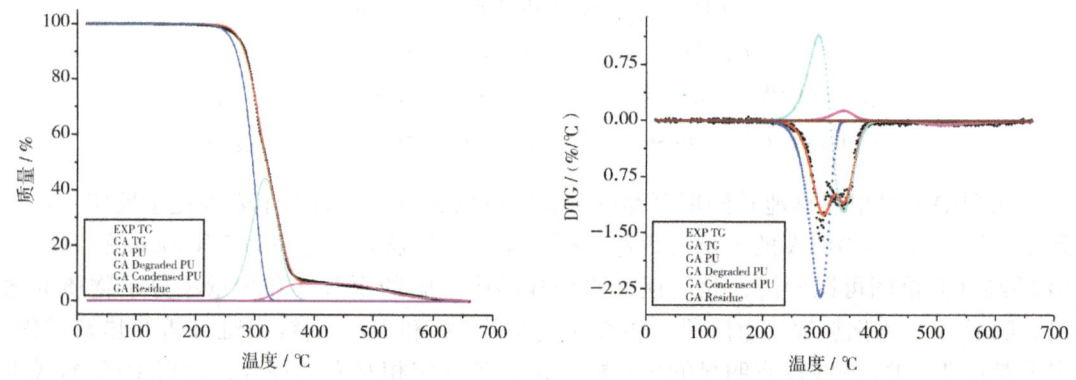

图 3-11　实验测定与遗传优化值比较及各组分变化（10 ℃/min）

阶段的分解温度变得越来越模糊，甚至二者的界限完全消失，表现在 DTG 曲线中呈现肩状部到只有一个失重峰。

基于遗传算法优化计算能很好地模拟试样在升温过程的表观化学反应，得到各反应的化学速率方程。将物质失重率达到 0.5% 作为其起始分解温度，失重率 95.5% 为终止温度。聚氨酯软泡在空气气氛下热解曲线的特征参数如表 3-8 所示。

表 3-8　模拟得到的各阶段温度特征点

| $\beta$/(℃/min) | 反应阶段 | 起始温度/℃ | 峰值温度/℃ | 终止温度/℃ | 最大失重率 |
|---|---|---|---|---|---|
| 2.5 | Ⅰ | 210 | 275 | 305 | 0.020 125 |
|  | Ⅱ | 260 | 306 | 306 | 0.000 730 |
|  | Ⅲ | 293 | 316 | 370 | 0.001 460 |
|  | Ⅳ | 412 | 490 | 580 | 0.000 520 |
| 10.0 | Ⅰ | 238 | 316 | 346 | 0.016 760 |
|  | Ⅱ | 260 | 323 | 350 | 0.000 600 |
|  | Ⅲ | 310 | 355 | 421 | 0.011 260 |
|  | Ⅳ | 440 | 534 | 630 | 0.000 440 |

上表为通过遗传算法得到的各步反应动力学参数和质量平衡当量因子，其中在氮气中的活化能与采用 Coats-Friedman 模式拟合计算得到的相差较小，且最佳线性机理函数为 $f(\alpha)=(1-\alpha)$，而空气中的活化能由于反应复杂，各反应相互交叉叠合在一起，采用传统的热动力学方法很难计算。而采用遗传算法可以较好地识别复杂的反应，得到优化结果。从氮气和空气中聚氨酯软泡第一步热解反应遗传优化的结果看，由于反应相同，计算后的动力学参数也相差不大，这也证明聚氨酯软泡在空气中首先发生硬段的热解反应，与 Jozef[115] 的研究结果相符。使用升温速率为 10 ℃/min 的热解动力学参数，聚氨酯软泡在空气气氛下的动力学模型如下：

$$\frac{d\alpha}{dT} = -0.301\frac{d\alpha_{pu,p}}{dT} - 0.975\frac{d a_{pu,o}}{dT} - 0.891\frac{d a_{dg,o}}{dT} - 0.999\,9\frac{d a_{cd,o}}{dT}$$

其中

$$\frac{d\alpha_{pu,p}}{dT} = \frac{10^{12.444}}{\beta}\exp\left(-\frac{159\,740}{RT}\right)(1-\alpha_{pu,p})^{1.101}$$

$$\frac{d a_{pu,o}}{dT} = \frac{10^{17.202}}{\beta}\exp\left(-\frac{210\,259}{RT}\right)(1-\alpha_{pu,o})^{1.035}y_{O_2}$$

$$\frac{d a_{dg,o}}{dT} = \frac{10^{16.934}}{\beta}\exp\left(-\frac{213\,916}{RT}\right)(1-\alpha_{dg,o})^{1.420}y_{O_2}$$

$$\frac{d a_{cd,o}}{dT} = \frac{10^{10.394}}{\beta}\exp\left(-\frac{155\,596}{RT}\right)(1-\alpha_{cd,o})^{2.438}y_{O_2}$$

通过上述表观动力学模型，编程计算在不同升温速率下 TG 曲线、DTG 曲线和各步反应速率方程，得到各步表观反应的温度特征点与升温速率的关系，如图 3-12 所示。

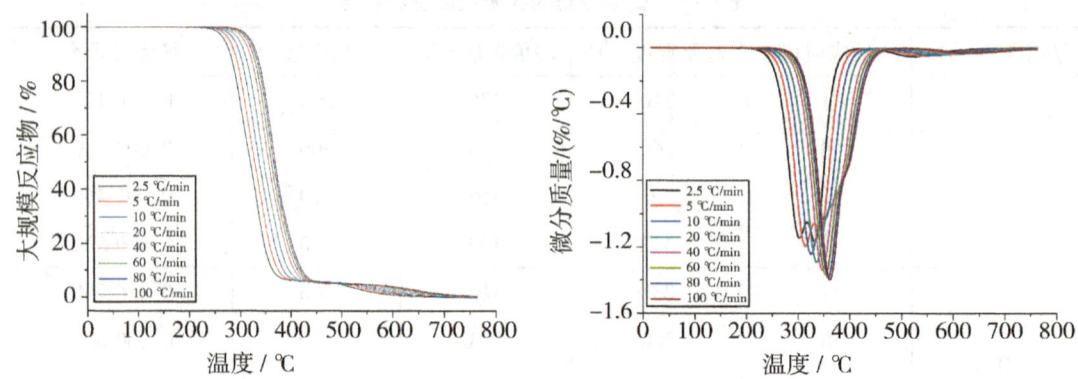

图 3-12　不同升温速率下模拟聚氨酯软泡 TG 曲线、DTG 曲线

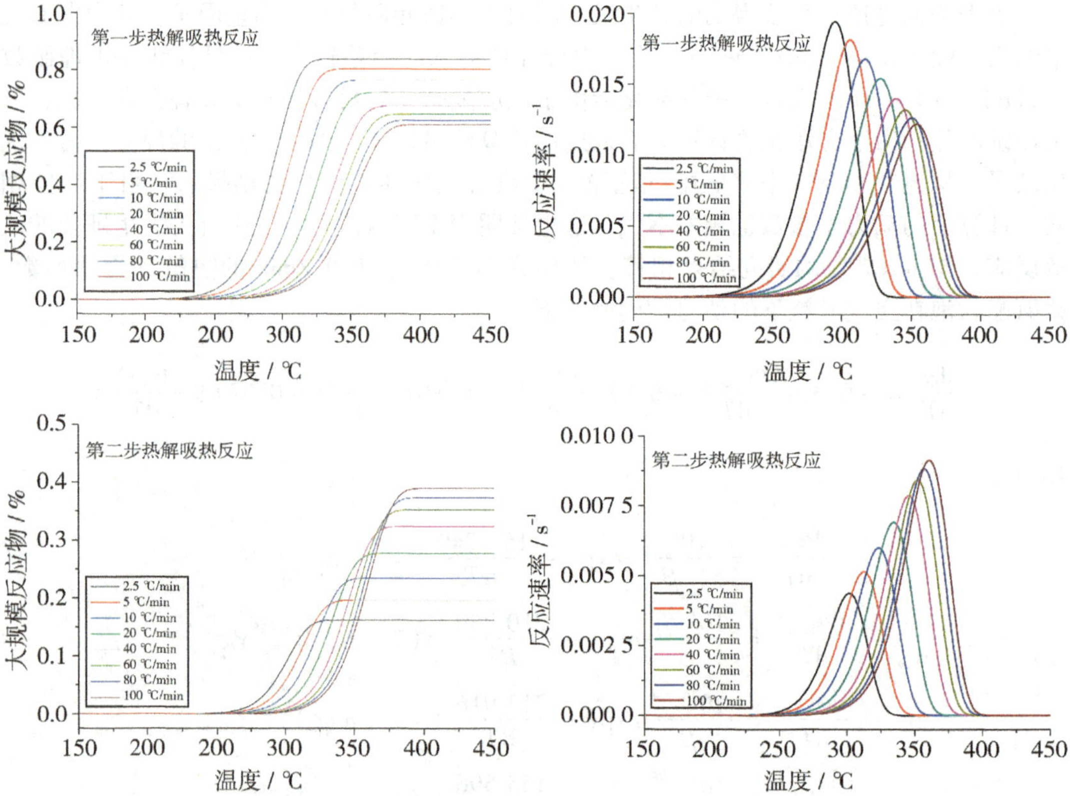

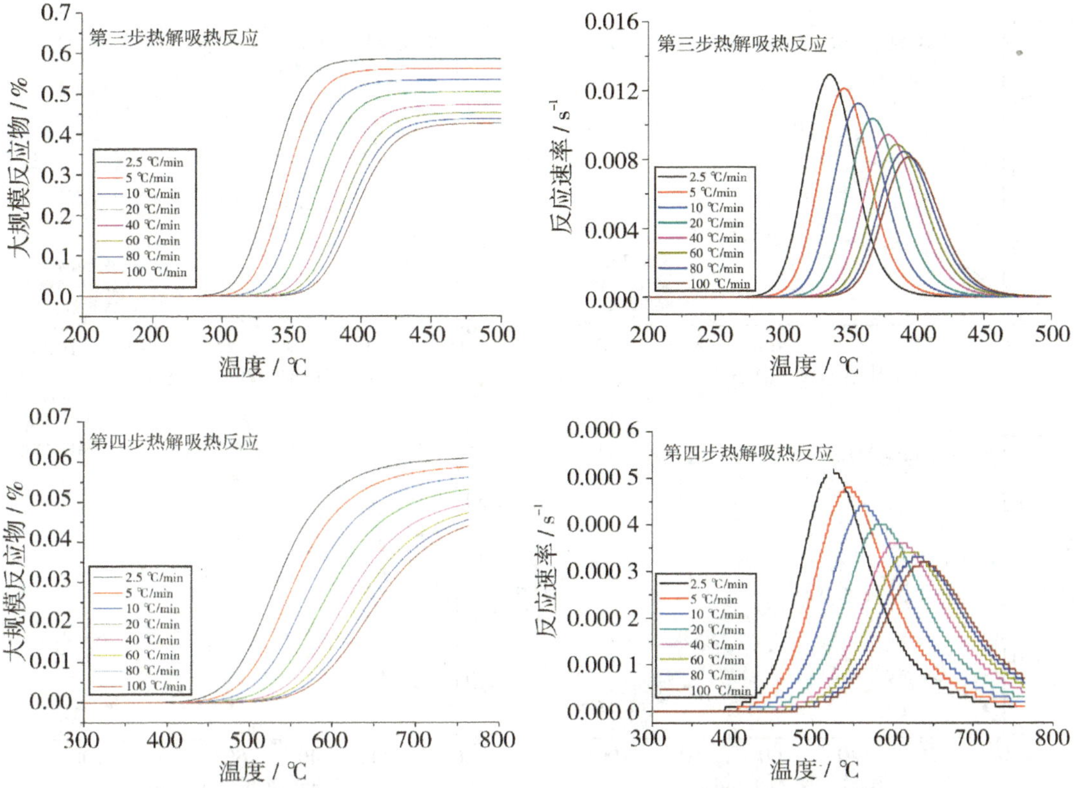

**图3-13 不同升温速率下聚氨酯软泡各步表观热解失重和反应速率曲线**

从图3-12可以看出，随着升温速率的增加，DTG曲线表现为一个较大失重峰和一个失重温度范围很大、反应速率很小的失重峰。第一个失重峰是前面三步反应相互重叠导致，各反应相互交叉没有明显的分界点，纯粹从DTG曲线难以求得各反应的特征温度。对各步反应速率曲线积分，求得各步反应中反应物的反应量变化规律，以该反应物参与化学反应总量的0.5%和99.5%作为起始温度和结束温度，得到各反应特征温度曲线，如图3-14所示。随着加热速率的增大，各曲线向高温方向推移，各步反应的特征温度呈 $y = a + bx^c$ 函数关系。同时，升温速率对聚氨酯软泡的热解影响很大，从图第一步热解放热和第二步氧化燃烧中聚氨酯反应量的变化曲线分析得到：升温速率从2.5 ℃/min升高至100 ℃/min，聚氨酯参与热解反应的含量从0.83778降低到0.61014，最大反应速率减小，该步化学反应动力学参数和特征温度与在氮气气氛下差异较小，表明空气气氛下并不会加快聚氨酯软泡的热解速度；聚氨酯参与氧化燃烧的量增加，从0.16222增大到0.38986，说明升温速率的增加有利于聚氨酯软泡的氧化热解反应。

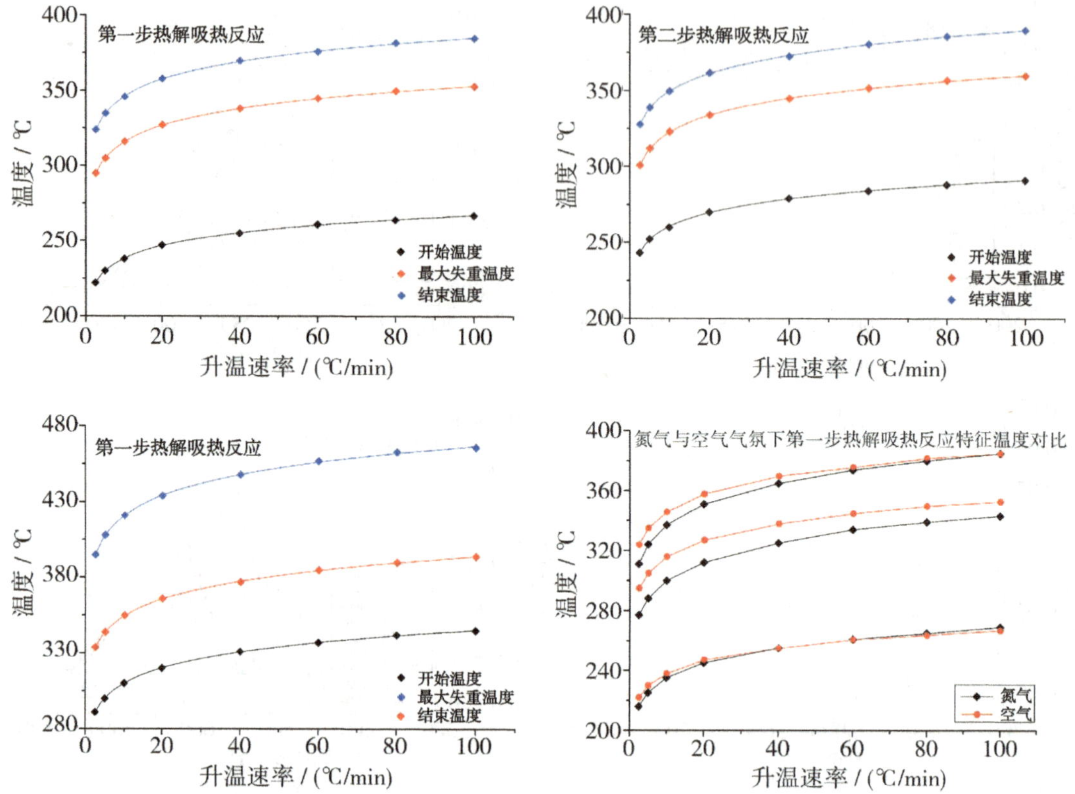

图 3-14 不同升温速率下聚氨酯软泡各组分反应速率、质量、特征温度变化曲线

## 3.5 小结

基于聚氨酯软泡在氮气和空气中的"双组分两阶段"和"多组分四阶段"表观动力学模型，建立一种利用遗传算法优化计算热分析动力学模型研究的新方法。该方法基于 Arrhenius 反应速率方程建立整个实验温度范围内固体组分失重模型，采用二进制遗传算法优化计算模型中各步动力学参数和化学计量数。研究结果表明：遗传算法优化得到的热重和微商热重曲线与实验曲线重合性好，线性相关系数为 1，能很好地描述聚氨酯在氮气和空气中的热解行为、各步表观化学反应的特征温度、反应速率和组分质量变化过程。优化后的模型能合理解释聚氨酯软泡热解氧化过程的表观动力学行为，并在不同实验下的热重数据具有很好的适应性。与传统动力学计算方法相比，遗传算法具有很好的收敛性、适应性。

# 4 竖直向上聚氨酯软泡阴燃点燃实验和分析

## 4.1 引言

聚氨酯软泡达到燃点时发生剧烈的氧化反应,产生气相火焰。对聚氨酯软泡着火而言,阴燃点燃与明火点燃不同。前者是利用外加热流下使聚氨酯软泡发生固体热解氧化反应产生的热量使其发生燃烧,而明火点燃是在外加热流下使聚氨酯软泡热解产生的可燃性气体与氧气发生同向反应。因此,明火点燃主要是同向气相燃烧,反应剧烈,产生火焰,释放大量的热量;而阴燃点燃是气固异相燃烧,点燃温度低,反应缓慢,没有火焰,释放的热量较少。

## 4.2 实验装置及条件

### 4.2.1 小尺寸阴燃实验台的搭建

根据文献调研结果可以看出,可燃物阴燃是一种没有火焰产生的燃烧方式。目前,对于可燃物燃烧性能的表征实验研究考虑的火灾场景都是可燃物在小火源的作用下被点燃,火焰逐渐蔓延传播,从小火焰增长为大火焰,最后引起整个房间的轰燃的过程[116-119]。比如氧指数(LOI)法,UL标准中的水平燃烧、垂直燃烧法、NBS烟箱法、锥形量热仪法等。而可燃物阴燃燃烧性能的表征则没有相关的标准,各学者对于可燃物阴燃的实验研究均是采用自建小尺寸阴燃实验台[120-124]。因此,为研究聚氨酯软泡材料的阴燃燃烧特性,基于现有的ISO9708全尺寸实验台,设计并搭建阴燃研究的小尺寸实验系统。图4-1为竖直向上同向阴燃小尺寸试验台简图,该装置主要由阴燃条件系统、反应系统和后处理系统三部分组成。

#### 4.2.1.1 阴燃条件系统

对阴燃条件系统主要调节控制实验工况参数,通过改变加热时间、热流强度、氧化剂流量和氧气浓度参数对阴燃进行特性研究。

通过MF-4多组分动态配气仪来控制和调节组分气体流量和氧气浓度,氮气和氧气通过多组分动态配气仪配置,由孔径为25 mm的管道将氧化剂输送至反应装置底部。加热装置由两块多孔陶瓷和电阻丝组成,通过电压调压器来控制电阻丝发热功率。先前实验的热流强度主要通过简单地计算电阻丝的功率得到,但由于电阻丝的对流辐射导致的热损失,使得热流强度数据不准确。因此,首先用 DapPRO 热流计对多孔陶瓷表面的实际热流强度进行校准测量。

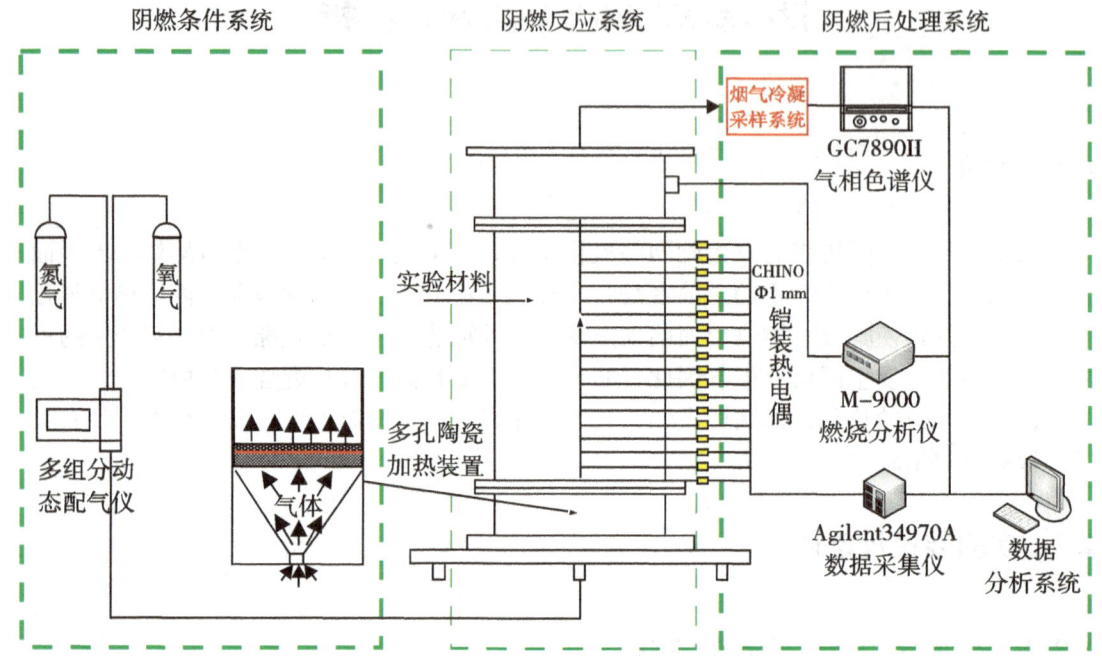

图 4-1 小尺寸阴燃实验台简图

### 4.2.1.2 阴燃反应系统

阴燃反应装置框架如图 4-2 所示,由四层不锈钢材料组成,在最外层填充硅酸铝保温棉,中间层通入保温水,内层为纳米绝热材料。阴燃反应部分由内径 90 mm、高 400 mm 的空间构成。在装置的右侧按 30 mm 间距放置铠装热电偶,热电偶触点布置在中心轴上,用来测量阴燃过程中材料温度的变化。其中最下面的一支热电偶放置在多孔陶瓷板中心,用于测量加热装置与阴燃材料的加热温度,上面分别按 15 mm 放置 2 支热电偶,用于分析阴燃引燃时的温度变化。

### 4.2.1.3 阴燃后处理系统

后处理系统的功能是对聚氨酯软泡阴燃引燃与传播过程中测取的数据进行采集和处理。其主要由以下几个部分组成:DapPRO 热流计对多孔陶瓷加热装置热流强度的测量与标定;点燃过程中电阻丝的电压和外加热流时间的测量;阴燃过程中聚氨酯软泡内部温度和烟气温度的测量,得到阴燃引燃和传播过程中聚氨酯软泡温度分布的变化特性;最后是对烟气成分的测量,通过真空采样泵将烟气输送到天美 GC7890Ⅱ气相色谱仪进

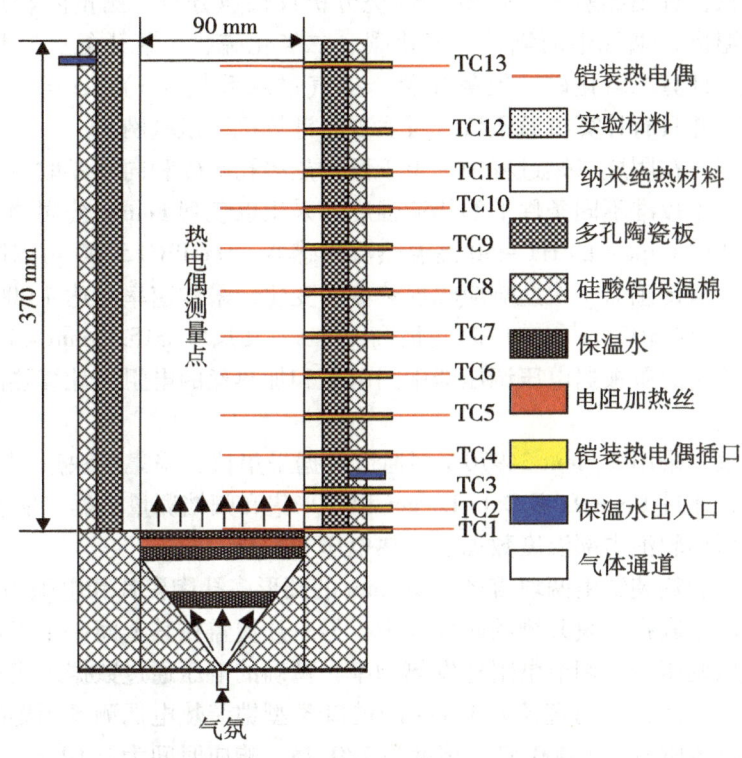

图4-2 小尺寸阴燃反应装置框架图

行准确的测定。

#### 4.2.1.4 相关实验仪器及性能参数

气相色谱仪：上海天美GC7890Ⅱ双通道热导色谱仪。以氢气作为载气，阴燃烟气经过冷凝干燥后采样送入进样器，经由载气携带进入5A分子筛色谱柱，由于氧气中各组分在色谱柱中的流动相（气相）和固定相（固相）之间吸附系数的差异，在载气的冲洗下，各个组分在两相间作反复多次分配，使各个组分在色谱中得到分离，然后由接在色谱柱后的热导检测器根据组分的导热的变化，将各个组分按顺序检测出来。最后通过色谱工作站将各个组分的检测结果以图形方式记录下来，之后再重复进样经载气进入Porapak柱，检测二氧化碳含量。

多组分动态配气仪：该装置的配气原理为质量流量混合法，采用两个高精度的质量流量控制器，控制稀释气体及组分气体的流量，稀释气体可采用高纯氮、空气。组分气可为纯气体或已知浓度的混合标气，可配置出$10^{-8} \sim 10^{-2}$含量的各种标准气体。在实验中主要采用配气仪配置不同氧浓度和流量的气体，分析不同氧含量和流量的氧化剂气体对阴燃燃烧过程的影响。

燃烧分析仪：选用英盛 M－9000 型燃烧分析仪快速分析、测量阴燃烟气成分，可同时测量排烟温度，烟气中的氧、一氧化碳、二氧化硫、一氧化氮、二氧化氮，微压（$\Delta P$）等参数，计算二氧化碳、氮氧化物、空气过剩系数（$\alpha$）、$\alpha=1$ 时的一氧化碳值、燃烧效率，并具有计算机通讯口，可实现与计算机通讯联网。

热流传感器：在阴燃点燃过程中，由于要加热多孔陶瓷和向外界散热，所以热流并不是恒定的。为了校准不同条件下的热流强度，采用以色列 Fourie 公司的 DapPRO 5300 数据记录仪和法国 Captec 的 HT－50 高温热流传感器。DapPRO 5300 可以同时连接 4 个内置热电偶的热量传感器，快速响应辐射热流的变化，采样速率高达 4 000 次/s。HT－50 热流量程到 3.14 MW/m$^2$，响应时间最高 0.1 s，其尺寸 $\varphi$15.9 mm×1.5 mm。通过热流计测量表明，简单根据电压调压器中的电压和加热丝的电阻来计算热流强度是不正确的。

数据采集仪：采用 Agilent 34970A 多通道数据采集仪，采集模块选用 34901A 20 通道多路转换器，通过 BenchLink Data Logger 程序采集和归档测量数据。实验中主要采集阴燃实验中聚氨酯软泡内部温度数据、加热电压和加热时间。

加热装置：加热装置由两块直径为 90 mm 的圆形多孔陶瓷片和电阻为 80 Ω 的电阻丝组成，电阻丝镶嵌在一块开槽的陶瓷片中，另一片覆盖在其上面，用于均匀热流，通过一台两相电压调压器来调节电阻丝发热功率，精确的电压通过数据采集仪测得。

极细铠装热电偶：采用直径为 1 mm 的进口 K 型铠装热电偶测量阴燃时材料内部温度的变化，测量范围 0～1 000 ℃，精度为 2/0.75，响应时间为 0.01 s。

## 4.2.2　实验工况

在阴燃点燃过程中，影响聚氨酯软泡着火的因素主要有两个：化学动力学因素和流体力学因素。因此，主要通过四个方面来展开阴燃点燃的实验研究：加热时间、外加热流强度、氧化剂流速和氧气浓度。

通过大量实验分析，在自制的阴燃反应实验装置中，加热电压为 50 V，氧化剂流量为 1 L/min，氧气浓度为 21.7%，加热时间为 TC3 温度测量点达到 300 ℃，即离加热面 3 cm 处聚氨酯软泡升温至 300 ℃ 时停止加热，是最佳点燃条件。该条件下不同高度温度测量点阴燃温度时间曲线如图 4－3 所示。图中加热电压是指加热丝的电压，该电压通过调压器来改变加热丝的电压，精确的电压值由 Agilent 数据采集仪测量而得；氧化剂流量是指多组分动态配气仪上氧化剂的流量，在聚氨酯软泡中的流速根据达西定律计算得到；氧气浓度则通过配气仪进行配置。在电压 50 V、氧化剂流量 1 L/min、加热时间 $T_3$ = 300 ℃、氧气浓度 21.7% 的基础上分别改变工况参数进行阴燃点燃实验研究。

表 4-1 聚氨酯软泡阴燃点燃过程中实验工况

| 参数变量 | | 实验设定值 |
|---|---|---|
| 加热时间 | 加热时间/s | 828，891，978，1 047，1 101，1 164 |
| | TC1 温度/℃ | 285，300，315，335，355，375 |
| 热流强度 | 加热电压/V | 40，45，50，55，60，70，80，90，100，110，120，130，140 |
| | 测量热流/（kW/m²） | 1.62，2.02，2.15，2.42，2.56，3.44，4.24，5.03，5.23，6.19，6.8，7.5，8.9 |
| 氧化剂流量/（L/min） | | 0.25，0.375，0.4375，0.5，0.75，1，1.5，2，2.5，5 |
| 氧气浓度/% | | 0，13，17，21，25，29，33，40，50 |

为了方便、简洁，下面各章节阴燃温度时间曲线图省略加热电压和热电偶的标注，不同高度温度测量点曲线根据颜色来区分。

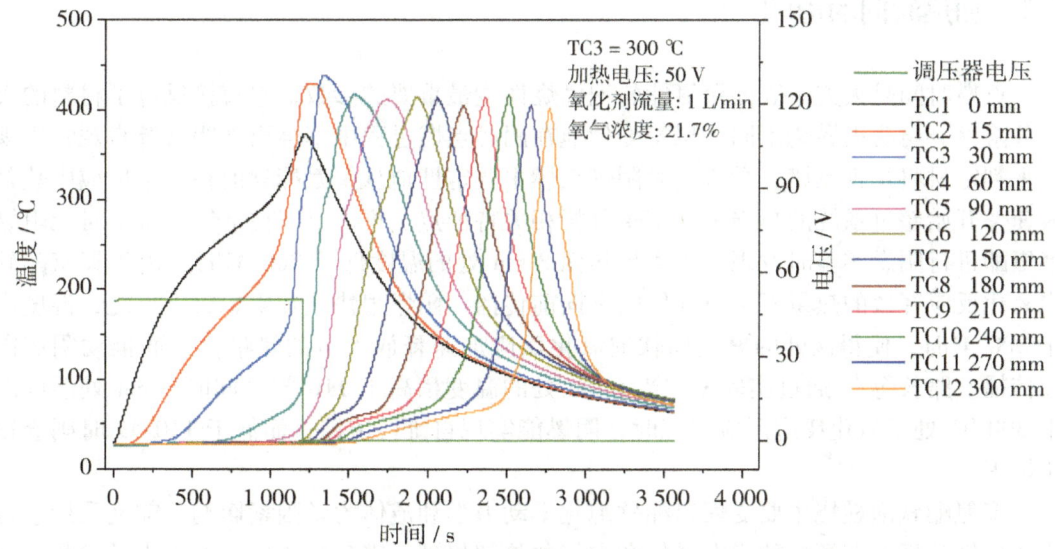

图 4-3 聚氨酯软泡阴燃传播过程中各热电偶测量点温度分布

### 4.2.3 实验步骤

因上述工况没有进行烟气分析，阴燃反应装置出口为敞开条件，此时竖直向上阴燃实验模拟步骤如下：

（1）将试样装进阴燃反应装置中，插入 $\varphi1$ mm 铠装热电偶至试样中心，接线端连接到数据采集仪中。

（2）打开气体阀门和配气仪，按实验工况要求配置氧化剂流量和氧气浓度，通过 $\varphi 25$ mm 硅胶管输送至阴燃反应装置底部。

（3）打开电脑和数据采集仪，进入数据采集界面，配置温度和电压扫描通道，将采样时间设为 3 s/次并开始扫描。

（4）接通电阻丝两端的电源开始实验，根据工况要求通过电压调压器调节电压和加热时间。

（5）通过 BenchLink Data Logger 软件实时观察 TC1，TC3 温度变化和加热时间，当达到停止加热条件时，将电压调至 0。

（6）停止加热后，试样通过氧化反应释放的热量维持其向前传播或逐渐熄灭，当各热电偶测量点的温度降至 50 ℃ 以下时，停止扫描并保存数据，实验结束。

（7）关闭电热丝电源和气体阀门，取出阴燃后的聚氨酯软泡并清扫干净，以备下次实验。

## 4.3 加热时间的影响

点燃时间是火灾中表征聚氨酯软泡燃烧性能最重要的参数，它直接反应了材料的火灾危险性。与明火燃烧不同，聚氨酯软泡在阴燃点燃过程中不会出现明火等直观物理现象来判定材料是否点燃。学者们对阴燃点燃主要定性地从聚氨酯软泡在化学反应中热释放速率开始超过系统的热损失速率来分析相关特征点。Walter[68]在空气气氛下对无阻燃聚氨酯进行阴燃实验时发现，当离加热面 3 cm 处的温度低于 300 ℃ 时，由于聚氨酯软泡氧化反应释放的热量不足以促使阴燃向前传播，阴燃很快就发生熄灭；反之，温度高于 300 ℃ 时，使得该处的聚氨酯软泡氧化反应加速释放大量的热量，从而推动阴燃向前传播。路长等[69]通过实验发现当 6 cm 处的温度稍高于 110 ℃，同时 3 cm 处温度高于 300 ℃ 处于氧化反应反应状态时，阴燃能实现自维持传播；而低于 110 ℃ 时则会很快熄灭。

聚氨酯软泡燃烧主要受聚氨酯软泡化学动力学和流体力学因素影响。前文采用遗传算法详细分析了聚氨酯软泡在氮气和空气的热解机理，得到各步反应的动力学参数。在研究外在参数对聚氨酯点燃的影响时，主要从离多孔陶瓷加热面 0 mm，15 mm 和 30 mm 处的温度变化以及 0 mm 处聚氨酯软泡在受热时的热解氧化变化进行详细分析。

不同加热时间阴燃点燃分析的相关实验条件为：氧化剂为空气，通过配气仪的流量 1 L/min，加热丝的电压为 50 V。该实验条件下多孔陶瓷表面的热流强度如图 4-4 所示。其中，热流的采样速率为 1 次/s，平均热流强度为热流积分与加热时间的比值，红色曲线为拟合得到的热流强度。参数变量为加热时间所对应的实验工况（如表 4-1 所示），加热时间的选取根据聚氨酯软泡在升温过程中的热解变化来确定。

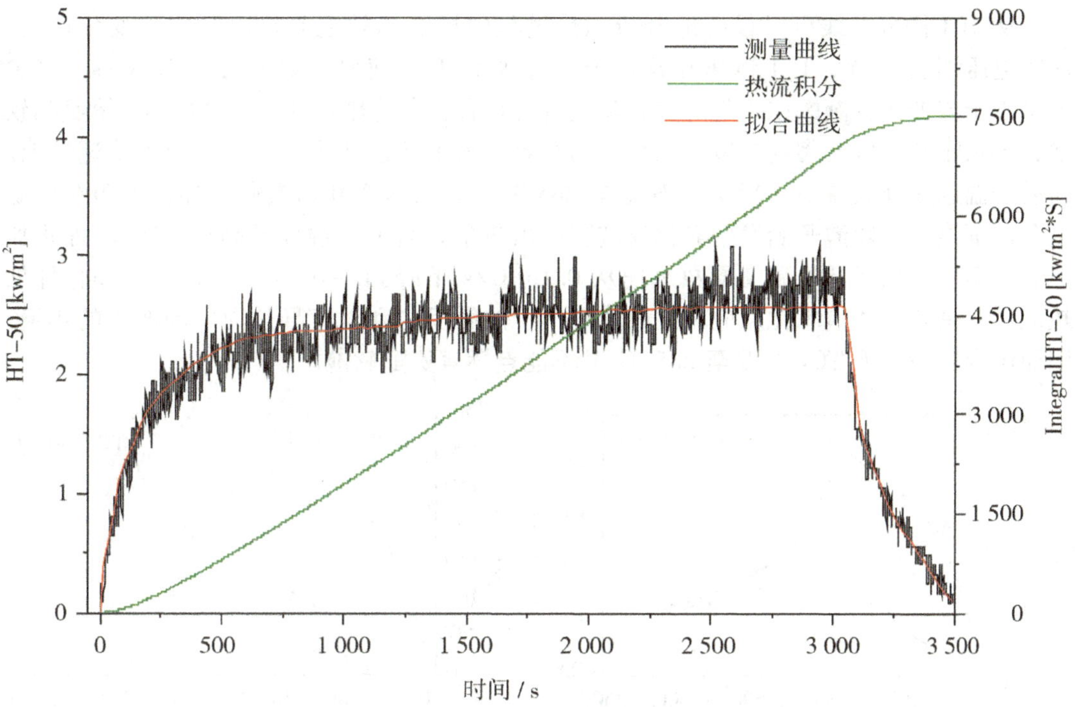

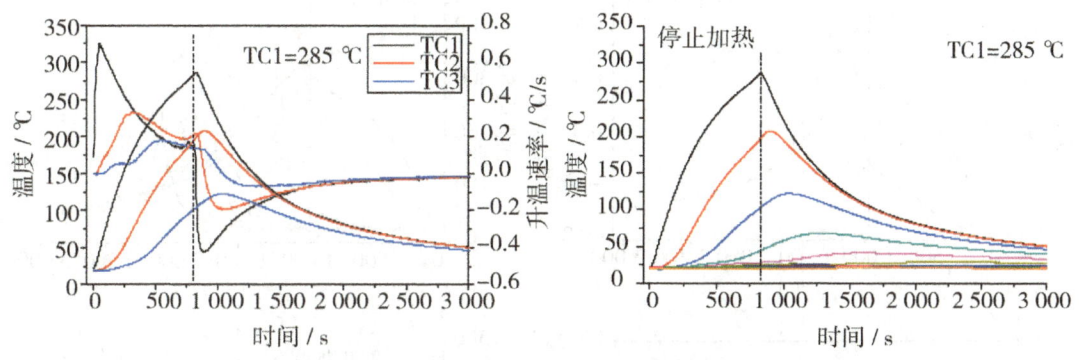

图4-4 加热电压50 V，0 mm处热流曲线

图4-5 加热时间828 s时聚氨酯软泡阴燃温度变化和温度微分曲线

图4-5为TC1 = 285 ℃时TC1，TC2，TC3测量点（离加热面0 mm，15 mm，30 mm）的温度、温度微分曲线和温度分布曲线。从图4-5中可以分析得到：该条件下阴燃不能点燃，TC1，TC2和TC3在点燃过程中的最高温度分别为285 ℃，194 ℃和100 ℃。当停止加热后，TC1的温度马上开始下降，说明在285 ℃时，TC1处的聚氨酯软泡化学反应释放的热量小于该处向周围散失的热量。

从 TC1 微分曲线可以很好地分析加热过程中聚氨酯软泡受热以及化学变化过程。加热电压调至 50 V，TC1 迅速升温到 43 ℃，此时升温速率达到最大 0.71 ℃/s，这主要是由于与加热丝镶嵌在一起的多孔陶瓷自身具有一定的热容量，且热容小于聚氨酯软泡，导致刚开始多孔陶瓷与聚氨酯接触的交界面来不及达到热平衡，使 TC1 快速升温。随后升温速率开始减小，当 TC1 升温至 265 ℃，升温速率开始缓慢增加，表明在该温度条件下聚氨酯软泡开始发生氧化反应释放出热量。当 TC1 温度升高至 285 ℃ 停止加热后，温度开始降低，温度导数迅速从 0.16 ℃/s 下降到 −0.41 ℃/s，表明停止外加热流后，聚氨酯软泡氧化反应释放的热量小于热解反应和对流导热向周围散失的热量，因而该参数条件下 TC1 升温至 285 ℃ 并不能点燃聚氨酯软泡。

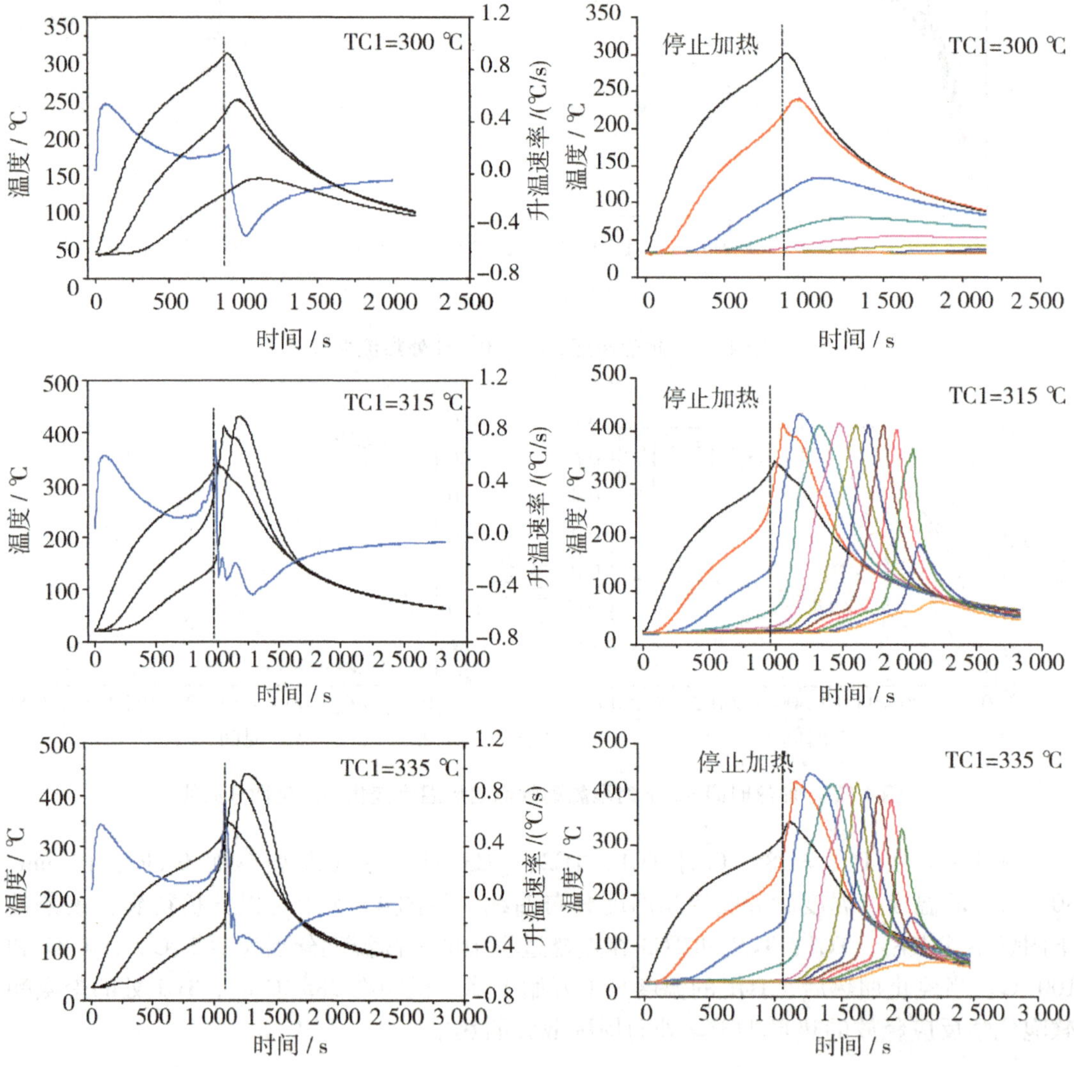

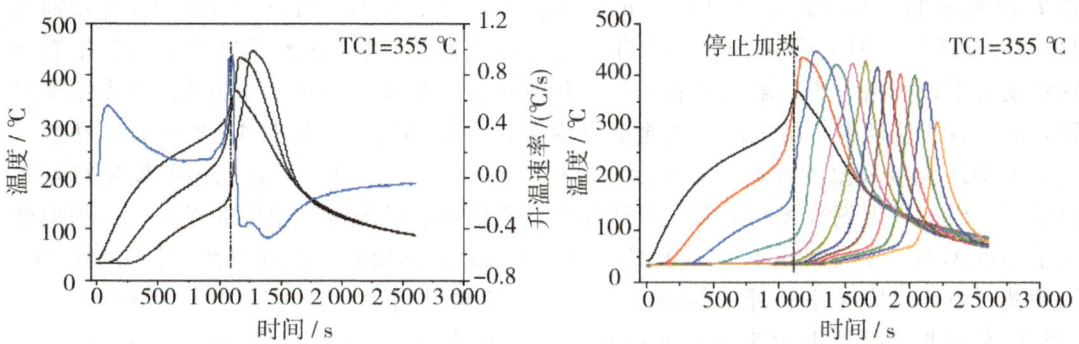

图4-6 不同加热时间聚氨酯软泡阴燃温度变化曲线

图4-6分别为不同加热时间时TC1，TC2，TC3的温度曲线、温度微分曲线和温度分布曲线，随着加热时间的增加，阴燃点燃现象出现三种情形：不能点燃，点燃后传播一段距离后熄灭，点燃后阴燃能一直传播下去。出现上述情形主要是由以下几个方面决定的。

### 4.3.1 聚氨酯软泡热解动力学的影响

聚氨酯软泡在升温过程的温度变化与外加热流强度和聚氨酯软泡自身热解动力学息息相关。通过计算得到，在实验中，当加热电压为50 V、空气流量为1 L/min时，TC1从初温升高到最高温度的平均升温速率为18 ℃/min。在点燃过程中，氧气供给相对比较充分，阴燃点燃过程主要以空气氛围内四步反应为主。采用遗传算法优化得到的在10 ℃/min的动力学参数来模拟升温速率为18 ℃/min时聚氨酯软泡各组分热解行为、各步表观反应特征温度点和反应速率过程。

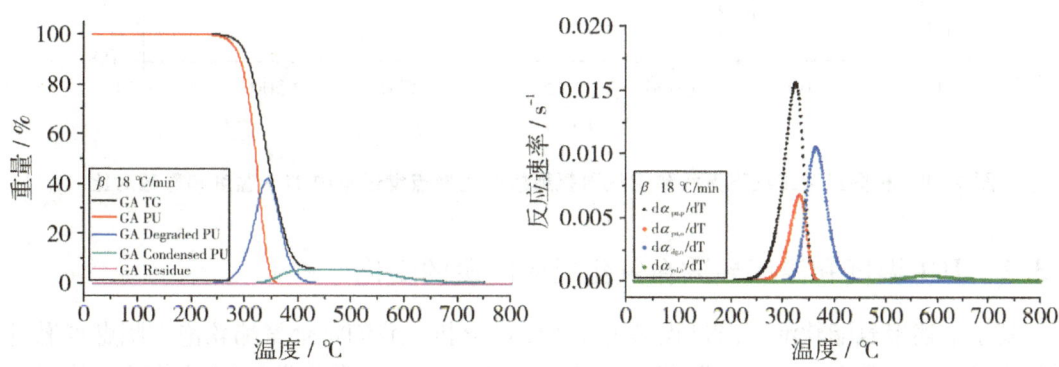

图4-7 模拟升温速率18 ℃/min时聚氨酯软泡各组分失重和化学反应速率曲线

从图4-7中可以清晰地看到，随着升温速率的升高，各步反应的特征温度 $T_0$，$T_p$

和 $T_f$ 相应增加。升温速率为 18 ℃/min 时各步表观化学反应的开始反应温度分别为 230 ℃，265 ℃，310 ℃ 和 500 ℃。在上文我们分析得到聚氨酯软泡在空气气氛中表观热解动力学过程由一步热解吸热和三步氧化放热反应组成。因此，外加热流要点燃聚氨酯软泡，首先应使聚氨酯软泡升温至能发生氧化反应的温度。如图 4-8 在氮气和空气气氛下 TC1 温度和温度导数对比所示：从初温到 265 ℃ 阶段，聚氨酯主要发生热解吸热反应，没有发生氧气参与的氧化放热反应，因而两者的温度和温度曲线重合；当温度大于 265 ℃ 时，空气气氛下的 TC1 温度导数曲线开始偏离氮气温度导数，但升温缓慢，说明此时氧化反应速率和释放热较小，并不会使聚氨酯软泡显著升温；当温度升高到 285 ℃ 停止加热后，温度迅速开始降低，升温速率从 0.16 ℃/s 下降到 -0.41 ℃/s，表明在 285 ℃ 时，聚氨酯软泡氧化反应释放的热量小于热解反应和对流导热向周围散失的热量。

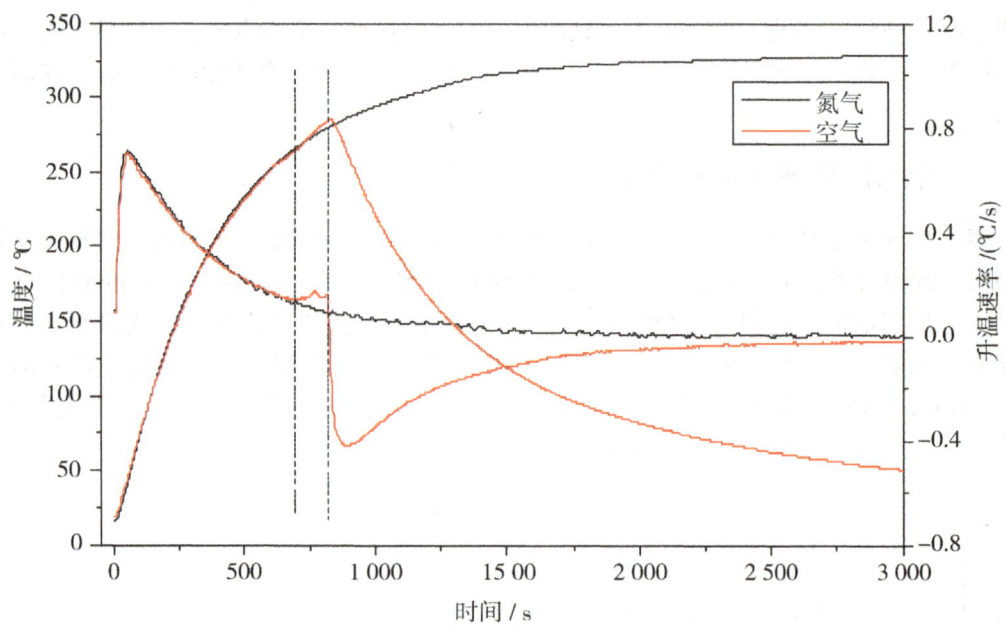

图 4-8  相同实验工况下氮气和空气聚氨酯软泡阴燃点燃过程中 TC1 温度和导数对比

### 4.3.2  TC1 温度和温度导数在氧化反应阶段的变化

基于上述聚氨酯软泡升温过程热解动力学的分析，我们将聚氨酯软泡在阴燃点燃过程分为自加热酝酿期和点燃延滞期。在第一阶段 $t < t_0$，没有化学反应或者反应并不显著，聚氨酯软泡由外加热流通过对流辐射的热量而加热，即该物质的行为特点仿佛是化学惰性的。在这一阶段，一个逐渐加热的表面层在聚氨酯软泡中形成。在第二阶段 $t >$

$t_0$，根据聚氨酯软泡自身热解机理的特点，可以分为热解为主的吸热期 $t_0 < t < t_i$ 和氧化为主的放热期 $t > t_i$。当外加热流使聚氨酯软泡升温至氧化反应阶段后，在聚氨酯软泡内部形成一个逐渐加强的"自加热"加热层，随着聚氨酯软泡温度的升高，氧化反应加速，热释放速率的增加使反应区域的物质快速升温。从图 4-9 可以清楚地看出：在氧化放热期内，随着加热时间的增加，TC1 升温速率呈指数增长，当时间增加到一定阶段后，即聚氨酯软泡第三步氧化反应完全后，升温速率开始降低。

这主要是由升温过程中聚氨酯软泡发生化学变化引起的。在 TC1 升温至 285 ℃ 和 300 ℃ 时，升温速率缓慢增加，图 4-9 显示在这两处温度点时，热解反应和氧化反应速度下降。当 TC1 温度达到 285 ℃ 后停止加热，温度和升温速率迅速降低，表明此温度化学反应释放的热量远小于热损失；在 300 ℃ 停止加热，温度和升温速率经过 21 s 后开始降低，主要是在停止加热后，加热丝热流的衰减需要一定时间，同时聚氨酯软泡温度的增加使化学反应热释放速率加大，使之出现经过 21 s 后温度开始降低，这也反应此温度化学反应释放的热量小于热损失。

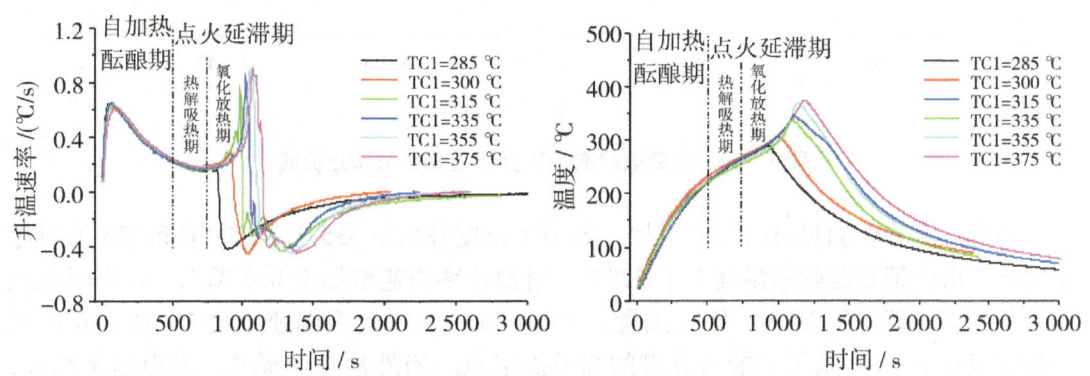

图 4-9　聚氨酯软泡不同加热时间下 TC1 温度和温度导数对比

TC1 升温至 315 ℃ 停止加热则比较特殊。当在 978 s 停止加热后，TC1 经过 48 s 继续升温至 342 ℃ 才开始降温，并且在该条件下阴燃能够点燃并传播一段距离后熄灭。TC1 的升温速率可以很清晰地反应该过程热量的变化：聚氨酯软泡被外加热流加热升温至氧化放热区，升温速率开始缓慢升高；当温度达到 315 ℃ 停止加热时，升温速率开始慢慢降低，TC1 处的温度仍然缓慢增加，说明此时聚氨酯软泡在 TC1 处从外界吸收的热量和自身化学反应释放的热量大于向四周散失的热量，但由于停止加热后电阻丝发热量衰减较快，升温速率表现为缓慢降低；当温度升高到 328 ℃ 时，升温速率快速增加，氧化反应释放的热量远大于热解吸收的热量和热损失的热量。从图 4-7 聚氨酯软泡表观化学反应速率也可以得到验证，在 328 ℃ 左右，聚氨酯热解反应速度开始减小，而聚氨酯氧化反应速度达到最大，并且热解残留物的氧化反应速度也开始增加。当聚氨酯软泡温度升高至 335 ℃ 达到最大升温速率 0.74 ℃/s 后就迅速降低。

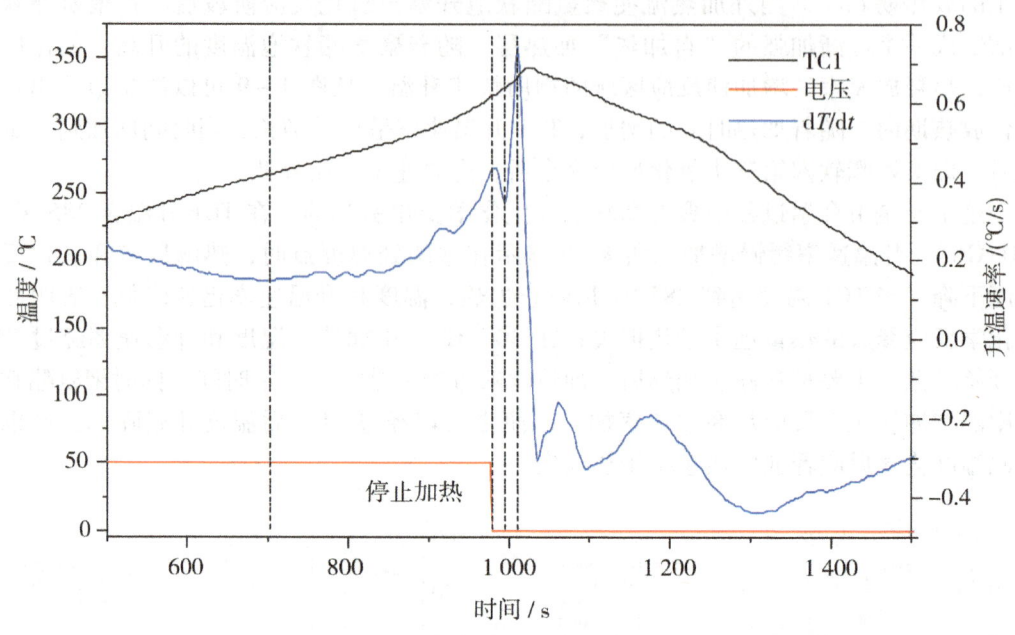

图 4-10　聚氨酯软泡 TC1 升温至 315 ℃ 停止曲线

同理，随着外加热流时间的增加，当 TC1 温度升高至 335 ℃，355 ℃ 和 375 ℃ 时停止加热，由于聚氨酯软泡温度大于 328℃，升温速率快速增加至 0.8 ℃/s。这表明在该试验条件下，即电压 50 V，空气流量为 1 L/min 时，平均升温速率为 18 ℃/min 时聚氨酯软泡在 328 ℃ 是阴燃能否点燃的临界温度点。当外加热流提高，升温速率增大，聚氨酯软泡各步表观化学反应的温度特征升高，其相应临界点燃温度也增大。

### 4.3.3　TC1，TC2，TC3 和 TC4 温度导数对比分析

从上文分析可以得到，在该实验工况下，TC1 升温速率为 18 ℃/min 时，聚氨酯软泡热解吸热反应起始温度为 225 ℃，氧化放热反应开始温度为 265 ℃。当外加热流使 TC1 升温至以氧化反应为主的放热期（$t > t_i$）时，阴燃点燃不能点燃、传播一段时间后熄灭、阴燃向前传播。通过对 TC1 和聚氨酯软泡热解动力学对比分析得出阴燃能否点燃的临界温度为 328 ℃。如果 TC1 在外加热流或者当停止加热后通过自身氧化反应升温至 328 ℃，此时氧化反应释放的热量远大于热解吸收的热量和热损失的热量，TC1 升温速度快速增加，聚氨酯软泡通过自身氧化反应释放的热量推动阴燃向前传播。但点燃过程中外加热流通过时间的增加，使聚氨酯处于氧化放热期的区域增大，释放出更多的热量，而阴燃在向前传播过程中通常处于缺氧状态，聚氨酯软泡反应不充分，阴燃后还

有大量的聚氨酯软泡。因此，在阴燃点燃过程中需要生成一定厚度处于氧化期的加热层。

在不同加热时间时，由 TC1，TC2，TC3 和 TC4 的升温曲线可以看到当停止加热后，阴燃传播一段后熄灭和继续向前传播的异同。在自加热酝酿期，没有化学反应或者反应并不显著，聚氨酯软泡由外加热流通过对流辐射的热量而加热，一个逐渐加热的表面层在聚氨酯软泡中形成，此时各测量点温度差异不大。当 TC1 温度大于 265 ℃ 后，与加热面接触的聚氨酯软泡开始发生氧化反应，释放出热量，随着加热时间的增加，处于氧化反应期的可燃物增加，即聚氨酯软泡温度大于 265 ℃ 的物质增加，从 TC2 的升温曲线可以得到验证，而 TC3 和 TC4 由于离加热面有一定距离，使得 TC3 和 TC4 的升温速率滞后。

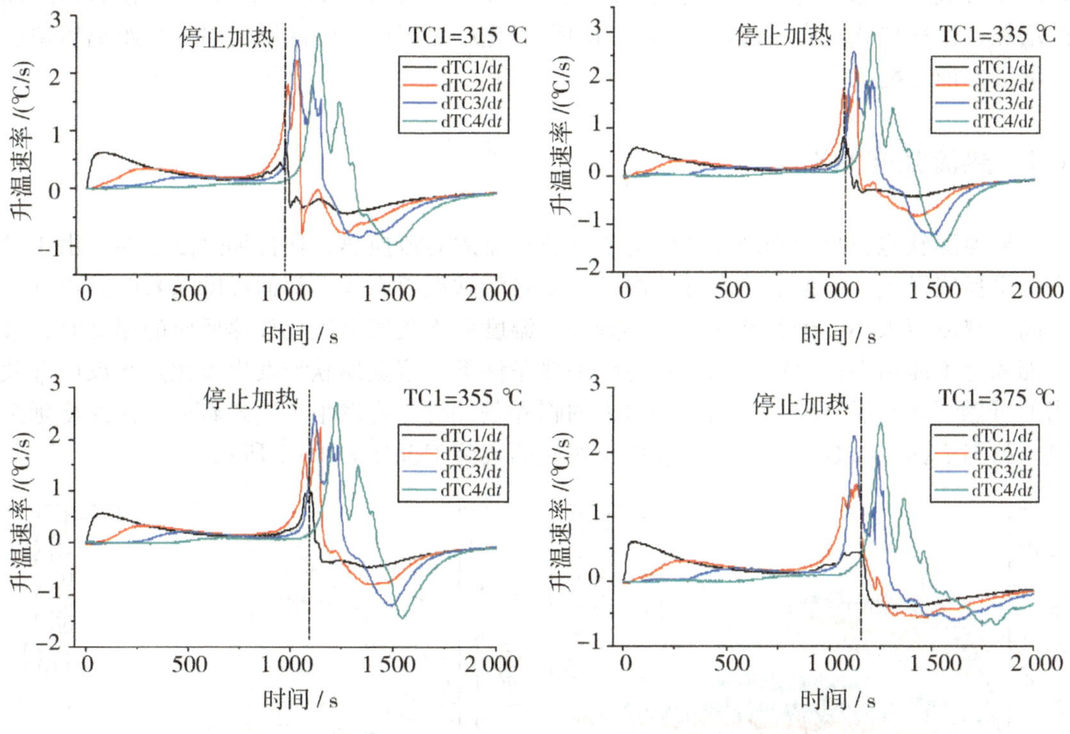

图 4-11　不同加热时间下 TC1，TC2，TC3，TC4 温度导数曲线

上述 TC2，TC3 和 TC4 各升温速率曲线有两个主要的升温峰，其中第一个是受到前面氧化反应释放的热量通过对流辐射使其快速升温发生热解反应的受热峰，第二个主要是发生氧化反应释放热量的放热峰。当 TC2 处于氧化放热期释放热量时，TC3 由于对流辐射的影响而快速升温，随着 TC2 处反应的停止，TC3 的温度升高至 300 ℃，同时开始与氧气发生氧化反应释放出热量，使其出现第二个升温峰。当停止加热后，各加热

时间的不同使阴燃点燃后呈现反应一段后熄灭和向前传播，主要是因为 TC3 所处反应状态不同。分析上述各图可知：当停止加热时，TC3 处的聚氨酯软泡处于两升温峰之间，此时 TC3 处在温度升高至 300 ℃ 后很快就开始发生氧化反应释放反应热，使阴燃能一直向前传播；反之，当处于第一个升温峰上升阶段时，阴燃传播一段距离后熄灭。

通过上述分析，可以得到聚氨酯软泡在外加热流停止加热后能否点燃的关键是：首先根据聚氨酯软泡自身热解变化过程，材料应升温至氧化反应特征温度以上，此时聚氨酯软泡开始发生氧化反应释放热量，TC1 升温速率开始增加，在实验平均升温速率为 18 ℃/min 的条件下，氧化反应起始温度在 265 ℃ 左右，随着外加热流的变化、聚氨酯软泡升温速率的变化，其相应温度点也会发生变化；其次是停止加热后，聚氨酯软泡氧化反应释放的热量大于对流冷却、辐射或热传导等方式向周围散失热量的特征温度点，即需要形成一定厚度的阴燃氧化放热区域，如 TC1 升温至 328 ℃ 以上，随着加热时间的增加，聚氨酯软泡会形成厚度不一的阴燃氧化放热区域，使阴燃传播一段距离后熄灭和继续向前传播。

## 4.4 热流强度的影响

聚氨酯软泡材料受到外界热辐射或是热气流的对流换热，在自加热酝酿期，由于没有化学反应发生，根据非稳态导热原理，聚氨酯软泡表面和内部的温度随着时间而开始升高。热流值太小，聚氨酯软泡受热升温，温度低于其发生氧化放热反应的温度时，聚氨酯软泡不能引燃；热流太高，在持续加热条件下，聚氨酯软泡发生氧化热解反应释放出的可燃气体与氧气混合，当达到着火的临界条件时，将发生火焰式着火并快速蔓延至整个材料表面。参数变量为热流强度所对应的实验工况如表 4-1 所示。

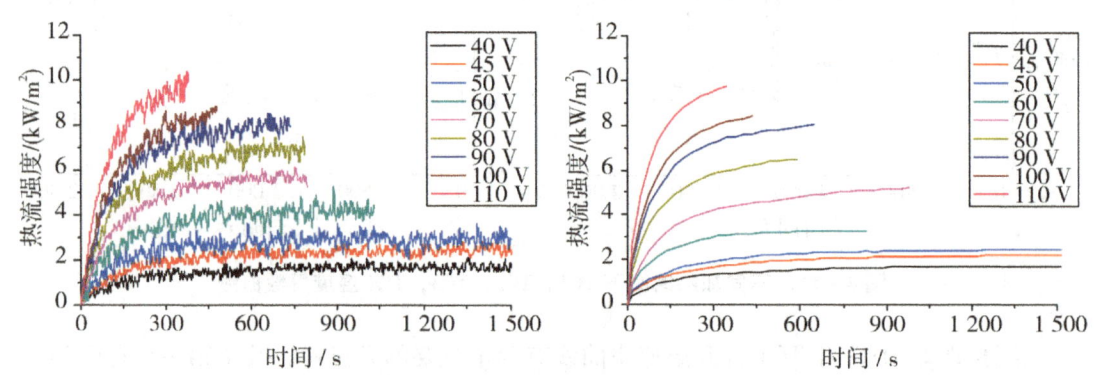

图 4-12　热流计测量各电压下的热流强度和拟合热流强度

在外加热流条件下常有两种情况：恒温表面加热，恒热流加热。在实验过程中，由于聚氨酯软泡放置在密闭的燃烧炉中，燃烧物与多孔陶瓷表面相接触。因此，在加热聚氨酯软泡时，加热温度和热流并不是恒定的。图4-12为电阻丝在不同电压时采用热流计测量的多孔陶瓷表面的热流强度和拟合热流强度。热流计采样速率为1 s，进入多孔陶瓷的空气流量为1 L/min，使热流强度小幅波动。通过对测量得到的热流进行积分、微分平滑得到拟合热流强度，表4-1中平均热流强度为热流曲线积分与阴燃加热时间的比值。

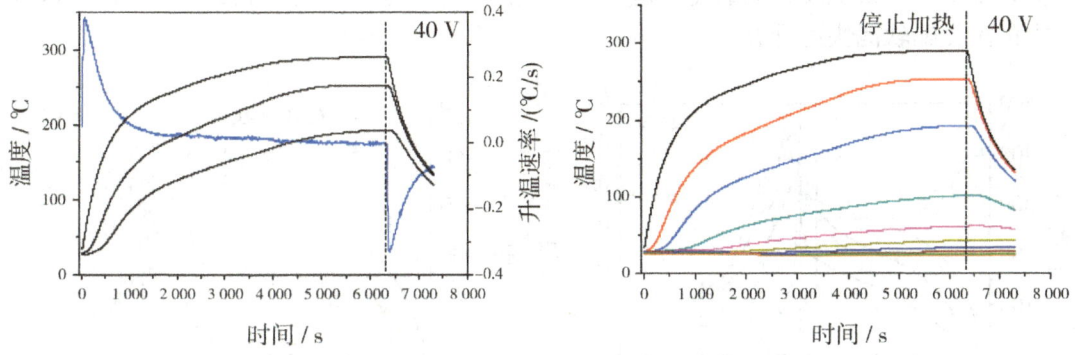

图4-13　40 V热流条件下温度和温度导数曲线

图4-13为平均热流强度为1.63 kW/m² 时TC1，TC2和TC3热电偶测量点的温度、TC1温度微分和各热电偶测量点温度分布。当加热电压调至40 V时，由于TC1的热电偶并不是直接与加热丝接触，而是测量多孔陶瓷与聚氨酯软泡相接触的表面温度，多孔陶瓷自身有一定的热容量，因此从TC1温度微分可以看到，0～55 s温度导数快速增加到最大值，温度从室温28 ℃升高到48 ℃；当温度导数达到最大值后，升温速率开始减小，TC1从48 ℃升高到200 ℃，表示在此温度范围内，聚氨酯软泡并没有发生热解反应，这个从聚氨酯的热重实验也可以看出，在200 ℃左右，材料几乎没有发生失重；当温度从200 ℃升高到280 ℃，温度导数缓慢减低，升温速率由0.07 ℃/s降低到0.018 ℃/s；当TC1温度从280 ℃缓慢升高到290 ℃后，温度导数减低到0 ℃/s，升温速率为0，表明此时TC1达到热平衡，没有足够的热量促使聚氨酯软泡继续发生热解氧化反应，不能通过反应释放的热量来提高聚氨酯软泡的温度。这说明当外加热流强度低于1.63 kW/m² 时，由于材料温度没有升高到聚氨酯软泡氧化反应释放的热量大于等于热解和热损失的热量时，聚氨酯软泡不能点燃。

图4-14为外加热流强度2.02 kW/m²下TC1，TC2和TC3测量点的温度、温度微分，与1.63 kW/m² 时最大的不同是前者在停止外加热流后能够使阴燃自维持传播，即能够点燃。低于280 ℃时，与1.6 kW/m²的温度升高情况相类似，只是升温速率相对增大，由于加热片有一定的热容量，TC1经过225 s，温度升高到95 ℃时达到最大升温速度，之后开始降低；升温至210 ℃后，根据平均升温速率为7.7 ℃/min的热解动力学得知，聚氨酯软泡开始热解吸热反应后，升温速率由0.14 ℃/s缓慢降低到280 ℃时的

0.05 ℃/s；从 280 ℃开始，升温速率开始增加，表明此时外加热流和氧化反应热释放速率大于热解反应吸热速率；当温度升高到 300 ℃时，温度出现拐点，升温速率快速升高，说明 300 ℃是一个临界点。低于 300 ℃时，氧化反应速率较低；高于 300 ℃时，反应速率增大，使得热释放速率远大于吸热速率，聚氨酯软泡快速升温，促使阴燃向前传播。从 TC3 也可以得到，当 TC1 温度升高到 300 ℃时，TC3 的温度以指数形式升高，说明此时聚氨酯软泡氧化反应放出大量的热量，通过对流导热的作用使阴燃区域上方的聚氨酯软泡快速升温。

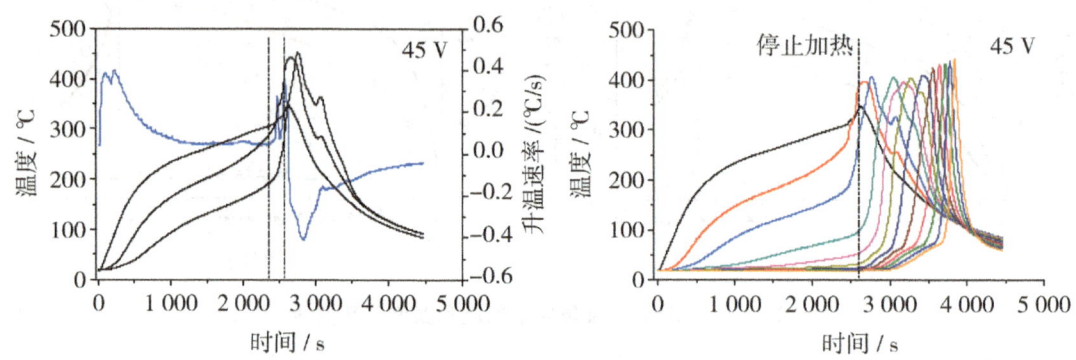

图 4-14　45 V 热流条件下温度和温度导数曲线

图 4-15 为氧化剂流量为 1 L/min，氧气浓度为 21%，在 TC3 升温至 300 ℃停止加热时，不同外加热流强度温度和温度导数曲线。从图中可以很明显地看到，在该外界参数条件下，外加热流大于 2.02 kW/m² 条件下，聚氨酯软泡可以引燃并向前传播，TC3 后聚氨酯软泡在升温至 70 ℃后温度升高加快，随着加热强度的增加，加热时间从 2 607 s 呈指数减小至 168 s。在外加热流大于 4.24 kW/m² 时，TC1 处通过外加热流和自身热解作用升温至最高温度，这个温度大于 TC2 处单纯发生聚氨酯软泡热解反应时的最高温度。

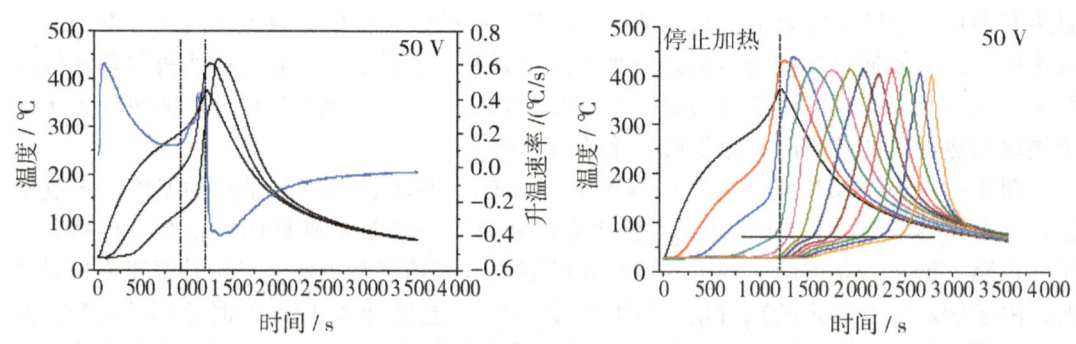

图 4-15（1）　不同热流条件下聚氨酯软泡温度和温度导数曲线

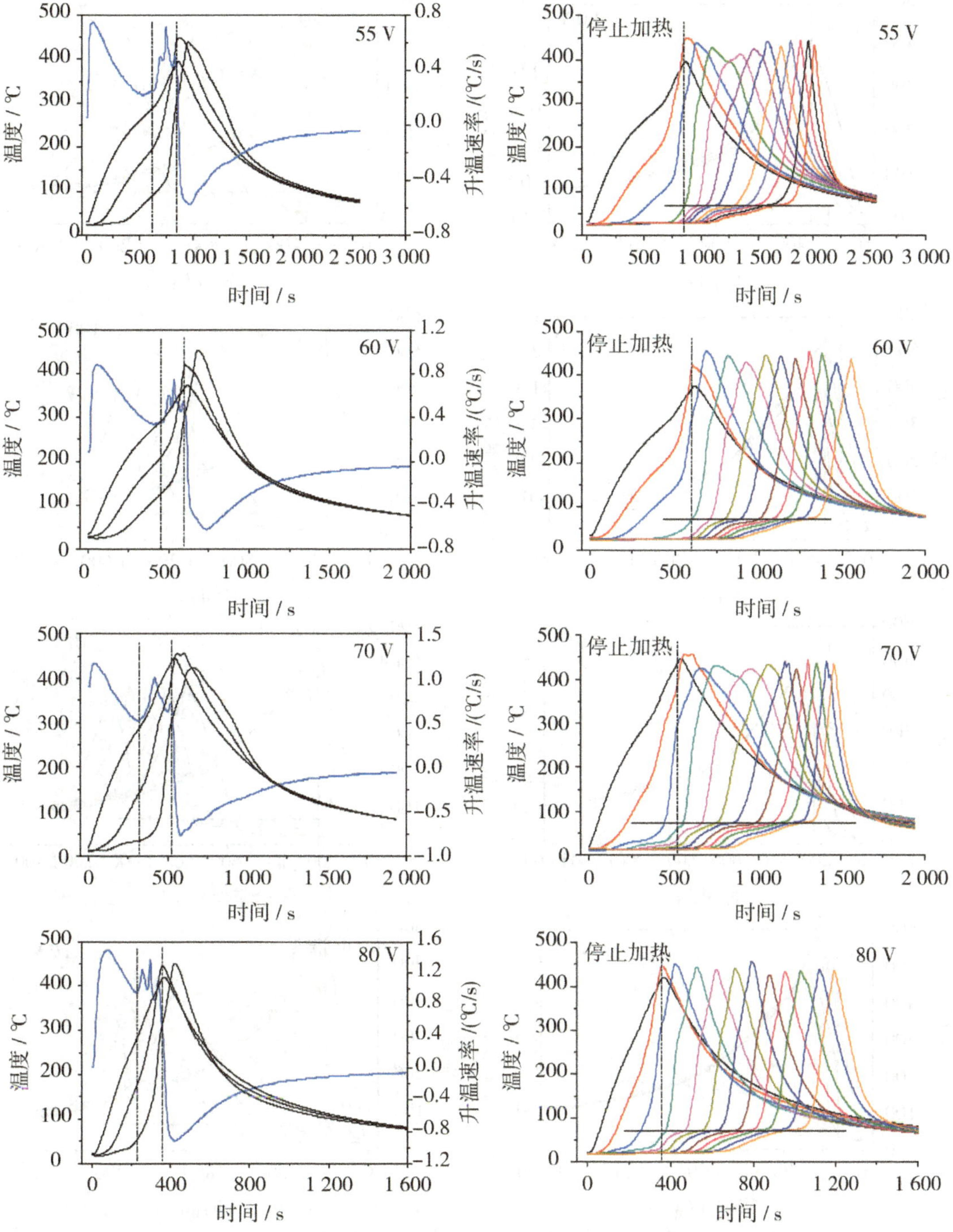

图 4-15（2） 不同热流条件下聚氨酯软泡温度和温度导数曲线

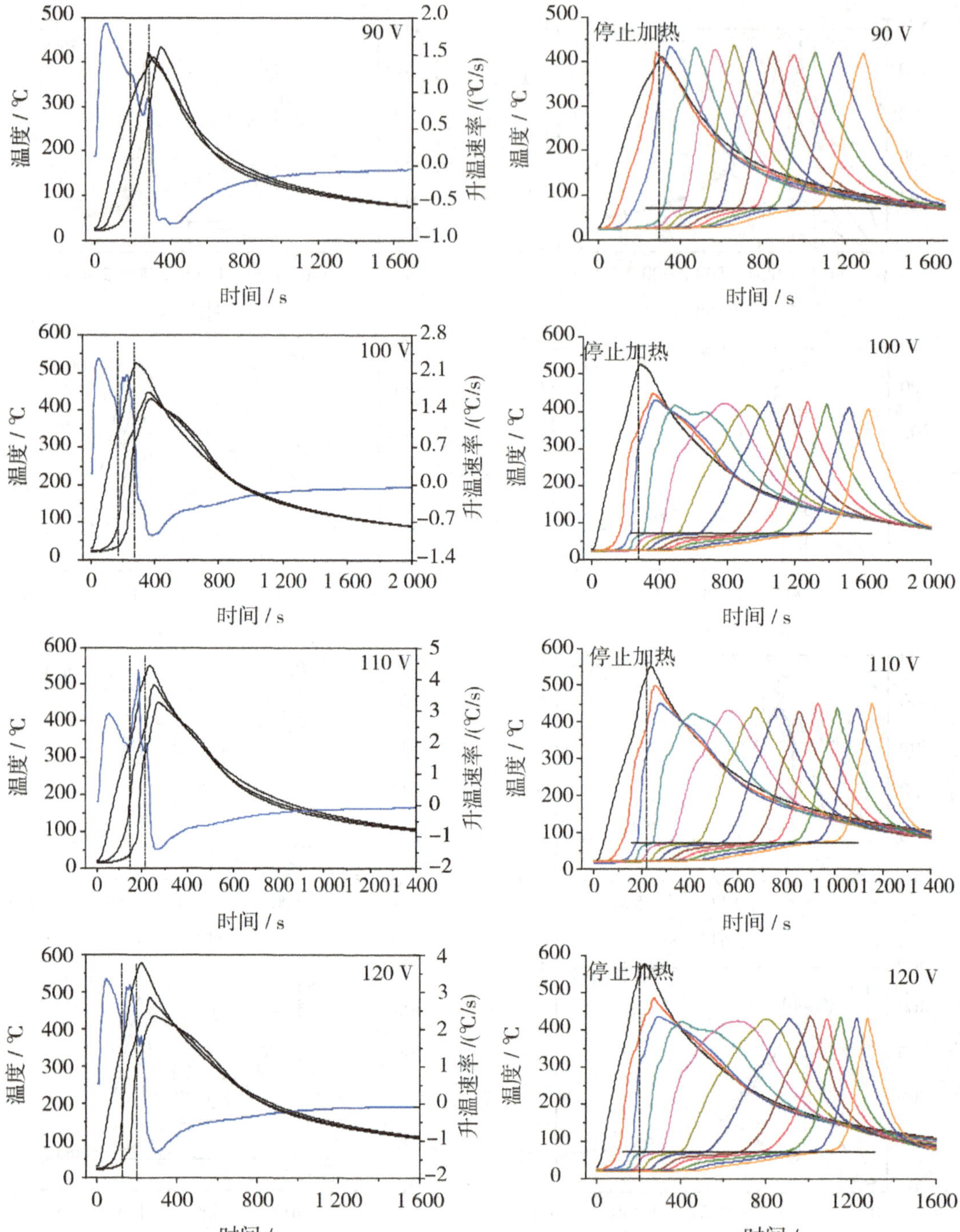

图 4-15（3） 不同热流条件下聚氨酯软泡温度和温度导数曲线

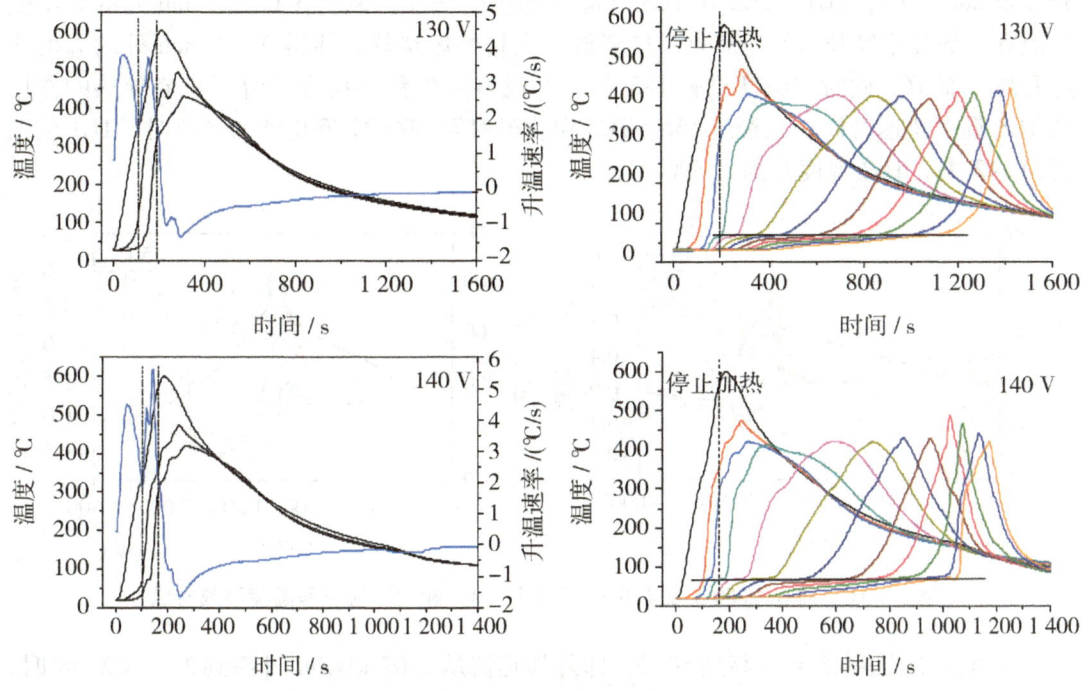

图4-15（4） 不同热流条件下聚氨酯软泡温度和温度导数曲线

## 4.4.1 热流强度对TC1，TC2和TC3的影响

由图4-15可以看出：热流强度越低，停止加热条件即T3 = 300 ℃的时间越久。当热流强度为1.65 kW/m²时，该条件下不能点燃；热流强度为2.02 kW/m²时，点燃时间为2 607 s；热流强度2.15 kW/m²时，点燃时间为1 203 s；随着外加热流强度的增加，点燃时间以指数形式减小。

从TC1温度和升温曲线可以分析出：当温度升高到300 ℃时，TC1处的升温速率快速增加，由于TC1处于与加热丝接触的表面，对流散热较大，不利于分析升温过程聚氨酯化学变化过程。而TC2和TC3处于聚氨酯软泡内部，热损失较少。图4-16为TC1，TC2和TC3温度和升温速度曲线，从图4-16可以看出：当TC1温度升高到210 ℃后，TC1，TC2和TC3的升温速度曲线相重合，表明各处主要受对流导热影响；当TC1达到260 ℃左右时，TC2处的升温速率开始缓慢升高，偏离TC1和TC3升温速率曲线，这证明在TC1处上方的聚氨酯软泡已经发生氧化反应释放出燃烧热。通过对流导热使处于无化学变化的TC2处的聚氨酯软泡开始升温，而边界处的TC1由于对流作用大于材料内部各处，热损失最大，使得在TC2处的升温速率大于TC1；随着TC2温度升高，阴燃区域逐渐向TC3处靠近，TC3处的升温速率也开始增加；当TC2温度升高至 280 ℃时，TC1，TC2 和 TC3 升温速率快速增加，说明在 0～3 mm 处的聚氨酯软泡有一部分已经开始发生氧化反应释放出大量的燃烧热，使得 0～3 mm 处的温度快速升高，而 TC3 此时的温度只有 185 ℃，并没有发生化学反应，由于对流导热的作用使 TC3 温度快速升高；当经过 156 s TC3 温度升高至 300 ℃ 停止外加热流时，TC1 的温度为 342 ℃，TC2 温度升高到 390 ℃。

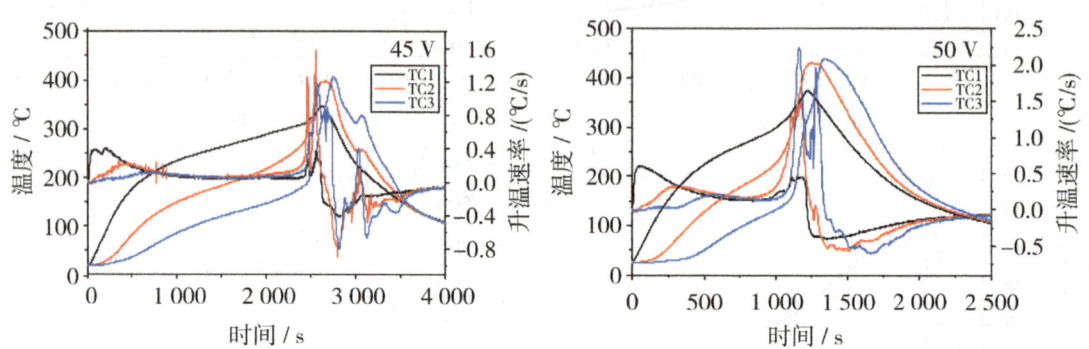

图 4-16  45 V 和 50 V 热解条件下 TC1，TC2 和 TC3 温度和温度导数曲线

当外加电压从 45 V 升高到 50 V，即外加热流从 2.02 kW/m² 升高到 2.12 kW/m² 时，各温度变化曲线如图 4-16 所示，即由于外加热流的提高，当 TC3 升温至 300 ℃ 停止加热的时间缩短到 1 182 s，与 2.02 kW/m² 相比减小一半的加热时间。从 TC1，TC2 和 TC3 的升温速率曲线可以得到重要的信息：当 TC1 升温至 240 ℃ 时，TC1，TC2 和 TC3 处于热平衡状态，各处缓慢升温，但由于 TC1 已经开始发生热解吸热反应，各处的升温速率慢慢降低，TC2 和 TC3 的升温速率曲线开始重合，TC1 处的对流散热大于聚氨酯软泡内部，使其小于 TC2 和 TC3 处的升温速率；当 TC1 的温度升高到 265 ℃ 时，TC2 处的升温速率开始缓慢升高，TC3 的则继续降低与 TC1 重合，这主要是在 TC1 和 TC2 之间有部分聚氨酯软泡已经开始发生氧化放热反应使得 TC2 的升温速率开始增加，但由于可燃温度较低，氧化反应的强度不高；当 TC1 的温度升高到 287 ℃ 时，TC1 处的升温速率也开始增加，此时该处外加热流和氧化反应释放的热量大于聚氨酯软泡热解和向周围散失的热量，使得 TC1 升温开始增加，这从 TC2 的升温速率曲线也可看到，在聚氨酯软泡温度从 264 ℃升高至 287 ℃时，TC2 的升温速率越来越大，从 0.165 ℃/s 增大到 0.223 ℃/s；当 TC1 升温至 320 ℃，TC2 的温度为 275 ℃ 时，TC1，TC2 和 TC3 处的升温速率快速增加，表明此时氧化反应热释放速率远大于聚氨酯软泡热解和损失所吸收的热量，阴燃能够点燃并向前传播。

### 4.4.2 点燃过程无化学反应模拟分析

图 4-17 为不同热流强度下 TC1 测量点的温度和温度微分曲线。当以热流强度为

2.15 kW/m² 加热时，开始时温度快速升高，在 265～285 ℃之间，温度导数维持不变，升温速度为 0.13 ℃/s，通过加热片的导热对流使其升温。当 TC1 温度大于 285 ℃时，温度导数开始增大，说明此时聚氨酯软泡开始发生剧烈的氧化反应，释放出大量的热量，使得 TC1 的温度显著升高。随着热量强度增加到 2.42 kW/m²，材料升温速度增大，在 268～288 ℃时，升温速度维持在 0.35 ℃/s，当温度达到 288 ℃后，升温速度增加，聚氨酯软泡氧化反应加剧。在加热强度为 2.56 kW/m²、3.44 kW/m²、4.42 kW/m² 和 5.03 kW/m² 条件下，当聚氨酯软泡升温至 285 ℃左右时，温度导数开始增加，说明此温度点是外加热流强度和材料热释放速率开始大于材料吸热和热损失的临界点，当聚氨酯软泡温度升高至 285 ℃左右，聚氨酯软泡氧化反应加剧。

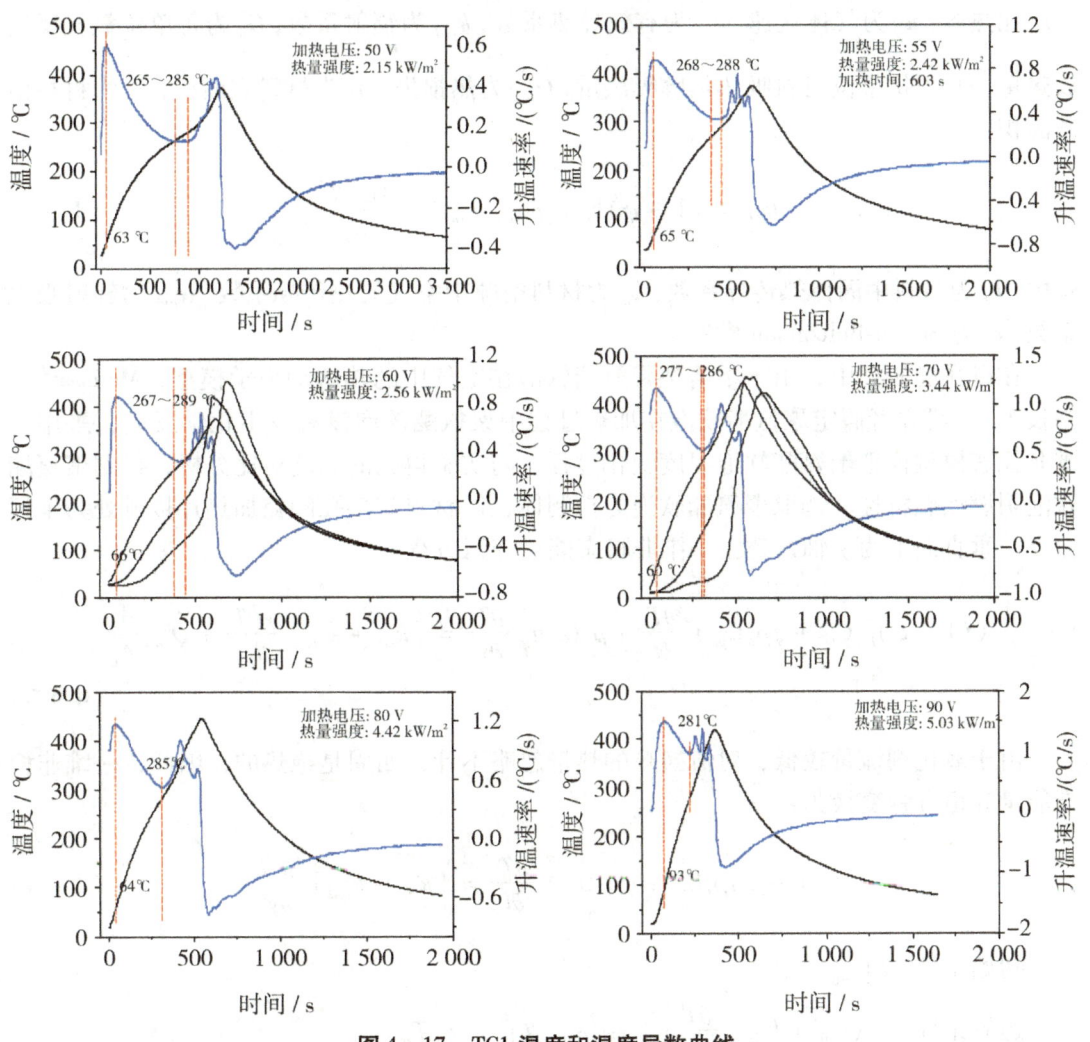

图 4-17 TC1 温度和温度导数曲线

由于阴燃传播速率远远小于气固两相之间的传热率，可假定阴燃过程气固两相之间保持热平衡 $T_g = T_f$，升温过程中多孔度和各组分定压比热容保持不变，简化为一维非稳态模型，建立能量平衡方程：

$$((1-\varphi)\rho_f C_{pf} + \varphi\rho_a C_{pa})\frac{\partial T}{\partial t} + \rho_a C_{pa} u_g \frac{\partial T}{\partial y}$$

$$= (k_{eff} + k_{rad})\frac{\partial^2 T}{\partial y^2} + Q_o \frac{\mathrm{d}\dot{m}''_o}{\mathrm{d}y} + Q_p \frac{\mathrm{d}\dot{m}''_f}{\mathrm{d}y} + \dot{Q}''_{loss}\frac{A_L}{A_C} \quad (4-1)$$

其中，$\varphi$ 为聚氨酯软泡多孔度，$\rho_f$ 为材料密度，$C_{pf}$ 为定压热容，$\rho_a$ 为空气密度，$C_{pa}$ 为空气定压比热容，$u_g$ 为气体流速，$k_{eff}$ 为有效导热系数，$k_{rad}$ 为辐射系数，$Q_o$ 为每单位氧气反应放热量，$Q_p$ 为每单位材料吸热热解吸热量，$\dot{Q}''_{loss}$ 为热损失，$A_L$ 为材料表面积，$A_C$ 为材料横截面积：

$$k_{eff} = (1-\varphi)k_f + \varphi k_a, \quad k_{rad} = \frac{16\sigma T^3}{3\alpha_{rad}} \quad (4-2)$$

式中，$k_f$ 为材料中固体热传导系数，$k_a$ 为材料空隙中空气的热传导系数，$\alpha_{rad}$ 为辐射吸收系数，$\sigma$ 为 Stefan-Boltzmann 常数。

在以往的研究中，由于不清楚聚氨酯软泡在空气中的热解动力学模型，Melissa[25]、路长等[125]研究者假定聚氨酯软泡在加热过程中聚氨酯软泡没有发生化学反应，采用一维非稳态模型模拟聚氨酯软泡温度变化过程，与实验得到的温度对比分析，得到聚氨酯软泡阴燃点燃特性。选取聚氨酯软泡为控制体，以材料与多孔陶瓷加热片接触处为坐标原点，垂直向上为 $y$ 轴，建立一维非稳态能量守恒方程：

$$((1-\varphi)\rho_f C_{pf} + \varphi\rho_a C_{pa})\frac{\partial T}{\partial t} + \rho_a C_{pa} u_g \frac{\partial T}{\partial y} = [k_{eff} + k_{rad}]\frac{\partial^2 T}{\partial y^2} + \dot{Q}''_{loss}\frac{A_L}{A_C} \quad (4-3)$$

由于氧化剂流量较低，对流换热的热量忽略不计，四周是绝热的，因此，一维非稳态能量守恒方程变换为：

$$((1-\varphi)\rho_f C_{pf} + \varphi\rho_a C_{pa})\frac{\partial T}{\partial t} = [k_{eff} + k_{rad}]\frac{\partial^2 T}{\partial y^2} \quad (4-4)$$

初始条件：$T|_{t=0} = T_\infty$。

边界条件：$-(k_{eff} + k_{rad})\frac{\partial T}{\partial y}|_{y=0} = q_0$，$T|_{y=L} = T_\infty$。

对能量方程进行相似变换,可得方程的定解方程:

$$T(x,t) = \frac{2q_0}{\lambda}\sqrt{\frac{\alpha t}{\pi}}\exp(-\frac{x^2}{4\alpha t}) - \frac{q_0 x}{\lambda}erfc(\frac{x}{2\sqrt{\alpha t}}) + T_\infty \quad (4-5)$$

$$\lambda = k_{eff} + k_{rad}, \quad \alpha = \frac{k_{eff} + k_{rad}}{(1-\varphi)\rho_s C_{ps} + \varphi\rho_a C_{pa}} \quad (4-6)$$

表 4-2 聚氨酯软泡物理化学参数

| 参数 | 数值 | 参数 | 数值 |
|---|---|---|---|
| 多孔度 ($\varphi$) | 0.969 | 聚氨酯定压热容 ($c_s$) | 1.79 kJ/(kg·K) |
| 渗透率 ($p$) | 3.857×10$^{-10}$ m² | 有效热导率 ($k_{eff}$) | 0.065 7 W/(m·K) |
| 聚氨酯固体密度 ($\rho_s$) | 570.46 kg/m³ | 有效辐射率 ($k_{rad}$) | 0.047 5 W/(m·K) |
| 聚氨酯软泡密度 ($\rho_f$) | 18.968 kg/m³ | | |

上述定解方程的边界条件是在恒定热流下,试验中多孔陶瓷加热片对聚氨酯软泡的加热过程中,由于要加热多孔陶瓷,其热流并不是恒定的。通过热流计测量的热流可以表明,简单根据电压调压器中的电压和加热丝的电阻来计算热流强度是不正确的,图4-18 为在电压为 50 V 时的热流强度变化图。因此,采用分段差分的方法来计算变化热流强度下的温度分布。

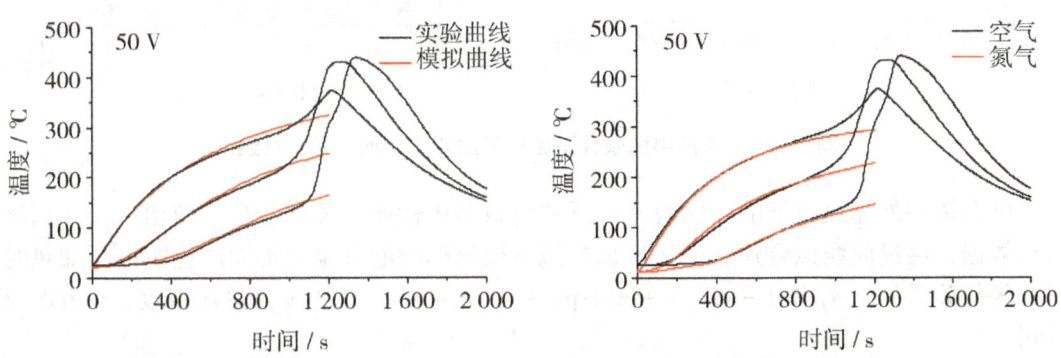

图 4-18 50 V 时无反应模拟、氮气和空气条件下聚氨酯软泡温度变化曲线

从图 4-18 中可以看到,TC1 在外加热流下从常温升温至 220 ℃,实验曲线与无化学反应模拟曲线重合;当 TC1 达到 220 ℃ 后,无反应模拟曲线超过实验曲线,聚氨酯软泡开始发生热解吸热反应,使聚氨酯软泡升温变慢;随着聚氨酯软泡温度的升高,在 265 ℃ 左右,空气气氛下 TC1 温度开始大于氮气气氛下的温度,这表明聚氨酯软泡开始发生氧化放热反应;随着温度的升高,聚氨酯软泡氧化反应速率增加,TC1 升温速率逐渐增大,在 310 ℃ 左右温度快速升高,实验曲线超过无反应模拟曲线。上述温度变化特

性主要由聚氨酯软泡热解过程中热释放速率变化导致，过程遗传算法建立的"多组分四阶段"动力学模型可以很好地解释点燃过程中温度的变化特性。而无化学反应模型由于忽略空气对流作用，以及选取相关热物性参数的正确性，不能从聚氨酯软泡自身热解变化角度解释阴燃点燃过程。

### 4.4.3 热流强度对点燃时间的影响

图 4-19 为聚氨酯软泡阴燃引燃阶段，不同热流强度条件下聚氨酯软泡引燃所需的时间关系图。从图中可以看到，热流强度为 2.02 kW/m² 是聚氨酯软泡能否引燃的一个临界点，当热流强度小于临界点时，外加热释放速率和材料受热氧化产生热小于向外界散热量以及材料热解的吸热量，导致聚氨酯软泡的温度较低，材料大部分发生热解吸热反应，而氧化反应则反应速率较慢，使得反应区域的能量无法蓄积。随着加热强度的升高，点燃时间呈指数形式下降，如图 4-20 各特征温度区也呈相同趋势下降。

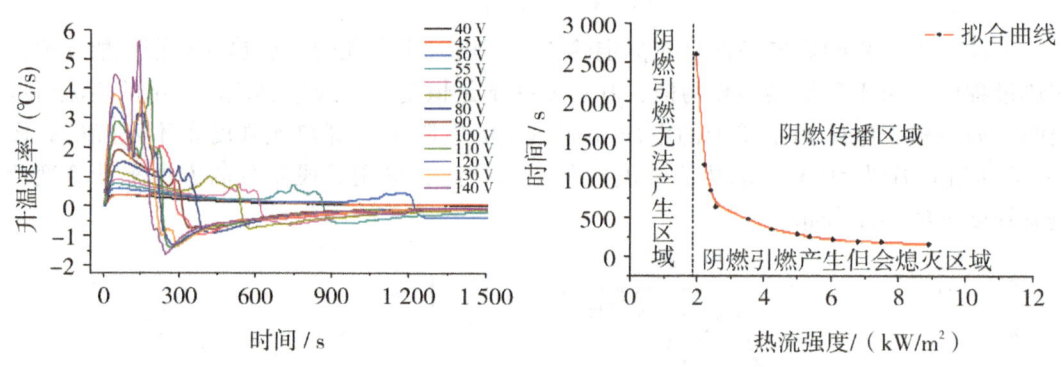

图 4-19　不同热流条件下温度导数变化、加热时间曲线

可燃物在外加热流下的点燃时间是反映材料防火性能的关键参数。使用小尺寸阴燃实验数据，通过曲线拟合建立了在外加热流下聚氨酯软泡升温至不同反应阶段与加热时间的函数关系 $y = A_1\exp(-x/t_1) + A_2\exp(-x/t_2) + y_0$，其中 $x$ 为热流强度，$y$ 为加热时间。

表4-3　变热流条件下 TC1 处聚氨酯软泡不同热解阶段拟合曲线

| 反应阶段 | $A_1$ | $A_2$ | $t_1$ | $t_2$ | $y_0$ | $R^2$ |
| --- | --- | --- | --- | --- | --- | --- |
| 室温至停止加热 | 2 850.993 | 5.841 | 1.565 | 0.075 97 | 165.556 | 0.997 9 |
| 室温至自加热酝酿期 | 710.523 | 283.957 | 0.107 | 2.156 00 | 41.113 | 0.995 0 |
| 室温至热解吸热期 | 4.736 | 1 656.701 | 0.091 | 1.691 00 | 63.237 | 0.996 9 |
| 氧化放热期至停止加热 | 3.468 | 1 188.036 | 0.056 | 1.394 00 | 100.742 | 0.998 4 |

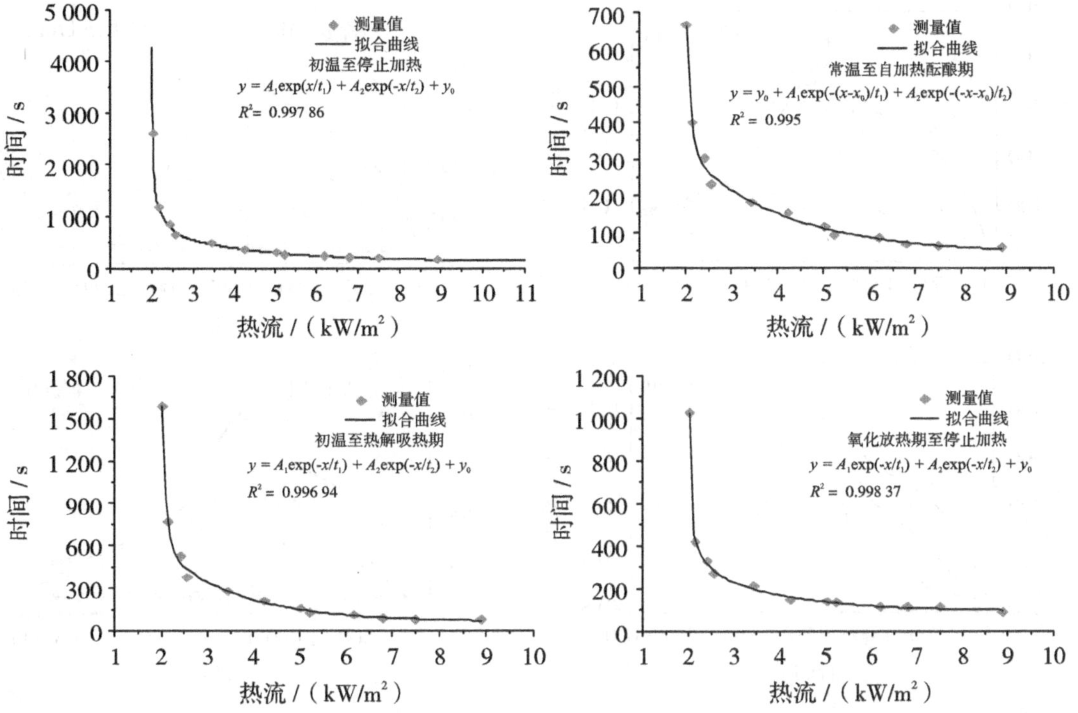

图4-20 聚氨酯软泡阴燃点燃过程不同反应阶段的时间曲线

## 4.5 氧化剂流量的影响

在外加热流下，阴燃能否点燃的关键是聚氨酯软泡自身与氧气间的异相表面反应所释放的热量和从反应区通过热导对流辐射到周围环境的热量之间的平衡而得以自维持传播。当氧化剂流速较低时，没有足够的氧气与聚氨酯软泡进行氧化反应，使得氧化反应释放热小于聚氨酯软泡热解和向周围散失的热量，阴燃不能点燃；反之，当聚氨酯软泡产生的热量不低于散失的热量时，阴燃能够点燃并向前传播，在一定条件下向有焰火转捩。

从图4-21中可以看出：随着氧化剂流量的增大，TC3升温至300 ℃的时间减小，当气体流量从0.25 L/min增大到2.5 L/min时，停止加热时间从1 420 s减小到1 041 s，表明增大氧气供给可以加剧聚氨酯软泡的热释放速率，增加聚氨酯软泡的升温速度；当氧化剂流量为0.25 L/min，0.375 L/min和0.437 5 L/min时，阴燃不能点燃，当增大到0.5 L/min时，阴燃能够点燃并向前传播，说明在外加热流为2.15 kW/m²、氧气浓度为21.7%以及30 mm处温度达到300 ℃停止加热条件下，氧化剂流量0.5 L/min是阴燃能否点燃并向前传播的临界点。

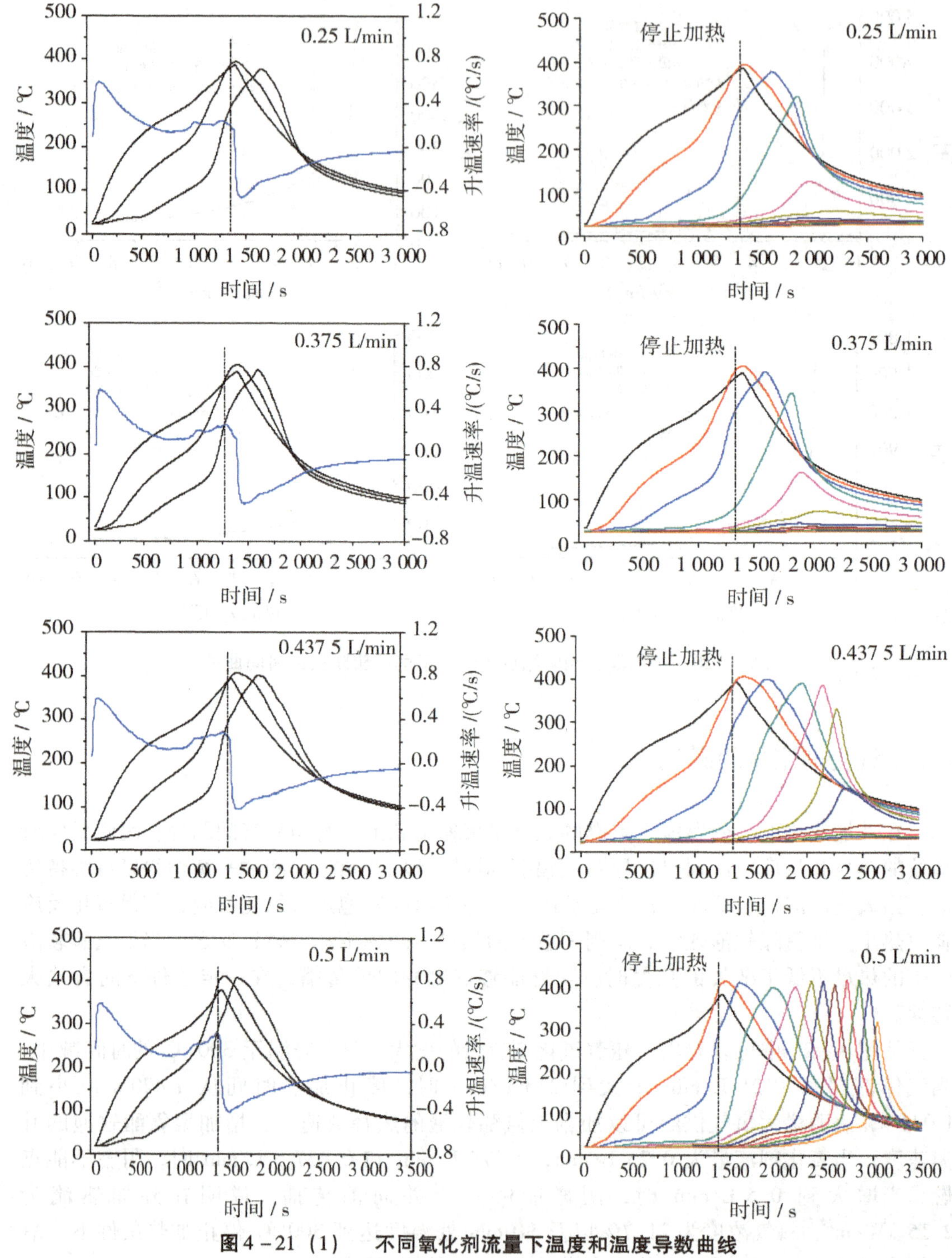

图 4-21（1） 不同氧化剂流量下温度和温度导数曲线

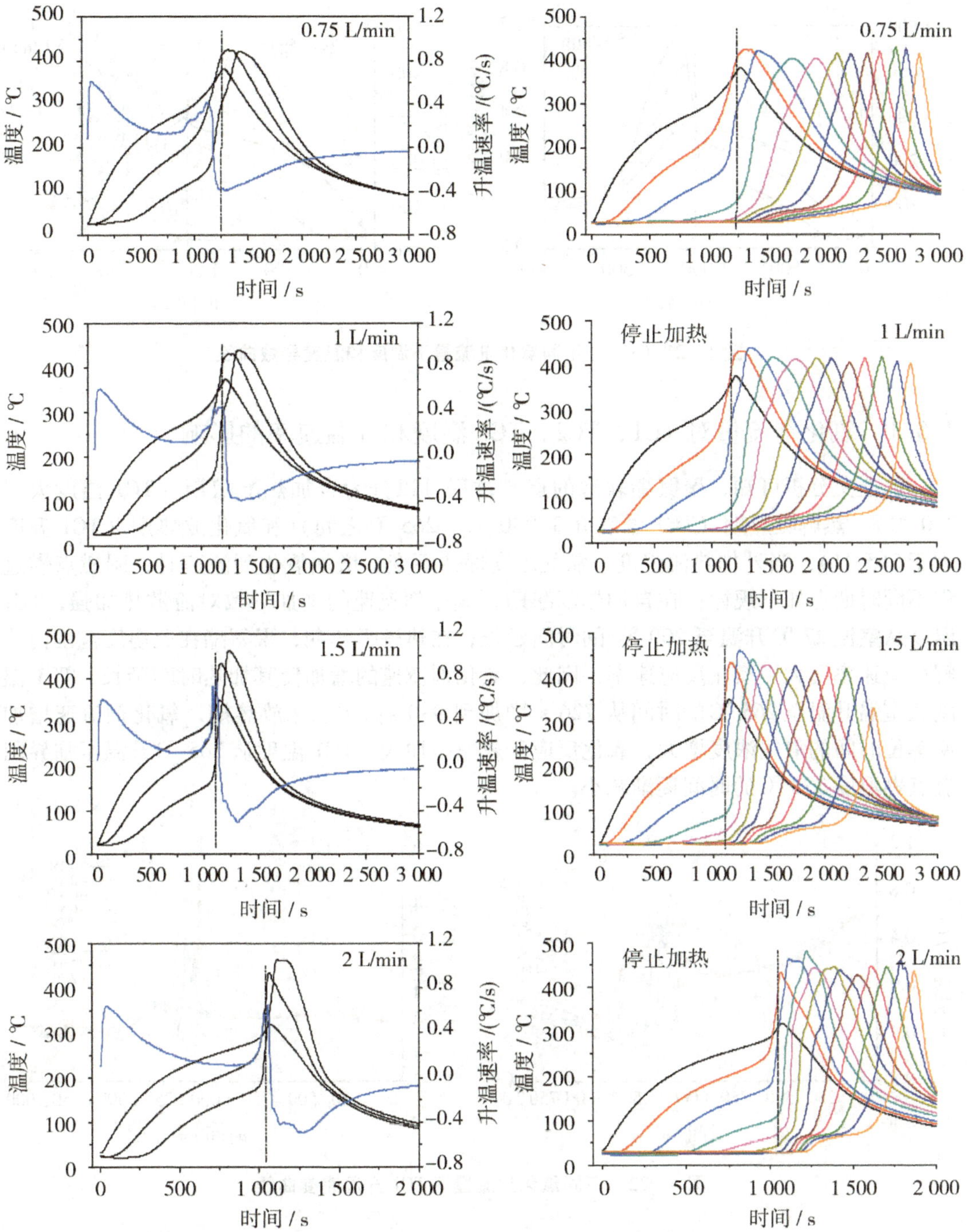

图 4-21（2） 不同氧化剂流量下温度和温度导数曲线

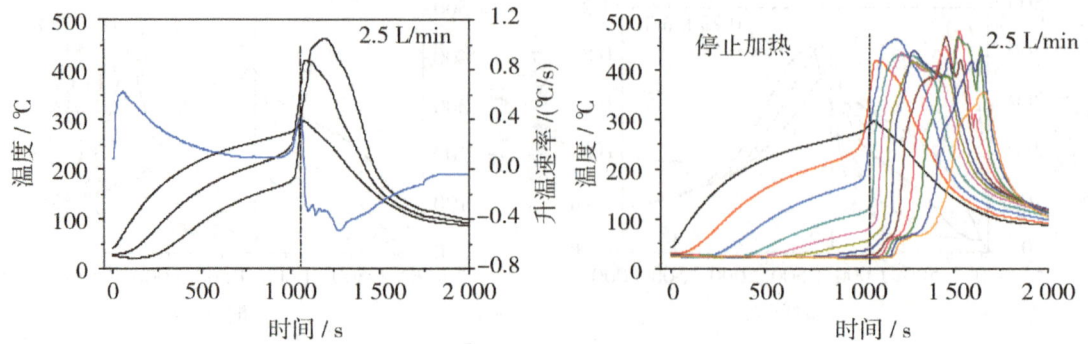

图 4-21（3） 不同氧化剂流量下温度和温度导数曲线

## 4.5.1 氧化剂流量对 TC1，TC2，TC3 温度和升温速率的影响

从上文分析可知，聚氨酯软泡的点燃过程可以分为自加热酝酿期（TC1 温度大于 230 ℃）、热解吸热期（TC1 温度介于 230 ℃～265 ℃之间）和氧化放热期（TC1 温度大于 265 ℃）。当外加热流强度、氧气浓度保持不变，增加氧化剂流速时，阴燃点燃过程不同时期有如下规律：在自加热酝酿期，氧化剂流速的增加导致对流散热加强，TC1 温度从室温 27 ℃升温至 200 ℃ 的时间延长；在热解吸热期，聚氨酯在此温度范围内热解反应速率远大于氧化反应速率，因此，氧化剂流速的增加使其加热时间延长，TC1 温度从室温升温至 265 ℃的时间从 726 s 增加到 930 s；在氧化放热期，氧化剂流速增加使单位时间的氧气浓度增大，氧化反应释放速率加大，TC1 温度从 265 ℃升温至临界阴燃点燃温度 328 ℃的时间逐渐减小。

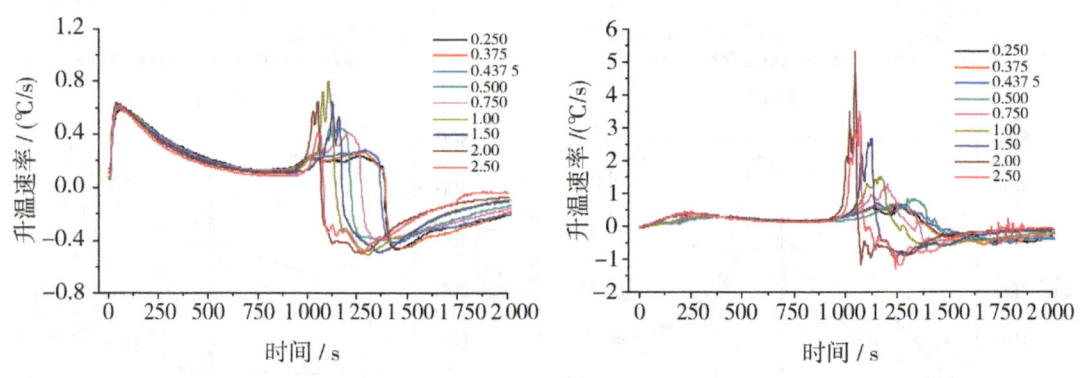

图 4-22 不同氧化剂流量下 TC1 升温速度曲线

图 4-23 分别是氧化剂流量为 0.25 L/min，0.375 L/min，0.437 5 L/min 和 0.5 L/min 时，TC1，TC2 和 TC3 的温度和升温速率曲线。从图中可以得到：随着氧化

剂流速的增加，TC1 氧化放热期的温度变化速率也开始增加，从 0.215 ℃/s 增大到 0.321 ℃/s，表明聚氨酯氧化反应的热释放速率增大。TC2 和 TC3 的升温速率主要由两个升温峰组成，第一个升温峰主要是由前面聚氨酯软泡释放的热量通过热导对流加热形成的，升温范围为从常温加热至 300 ℃。在 300 ℃ 时阴燃前锋传播到此，聚氨酯软泡主要发生氧化放热反应，但由于氧化剂浓度的不同，导致氧化反应程度发生变化。从 TC3 升温速率来看，当 TC2 升温至 300 ℃ 时，TC2 处开始发生氧化放热反应释放出反应热，使得 TC3 处的温度快速升高，升温速率增大。当 TC2 温度升高到 400 ℃ 左右，升温速率开始减低时，TC3 的温度此时升高至 300 ℃，升温速率开始增加，说明开始发生氧化放热反应。但升温速率波动较大，主要是氧气供应不足，处于缺氧状态；另一方面，阴燃反应区并不是一个很窄小的反应区。从实验结果看，阴燃反应区的温度范围在 300 ℃ 到最高温 400 ℃ 左右，即升温速率曲线第二个升温峰。因此，第二个升温峰的大小和反应时间范围对阴燃点燃和传播起着非常重要的作用。

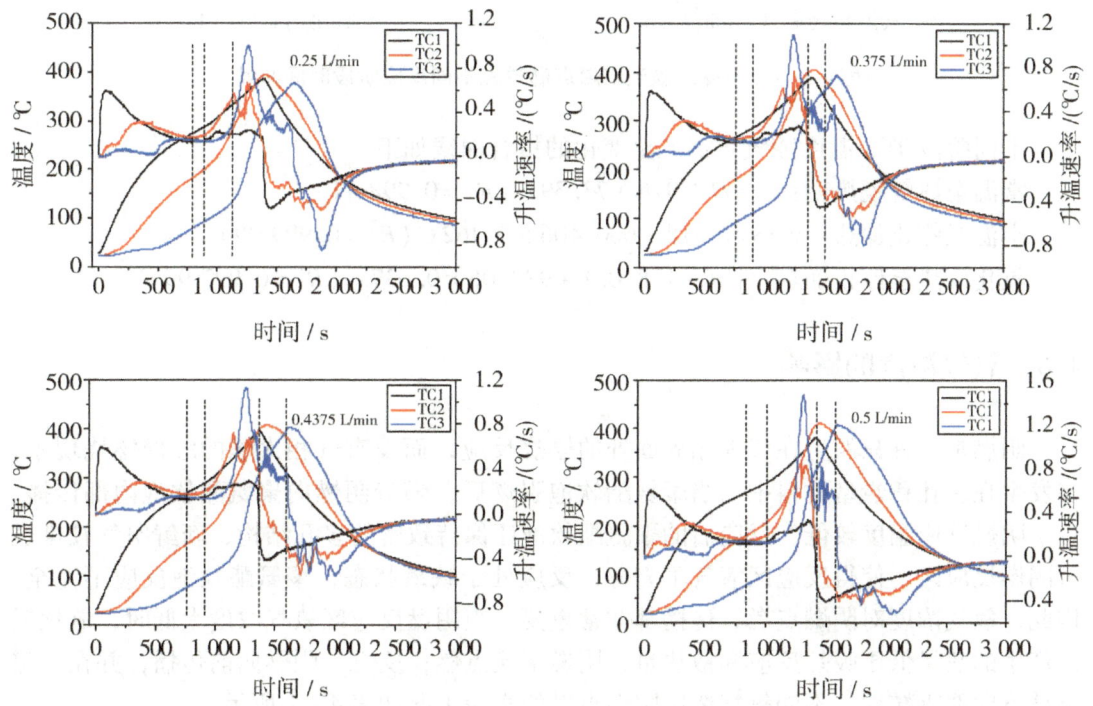

图 4-23　热解条件下 TC1，TC2 和 TC3 温度和升温速率曲线

## 4.5.2　氧化剂流量对阴燃点燃时间的影响

氧化剂流量的变化使聚氨酯软泡对流、散热和氧气供给发生变化，从而使阴燃点燃

过程中不同阶段的温度变化与热流强度条件下有很大的不同。在自加热酝酿期，随着氧化剂流量的增大，对流传热加剧，TC1 处的聚氨酯软泡从常温升高至热解吸热期时所需时间呈单调增加；而在氧化放热期，氧化剂流量的增加使单位时间氧化区域氧气供给增加，点燃时间减小。

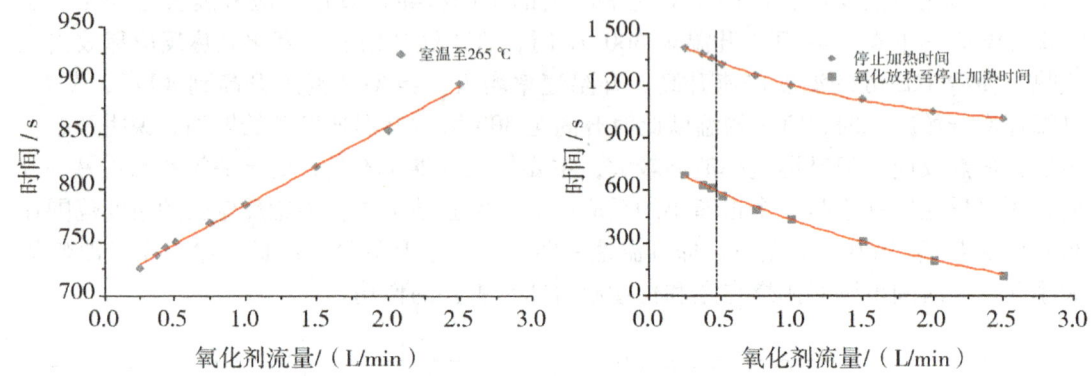

图 4-24 聚氨酯软泡阴燃点燃过程不同反应阶段时间曲线

不同阶段 TC1 温度随氧化剂流量变化的拟合曲线如下：
常温至热解吸热期：$y = 710.976 + 73.39x$ （$R^2 = 0.998\,41$）。
常温至停止加热：$y = 927.318 + 600.406 \times 0.462x$ （$R^2 = 0.999\,09$）。
氧化放热至停止加热：$y = -198.031 + 987.06 \times 0.637x$ （$R^2 = 0.997\,99$）。

## 4.6 氧气浓度的影响

阴燃是一种只发生在气固相界面处的燃烧反应，而没有气相火焰的缓慢燃烧现象，多发生在多孔积炭型材料中。当聚氨酯软泡引燃后，随着阴燃向聚氨酯软泡内部传播，由于阴燃反应温度较低，反应后的聚氨酯软泡还保持致密的多孔结构，新鲜空气较难进入阴燃反应区，使得反应区氧气不充分，反应处于缺氧状态，聚氨酯软泡反应不完全。因此，氧气浓度对阴燃点燃、传播都非常重要，当阴燃反应区氧气浓度太低时，氧化反应产生的热量低于吸热反应和散热量，阴燃不能点燃；反之，阴燃向前传播，并在一定条件下向明火转换。不同氧气浓度阴燃点燃的实验工况如表 4-1 所示。

图 4-25 为氧气浓度为 0 时，TC1，TC2 和 TC3 测量点的温度、温度微分和各热电偶测量点温度变化图。从左图可以得到：由于多孔陶瓷的热容远小于聚氨酯软泡，加热后升温速率快速增加，到一定时间后开始降低，当 TC1 温度升高到 330 ℃ 后就不再增加，此时保持热平衡。因氧气浓度为 0 时，聚氨酯只发生热解吸热反应，没有发生氧化放热反应，因此从 TC1 温度微分曲线可以看出：当温度刚开始达到最高点后就快速降

低直至达到热平衡，升温速率为0，显然没有氧气使得聚氨酯经过加热后保持热平衡，由于没有氧化反应产生，阴燃不能发生。

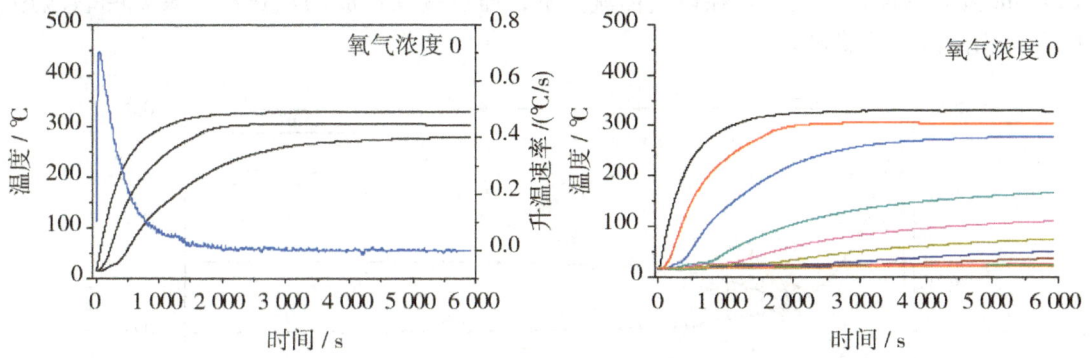

图4-25 氮气条件下温度和温度导数曲线

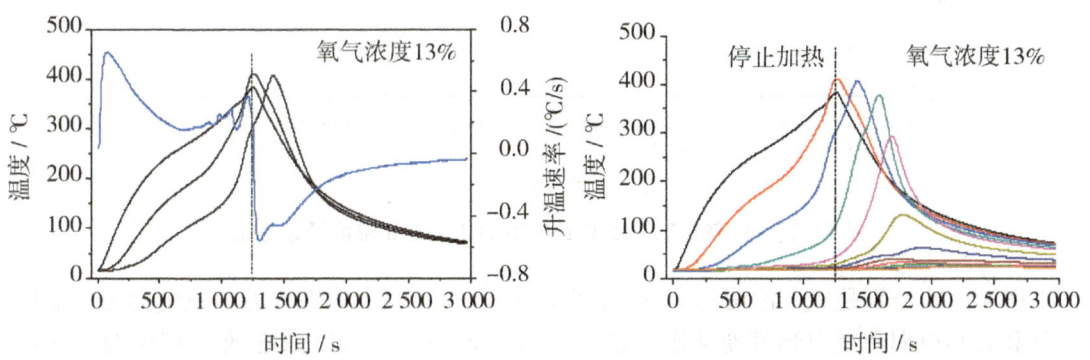

图4-26 氧气浓度13%下温度和温度导数曲线

从图4-27可以看出，由于氧气与聚氨酯软泡发生氧化反应释放热量，使聚氨酯软泡温度升高。从TC1温度微分曲线对比可以得到氧化反应开始的温度在265 ℃左右，因为当氧气开始与聚氨酯发生反应释放热量时，温度微分开始升高，氧气浓度为0和13%时的温度微分曲线从265 ℃开始分离，这说明在此温度点聚氨酯开始发生氧化反应释放出热量。从聚氨酯热重实验结果也可以得到：聚氨酯在200 ℃开始发生热解失重，265 ℃发生氧化反应。当TC3温度达到300 ℃停止加热，TC3处由于温度高于氧化反应温度265 ℃，使得此处氧化反应继续发生，但由于氧浓度较低，聚氨酯软泡反应不完全，使得TC3处最高温度只有409 ℃。TC3处上方的未燃物由于对流辐射的热作用温度升高，当氧气进入此处便与其发生氧化反应释放热量，由于氧气浓度较低，通过氧气释放的热量小于热解和散热量时，TC4和TC5处的最高温度只有378 ℃和293 ℃，阴燃传播逐步停止。随着氧气浓度从13%升高至17%，在氧化放热期内，由于氧气浓度增大使得氧化反应速率加剧,热释放加大,TC1 的最大升温速率达到 0.65 ℃/s,所需的点燃时间减小。与氧浓度为 13% 时各温度测量点相比,各点温度升高,引燃传播至 120 mm 处开始停止,主要是在该气体流量下,通过氧气释放的热量小于聚氨酯软泡热解和向周围散失的热量。

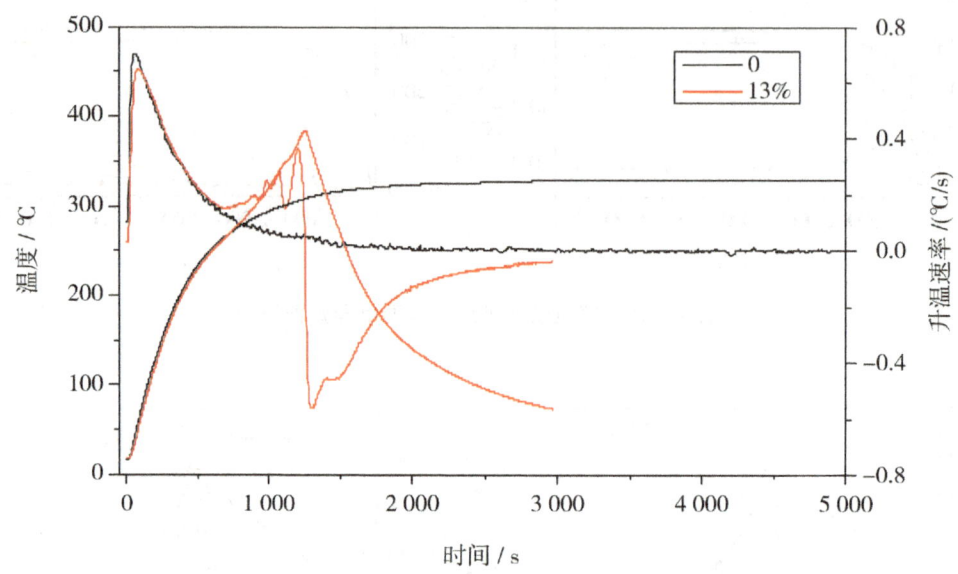

图 4-27　氮气和氧气浓度 13% 下 TC1 温度和温度导数对比

图 4-28 分别是氧气浓度为 17% 到 50% 时,TC1,TC2 和 TC3 测量点的温度、温度微分和各热电偶测量点温度变化图。从图中可以得到,当氧气浓度低于 17% 时,阴燃点燃后在传播很小一段距离后就开始熄灭,并且后面温度测量点的最高温度都低于 400 ℃,这可以从氧浓度为 13% 和 17% 的两个图中分析到;当氧浓度从 21% 升高到 50% 时,从 TC1 各温度微分曲线对比可以分析,当 TC1 温度升高到 265 ℃ 时,各微分曲线开始偏离氧浓度为 0 的曲线,氧浓度越高,升温速率也越高;当 TC1 升高到 280 ℃ 时,升温速率快速增大,说明此温度氧化反应加剧;在加热过程中,氧浓度从 0 升高到 50% 的过程中,TC1 最大升温速率分别为 0、0.369 ℃/s、0.653 ℃/s、0.843 ℃/s、1.067 ℃/s、1.195 ℃/s、1.348 ℃/s、1.916 ℃/s 和 2.427 ℃/s。

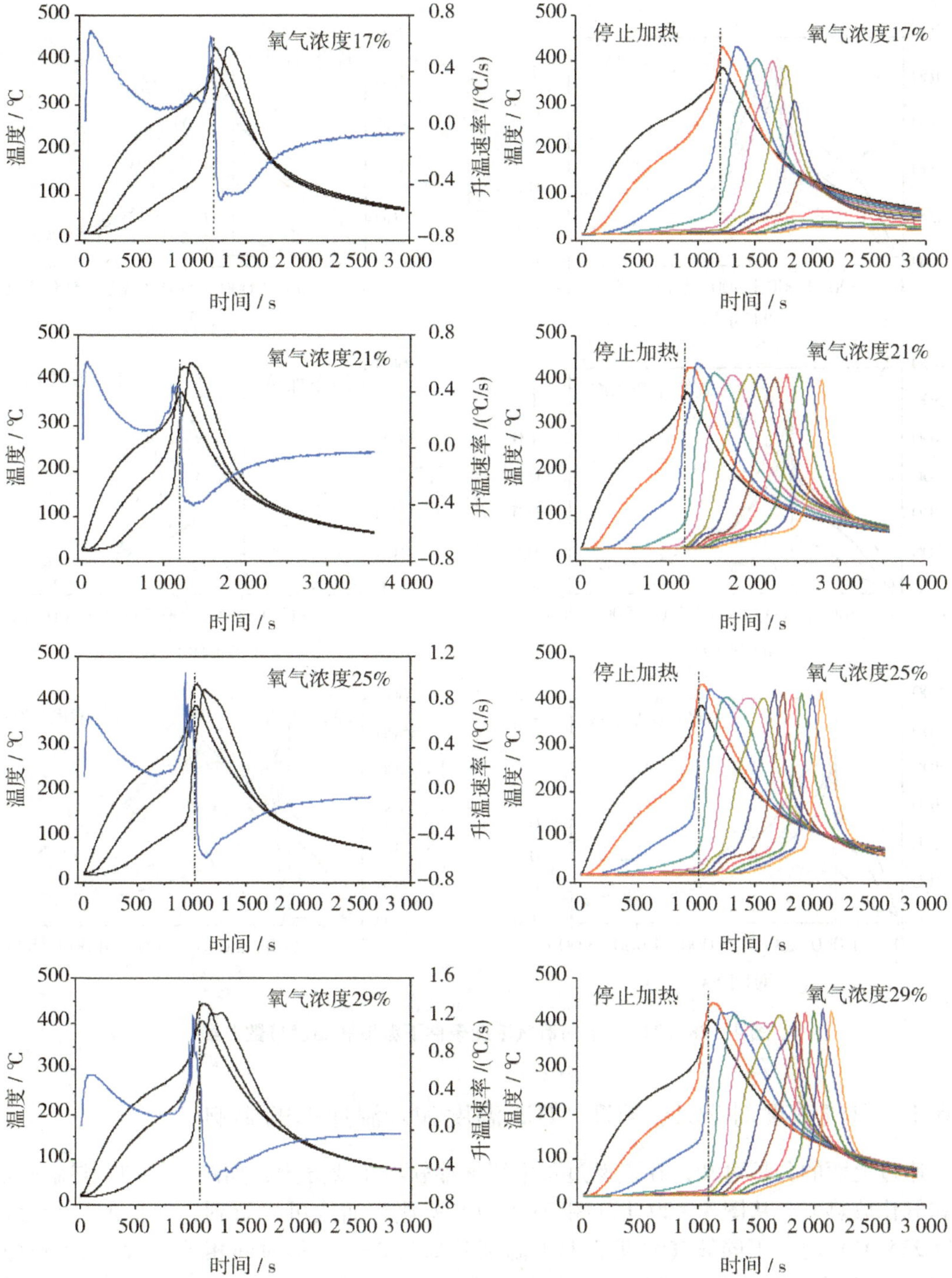

图 4-28（1） 不同氧气浓度条件下温度和温度导数曲线

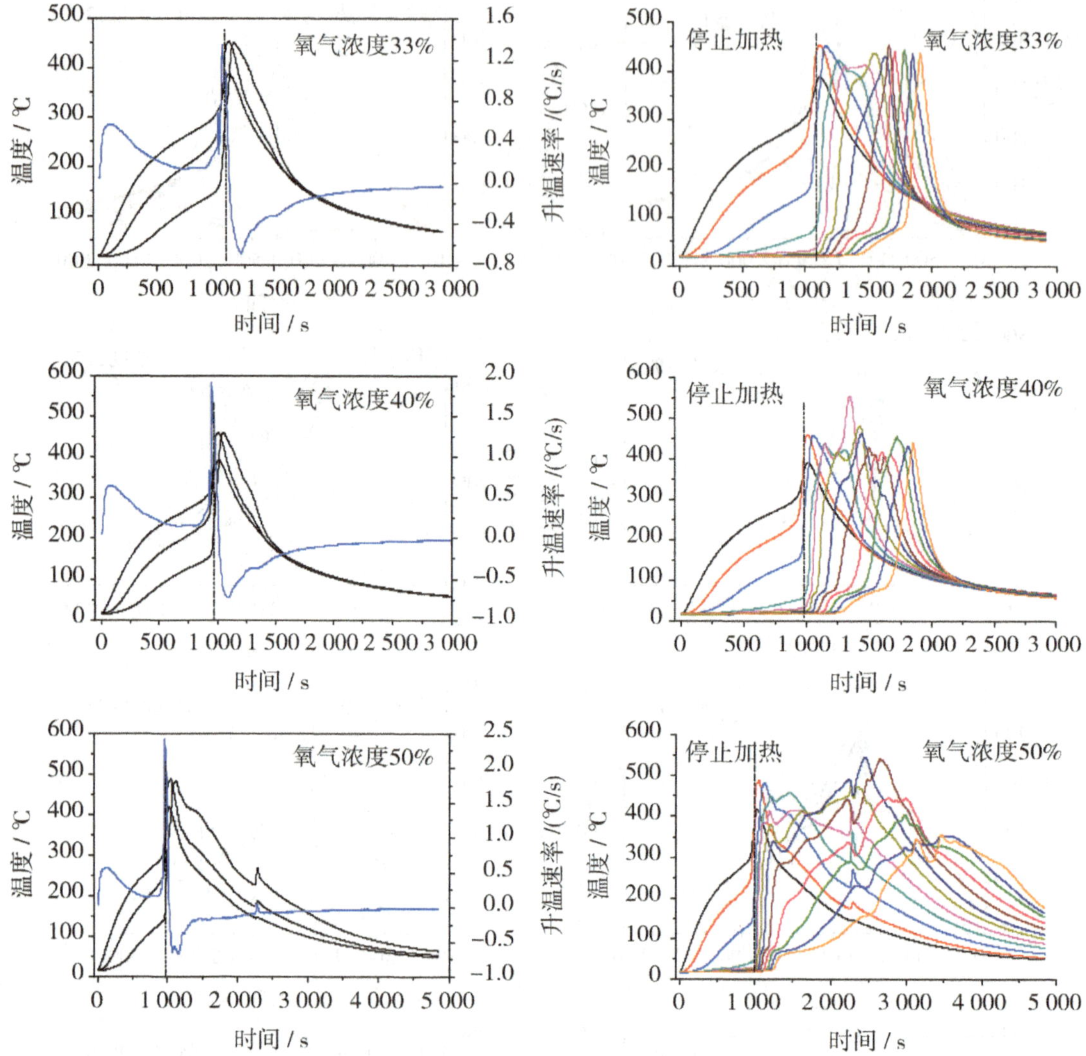

图 4-28（2）　不同氧气浓度条件下温度和温度导数曲线

## 4.6.1　氧气浓度对 TC1，TC2，TC3 温度和升温速率的影响

通过上面的分析可知，在点燃过程中聚氨酯软泡主要分为自加热酝酿期、热解吸热期和氧化放热期。从图 4-29 TC1 和 TC2 的升温速率曲线可以看到：在自加热酝酿期（$T \leqslant 235$ ℃）时，不同氧气浓度下 TC1 温度升高到 235 ℃ 的时间相差不大，平均时间为 420 s，最大、最小加热时间相差 20 s 左右；TC2 平均温度 110 ℃，这主要是初始加热温度存在差异、采用电压调压器调节电阻丝两端的电压有误差等原因，但从 TC1 和

TC2 温度和升温速率曲线得出，在自加热酝酿期，氧气浓度对点燃没有影响，因为在此温度范围内聚氨酯软泡不会发生化学反应；在热解吸热期（235 ℃≤$T$≤265 ℃），由于外加热流相同，265 ℃是氧化反应释放的热量大于热解反应吸收热量的临界点，从 TC1 升温速率曲线也可以看到，在 265 ℃左右升温速率开始缓慢增大，在热解吸热期，随着氧气浓度的增大，TC1 温度升高至 265 ℃的时间没有明显变化，升温所需平均时间约 334 s，这主要是在该温度范围内，聚氨酯软泡的热解反应程度远大于氧化反应，氧浓度的变化在热解吸热期对聚氨酯软泡化学变化的影响较小，不同氧浓度下 TC1 和 TC2 在该温度范围内的升温速率相等；当 TC1 温度大于 265 ℃后，不同氧浓度条件下的升温速率开始增大，氧浓度越大，升温速率也越大，达到停止加热条件（TC3 处温度为 300 ℃）所需的时间越小，这主要是由于在氧化放热期内，氧化反应速率开始增大，氧浓度的增加使得热释放速率变大，聚氨酯软泡快速升温。当氧化剂流量不变，氧气浓度过小，聚氨酯软泡氧化反应释放的热量小于热损失时，阴燃不能点燃，因此，氧化放热期的物理化学变化对阴燃的点燃和传播影响最大。

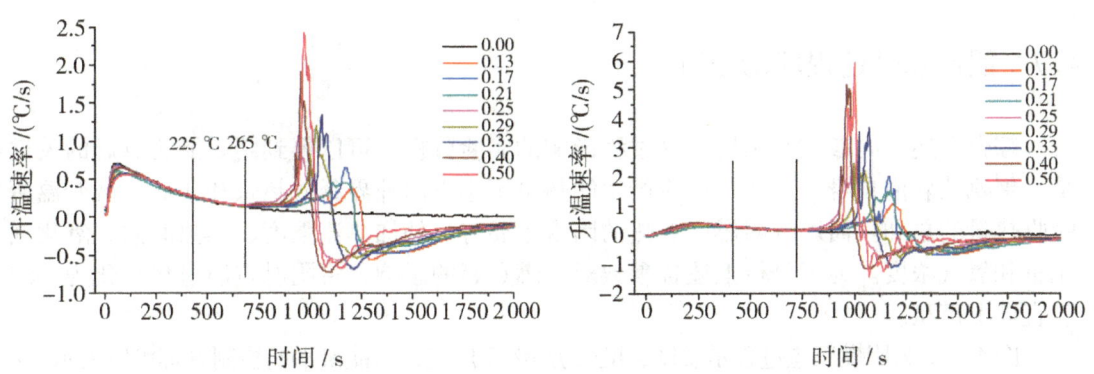

图 4-29　不同氧化剂流量下 TC1 和 TC2 温度导数变化曲线

### 4.6.2　氧气浓度对点燃时间的影响

由于实验误差，在自加热酝酿期和热解吸热期内不同氧浓度条件下，TC1 升温至临界温度（230 ℃和 265 ℃）的时间有一定差异。就理想状况而言，氧浓度的变化对聚氨酯软泡温度小于 265 ℃的影响不大。在氧化放热期内，氧气浓度对聚氨酯软泡化学变化和热释放速率影响较大，图 4-30 为不同氧浓度下氧化放热期到停止加热时所需时间的拟合曲线，呈现指数二阶衰减关系，同理，常温至停止加热也出现指数二次衰减。两个拟合曲线衰减趋势相似，同样也表明了在常温至热解吸热期内氧浓度的变化对聚氨酯软泡温度的升高没有太大的影响。

常温至热解吸热：$y = 698.497 + 0.465x$ （$R^2 = 0.371$）。

常温至停止加热：$y = 927.96 + 655.936 \times 0.949x$ （$R^2 = 0.93151$）。
氧化放热至停止加热：$y = 162.7 + 737.778 \times 0.953x$ （$R^2 = 0.98947$）。

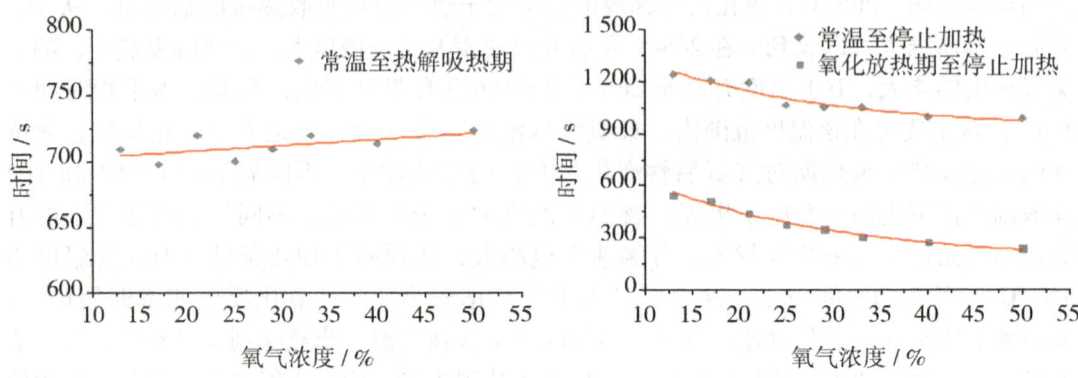

图 4-30 聚氨酯软泡阴燃点燃过程不同反应阶段下时间曲线

## 4.7 阴燃点燃过程理论分析

综合上述不同参数对阴燃点燃过程影响的实验分析，可以得到阴燃能否点燃的关键是：聚氨酯软泡自身氧化放热反应产生的热量不小于向外界释放热量和非放热区升温所吸收热量的总和。而影响阴燃区放热的因素主要有：外加热流强度、加热时间、氧化剂流量和氧气浓度。为了分析上述各参数对阴燃点燃的影响，将阴燃点燃过程简化为一维竖直向上模型。

图 4-31 为阴燃反应过程示意图，II 区为阴燃反应区，其能量平衡控制方程可以表示为：

$$((1-\varphi)\rho_f C_{pf} + \varphi\rho_a C_{pa})\frac{\partial T}{\partial t} + \varphi\rho_a C_{pa} u_g \frac{\partial T}{\partial y}$$
$$= [k_{eff} + k_{rad}]\frac{\partial^2 T}{\partial y^2} + Q_o \frac{\mathrm{d}\dot{m}''_o}{\mathrm{d}y} + Q_p \frac{\mathrm{d}\dot{m}''_f}{\mathrm{d}y} \quad (4-7)$$

式中，$u_g$ 为气体流速，$Q_o$ 为每单位氧气反应放热量，$Q_p$ 为每单位材料吸热热解吸热量。

将阴燃区看做坐标原点进行坐标变化，方程变换为：

$$((1-\varphi)\rho_f C_{pf} u_s + \varphi\rho_a C_{pa}(u_g - u_s))\frac{\partial T}{\partial y}$$
$$= [k_{eff} + k_{rad}]\frac{\partial^2 T}{\partial y^2} + Q_o \varphi\rho_a (u_g - u_s)\frac{\mathrm{d}Y_0}{\mathrm{d}y} - Q_p \frac{\mathrm{d}\dot{m}''_f}{\mathrm{d}y} \quad (4-8)$$

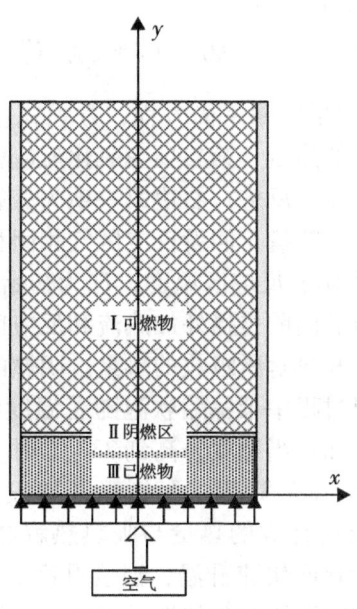

图 4-31　竖直向上聚氨酯软泡阴燃点燃过程

其中，氧气进入阴燃反应区为：

$$\dot{m}''_o = Y_o \varphi \rho_a (u_g - u_s) - \varphi \rho_a D \frac{dY_0}{dy} \tag{4-9}$$

$D$ 是氧气扩散系数，聚氨酯软泡进入阴燃反应：$\dot{m}''_f = (1-\varphi)\rho_f u_s$。

边界条件：

$$y = y_s, \ T = T_p, \ \dot{m}''_o = 0, \ \frac{\partial T}{\partial y} = -\frac{q_0}{(k_{eff} + k_{rad})}$$

$$y = L, \ T = T_i, \ \dot{m}''_o = \dot{m}''_{o,i}, \ \frac{\partial T}{\partial y} = 0$$

将能量控制方程沿 $y$ 轴从阴燃反应区 $s$ 到聚氨酯软泡末端 $L$ 进行积分，得到：

$$((1-\varphi)\rho_f C_{pf} u_s + \varphi \rho_a C_{pa}(u_g - u_s)) \int_0^L \frac{\partial T}{\partial y} dy$$

$$= [k_{eff} + k_{rad}] \left( \frac{\partial T}{\partial y} \bigg|_{y=L} - \frac{\partial T}{\partial y} \bigg|_{y=L} \right) + Q_o \varphi \rho_a (u_g - u_s) \frac{dY_0}{dy} - Q_p \frac{d\dot{m}''_f}{dy}$$

$$\tag{4-10}$$

$$q_0(y_s) + \varphi\rho_a Q_o Y_{0,i}(u_g - u_s)$$
$$= [(1-\varphi)\rho_f(C_{pf}(T_P - T_i) + Q_P)]u_s + [\varphi\rho_a C_{pa}(T_P - T_i)](u_g - u_s) \quad (4-11)$$

式（4-11）为阴燃反应区的能量平衡方程，方程式左边第一项为距离加热 $s$ 处阴燃反应区通过外加热流所吸收的热量；第二项为氧化反应释放的热量，该处假设阴燃是不充分反应，即氧气在阴燃区完全反应；右边第一项为聚氨酯软泡升温和热解反应所吸收的热量，第二项为气体带走的热量，假设反应区气相固相温度平衡。式中 $Y_{0,i}$ 为进入阴燃反应区的氧气浓度，$T_P$ 为阴燃反应区温度，$T_i$ 为初始温度。

由上式分析可知，阴燃能够向前传播外加热流和反应区氧化释放的热量要不小于阴燃区聚氨酯软泡、氧化剂升温和热解所吸收的热量。阴燃的点燃首先需要一定的外加热量使聚氨酯软泡升温，在升温过程中聚氨酯软泡随着温度的升高会发生物理化学变化，由热重分析和上述点燃实验可知：当温度升高到 230 ℃ 时，聚氨酯开始发生吸热热解反应，而后随着温度继续升高至 265 ℃ 后，聚氨酯开始发生氧化反应，当温度升至高 280 ℃ 时，外加热流和氧化反应释放的热量与吸热热解和散热量达到平衡，随着温度升高，氧化反应加剧，聚氨酯软泡快速升温，温度升高到 300 ℃ 时，氧化反应释放的热量大于吸热热解和散热量，阴燃能向前传播。因此，当停止外加热流，即 $q_0(y_s) = 0$ 时，阴燃能够点燃，阴燃波向前传播需要的热量应不小于阴燃反应区向加热区散失的热量：

$$x_{\min} \geqslant \lambda(T_P - T_A)/\rho C_p u_s(T_P - T_0) \quad (4-12)$$

因此，聚氨酯软泡能够阴燃的条件是应具有一定厚度作为阴燃发生氧化放热反应的区域[11]。不同工况条件下停止加热后，阴燃波从形成到向前传播过程中温度和阴燃区域厚度的变化如图 4-32 至图 4-35 所示，图中阴燃波相隔时间为 60 s。

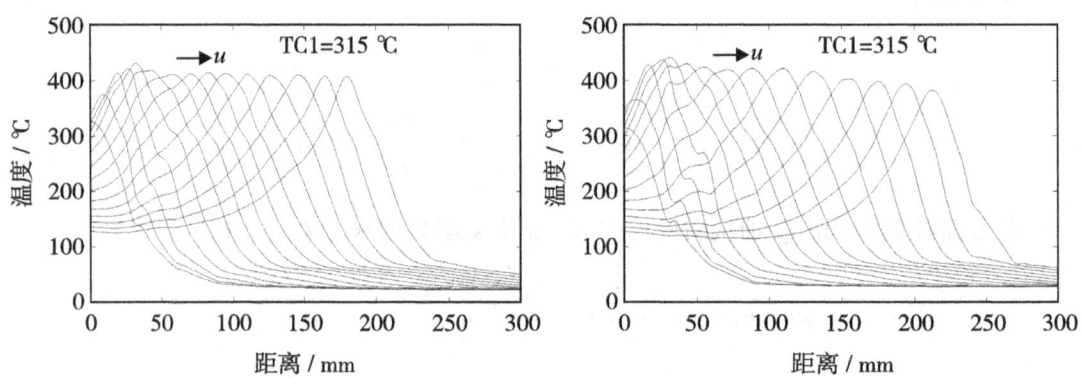

图 4-32 不同加热时间下聚氨酯软泡阴燃过程中阴燃波变化曲线

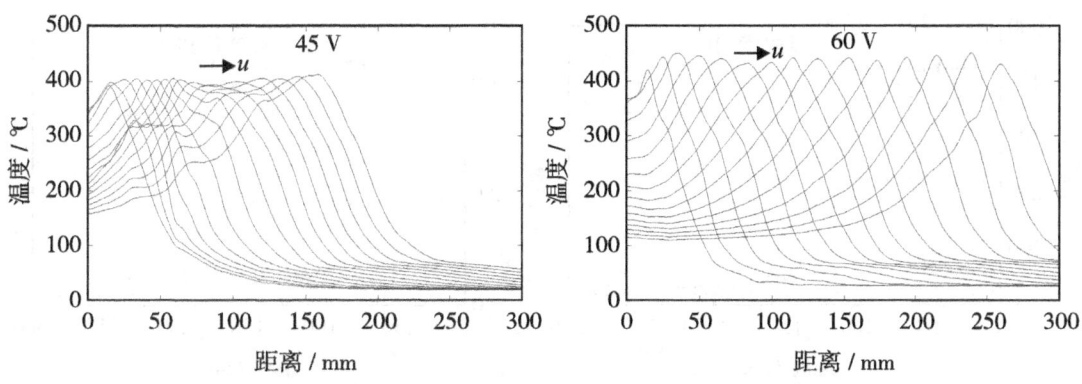

图4-33 不同热流强度下聚氨酯软泡阴燃过程中阴燃波变化曲线

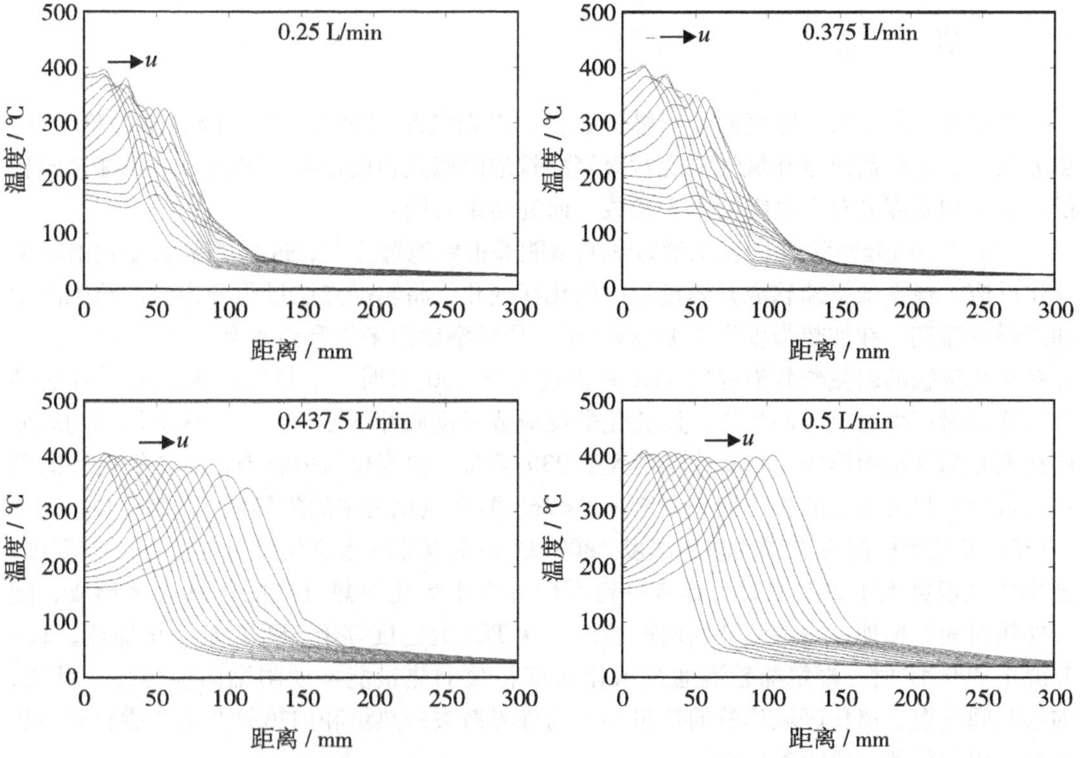

图4-34 不同氧化剂流量下聚氨酯软泡阴燃过程中阴燃波变化曲线

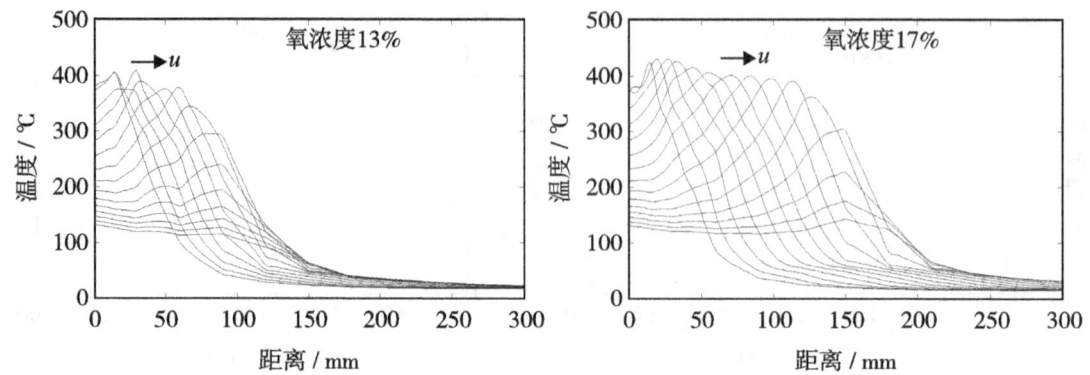

图 4-35　不同氧气浓度下聚氨酯软泡阴燃过程中阴燃波变化曲线

## 4.8　小结

采用自制的小尺寸竖直向上阴燃实验台，以聚氨酯软泡为对象，研究了加热时间、热流强度、氧化剂流量和氧气浓度对聚氨酯软泡阴燃点燃的影响，测量了聚氨酯软泡特征点温度和温度分布等关键的火灾参数。研究结果表明：

（1）"多组分四阶段"表观动力学模型能够很好地解释点燃过程中聚氨酯软泡热解氧化反应，根据聚氨酯软泡升温过程中的化学变化，将阴燃点燃过程分为自加热酝酿期和点燃延滞期。在加热强度为 2.15 kW/m²，聚氨酯软泡平均升温速率为 18 ℃/min，与加热片相接触的聚氨酯软泡温度 TC1 处温度小于 230 ℃ 时，聚氨酯软泡由外加热流通过对流辐射产生的热量而加热，没有化学反应或者反应并不显著，一个逐渐加热的表面层在聚氨酯软泡中形成；TC1 处温度大于 230 ℃ 时，根据聚氨酯软泡自身热解机理的特点，可分为热解为主的吸热期 230 ℃ < $T$ < 265 ℃ 和氧化为主的放热期 $T$ > 265 ℃，其中 $T$ = 328 ℃ 是阴燃能否点燃的临界温度，300 ℃ 是聚氨酯软泡氧化反应加剧的临界温度。当 TC1 处温度大于 265 ℃ 时，具有一定厚度并发生氧化放热反应的区域逐渐形成，随着加热时间的增加，阴燃波开始向前传播。在 TC1 处温度等于 328 ℃ 时停止加热，TC3 升温至 300 ℃ 时，聚氨酯软泡通过氧化区域释放的热量能推动阴燃向前传播；反之，加热时间过短，氧化区域释放的热量小于向外界散失的热量和加热前方聚氨酯软泡的热量时，阴燃传播一段距离后熄灭。

（2）聚氨酯软泡阴燃点燃临界热流强度为 2.02 kW/m²，随着外加热流强度的增加，点燃时间呈幂函数关系下降，点燃过程中自加热酝酿期、热解吸热期和氧化放热期温度点相应开始升高。从 TC1 温度微分曲线可以得到，在自加热酝酿期，温度微分减小，当升温至氧化放热期时，温度开始升高。外加热流强度越大，聚氨酯软泡升温速率增加，根据"多组分四阶段"表观动力学模型，各表观反应特征温度点也相应增大，处于氧化放热区域的聚氨酯软泡热释放速率加剧，升温速率也越大。

（3）聚氨酯软泡阴燃点燃临界氧化剂流量为 0.5 L/min。小于该临界条件，由于氧化区域中氧气与聚氨酯软泡氧化反应释放的热量小于该区域向外界散失的热量，阴燃不能点燃。随着氧化流量的增大，对流传热加剧，TC1 处的聚氨酯软泡从常温升高至热解吸热期时所需时间呈单调增加；而在氧化放热期，氧化剂流量的增加使单位时间氧化区域氧气供给增加，点燃时间减小。

（4）在外加热流强度为 2.15 kW/m$^2$，氧化剂流量为 1 L/min，TC3 升温至 300 ℃ 停止加热时，聚氨酯软泡能够点燃的氧气浓度为 21%。对比分析氧气浓度为 0 和 13% 时的 TC1 温度微分曲线可以得到，在该外加热流条件下，265 ℃ 是热解吸热期与氧化放热期的分解温度点。随着氧气浓度的升高，阴燃氧化区域中氧气供给增加，阴燃点燃时间减小。

（5）不同工况条件下阴燃点燃时间变化较大。在自加热酝酿期、热解吸热期，聚氨酯软泡没有发生氧化放热反应，在聚氨酯软泡内部没有形成热源，其温度的升高主要是外加热流下的对流辐射作用，点燃时间随热流强度增加呈指数减小，随氧化剂流量增加呈线性降低；在氧化放热期至停止加热时，热流强度同样呈指数变化，而氧化剂流量和氧气浓度的增加，使得单位时间下阴燃氧化区域中氧气供给增加，聚氨酯软泡氧化反应加剧，点燃时间呈幂函数减小。

# 5 聚氨酯软泡阴燃传播过程和生成物分析

阴燃是一种特殊的燃烧现象，与明火燃烧相比，有其显著的特点：缓慢、低温、无焰。聚氨酯软泡经外加热流点燃后通过可燃物自身与氧气间的异相表面反应所释放的热量和从反应区通过热导对流辐射到周围环境的热量之间的平衡而得以自维持传播。阴燃传播过程涉及化学反应动力学、流体力学、多孔介质的传热传质和表面化学反应等诸多问题，除了决定阴燃燃烧的热化学参数，可燃物自身的一些物理性质都对阴燃传播有着非常重要的影响。因此，阴燃火灾是一种非常复杂的燃烧现象。前人在研究阴燃时，常将其简化成一维反应过程，根据阴燃波的传播方向与氧化剂流动方向的异同，可分为反向阴燃和同向阴燃。在实际情况下，阴燃传播常伴有同向和反向传播，但通常以一种传播方式为主。

基于第四章小尺寸竖直向上聚氨酯软泡阴燃点燃实验的基础，分析加热时间、热流强度、氧化剂流量和氧气浓度工况条件下聚氨酯软泡阴燃反应速度、阴燃波形成、传播过程中各阴燃反应区域的变化状况，以及各测量点温度、温度导数和烟气中各组分变化，采用向前差分拟合的方法得到聚氨酯软泡阴燃二维和三维变化图。

## 5.1 温度差分拟合

由于阴燃装置在温度测量点上的局限性，高度为 360 mm 的聚氨酯软泡在阴燃过程中只安装 13 支铠装热电偶，各测量点间的距离较大，使得单位时刻的温度数据点较少，使计算阴燃三维分布、阴燃波变得困难，以图 5-1 中 210 mm 处的温度为例：与前后测量点的距离为 30 mm，而阴燃过程热解吸热区和氧化放热区的厚度通常为 10～20 mm。

图 5-1 显示各点温度变化具有相似的变化规律。当 0 mm 处聚氨酯软泡受到与之接触的多孔陶瓷加热片加热后，温度开始升高，在对流导热的作用下，离加热面较近的聚氨酯软泡缓慢升温；当 TC1 的温度升高至 300 ℃ 后，聚氨酯软泡氧化放热加快，TC2 和 TC3 处温度快速升高，氧化放热区域的厚度逐渐增大，一个通过气固异相放热反应形成的阴燃区缓慢向上传播；在到达阴燃峰值温度后，该点氧化反应降低且受到外加气流的冷却散热，温度快速降低。在阴燃向上传播过程中，各点聚氨酯软泡具有相同反应机理，温度曲线表现很好的相似性。因此，对温度数据采用向前差分拟合的方法，在 Matlab 中进行编程得到各点间距 5 mm 的温度数据。下图是采用差分拟合得到的温度

变化图，拟合曲线在预热、热解吸热、氧化放热和散热冷却阶段具有与实验曲线相似的变化趋势。

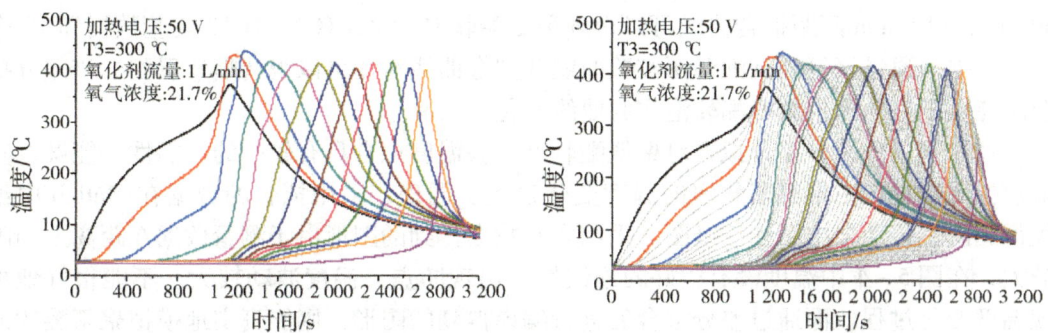

图 5-1 聚氨酯软泡阴燃传播过程中测量点及差分拟合后各点温度分布

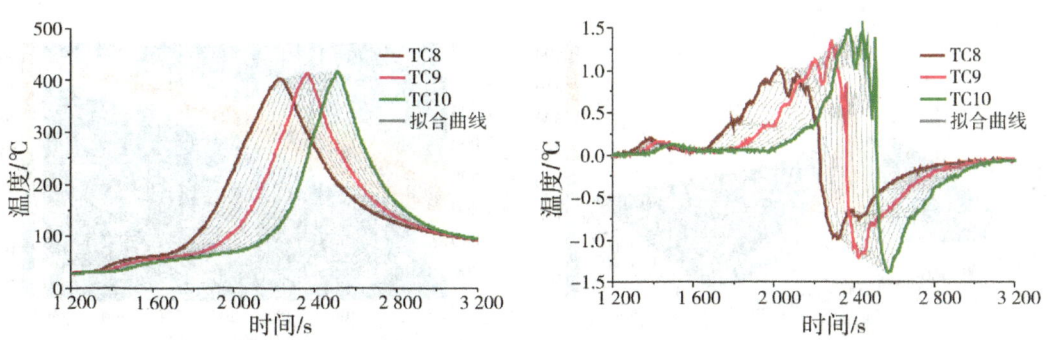

图 5-2 聚氨酯软泡在 210～270 mm 实验和拟合温度、温度导数曲线

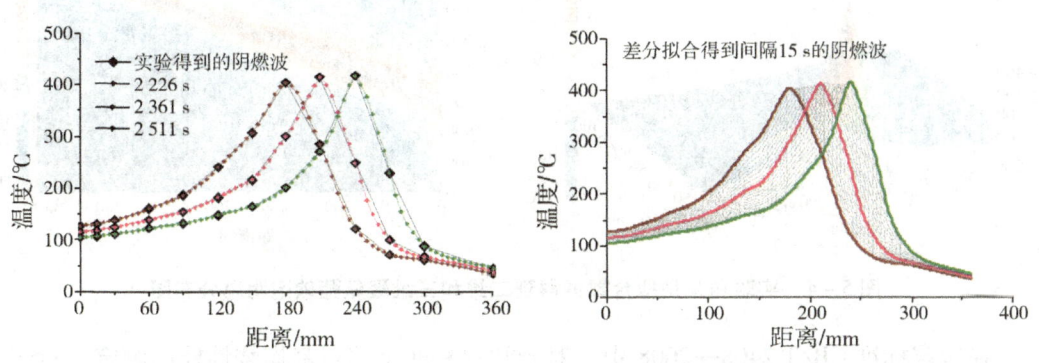

图 5-3 聚氨酯软泡 TC8，TC9，TC10 峰值温度时刻实验和间隔 15 s 拟合阴燃波曲线

为了分析差分拟合所得温度数据的合理性,对聚氨酯软泡在 210～270 mm 间测量数据和拟合数据的温度、温度导数、阴燃波进行对比分析。图 5-2 为聚氨酯软泡 210～270 mm 实验温度和拟合温度曲线,聚氨酯软泡 TC8 到 TC10 温度测量点相距 60 mm,以 5 mm 间距拟合曲线可以得到聚氨酯软泡 TC8,TC9,TC10 实验数据和 10 个拟合数据。通过聚氨酯软泡各图实验曲线和拟合曲线对比可以很清晰地看到,该差分拟合法能够很好地模拟聚氨酯软泡实验曲线变化。

通过上述分析,差分拟合对聚氨酯软泡实验温度拟合具有较好的可靠性,能够真实地模拟阴燃过程中聚氨酯软泡的温度变化过程。同理,采用拟合的数据在 Matlab 中编程得到阴燃传播二维图和三维图。采用实验数据得到的图形由于测量数据在距离上间隔较大,在图 5-4 中温度没有很好的连续性,出现断点,温度波动较大,不能很好地再现温度变化过程。而通过差分拟合后进行编译得到的图形,则能真实地模拟聚氨酯软泡阴燃在点燃、传播过程中的温度变化过程,各时刻下预热区、热解吸热区、氧化放热区和散热冷区厚度的变化。

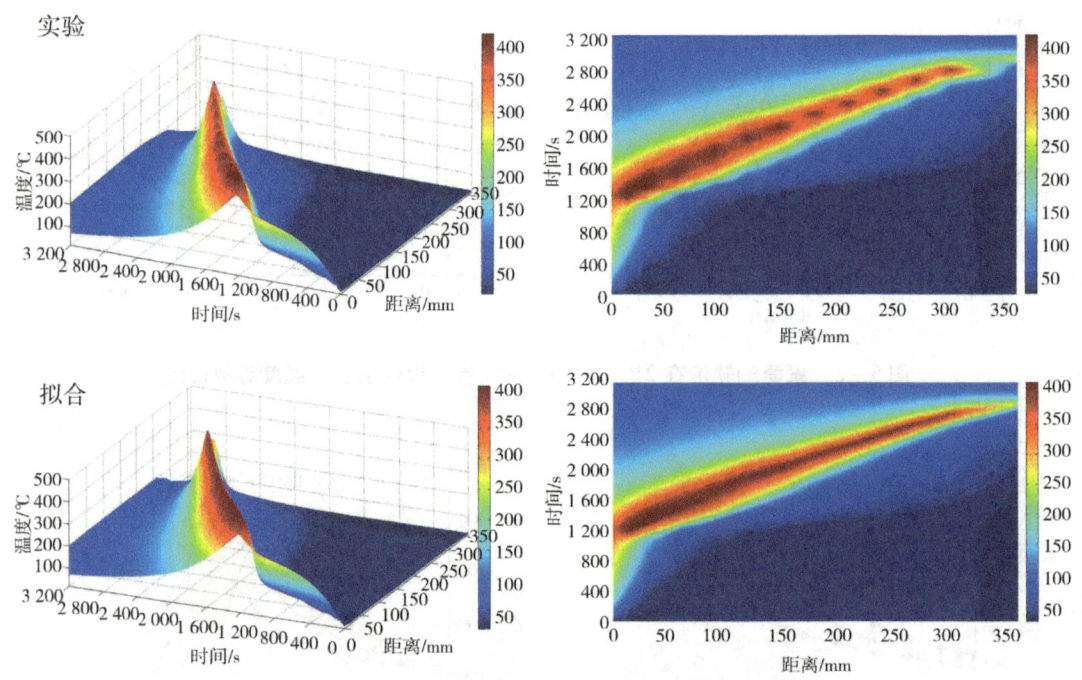

图 5-4 实验和采用拟合数据得到二维和三维聚氨酯软泡阴燃分布图

在国家标准 GB/T 2408—2008 中,对于塑料和非金属材料燃烧性能的测定,对于水平和垂直燃烧速度有明确的试验标准,即使试样处于 50 W 火焰条件下 30 s 后移开火焰,试样损坏长度与时间之比为其线性燃烧速度。而对于阴燃燃烧速度没有用相关标准进行测量，研究人员主要将不同温度测量点之间的距离与升高到最高温度所需时间的比值作为阴燃传播速度。

但通过上一章的分析，聚氨酯软泡阴燃在传播过程中氧化燃烧区域具有一定的反应厚度（通常为 20～30 mm），并且随着阴燃向前传播，燃烧区域的大小在不断变化。通过对聚氨酯软泡不同工况实验，将阴燃波分为预热区、热解吸热区、氧化放热区和已燃冷却区，得到聚氨酯软泡各区域中特征温度，通过不同距离之间与升高至特征温度所需时间的比值定义不同阴燃区域的特征传播速度。

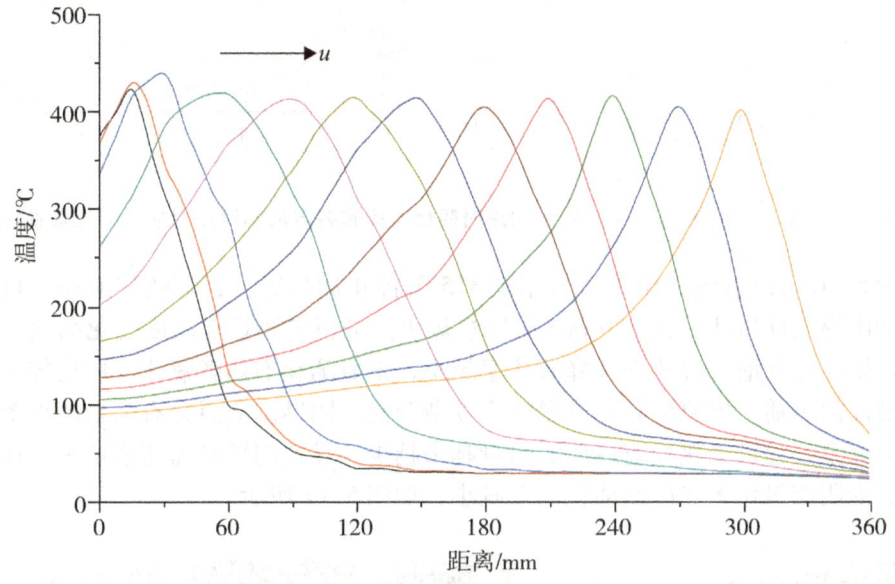

图 5-5　50 V 热流条件下阴燃波传播曲线

## 5.2　实验结论与分析

### 5.2.1　加热时间的影响

在第四章聚氨酯软泡阴燃引燃分析中，当 TC1 加热至不同温度时，聚氨酯软泡表现为不能引燃、引燃后传播一定距离后熄灭以及向前传播。不能引燃主要是由于加热时间太短，聚氨酯软泡没有升温至热释放速率大于向外界散热和预热上方聚氨酯软泡的温度，从而形成一定厚度的发生氧化放热反应的阴燃区域。通过不同加热时间的实验研究，当 TC1 加热至 315 ℃停止加热后，TC2 快速升温至 300 ℃，说明在 0～15 mm 厚度的区域内，大部分聚氨酯软泡发生氧化放热反应，推动阴燃向前传播的阴燃波逐渐形成。以 TC1 处温度为 315 ℃ 停止加热实验为例，详细分析聚氨酯软泡阴燃传播过程中各测量点温度和温度导数变化规律。

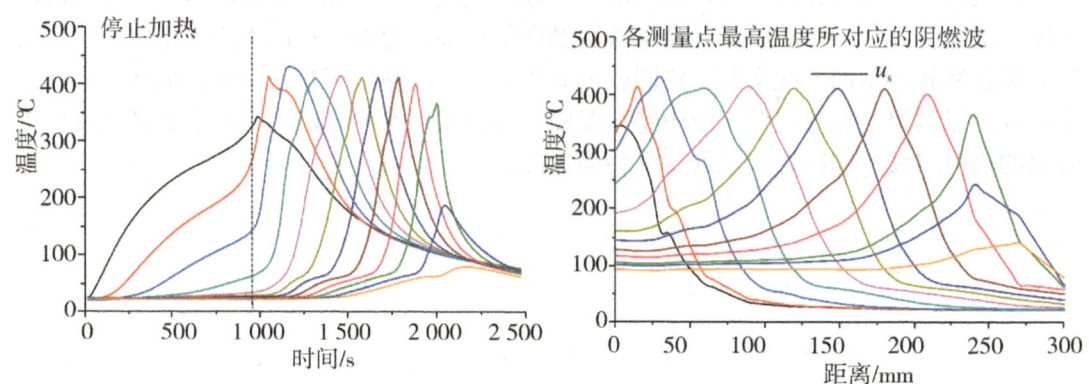

图 5-6　TC1 处温度达 315 ℃ 停止加热时阴燃温度和各点最高温度对应的阴燃波曲线

从图 5-6 可以看到，当 TC1 升温至 315 ℃ 停止加热后，聚氨酯软泡通过自身氧化放热推动阴燃向前传播，在 270 mm 处阴燃熄灭。分析各测量点温度变化曲线，离加热面越近，聚氨酯软泡升温速率和降温速率越小，聚氨酯软泡热解氧化反应比较完全。随着阴燃波向前传播，聚氨酯软泡升温速率逐渐升高，阴燃反应后含有大量的聚氨酯软泡没有反应完全，通过氧化反应释放的热量越来越少，导致阴燃传播速度增大，横截面上聚氨酯软泡阴燃氧化放热区的面积逐渐减小，如图 5-7 所示。

图 5-7　聚氨酯软泡阴燃后可燃物剖面和横截面图片

在聚氨酯软泡阴燃传播过程中，各测量点温度和温度导数（升温速率）随着阴燃波向前传播呈现一定的规律，聚氨酯软泡热解氧化行为、阴燃氧化放热区氧气供给速度、氧气浓度和对流散热是影响阴燃过程最重要的因素。如图 5-8 为聚氨酯软泡 TC1 升温至 315 ℃ 停止加热后各温度点温度和温度导数曲线。

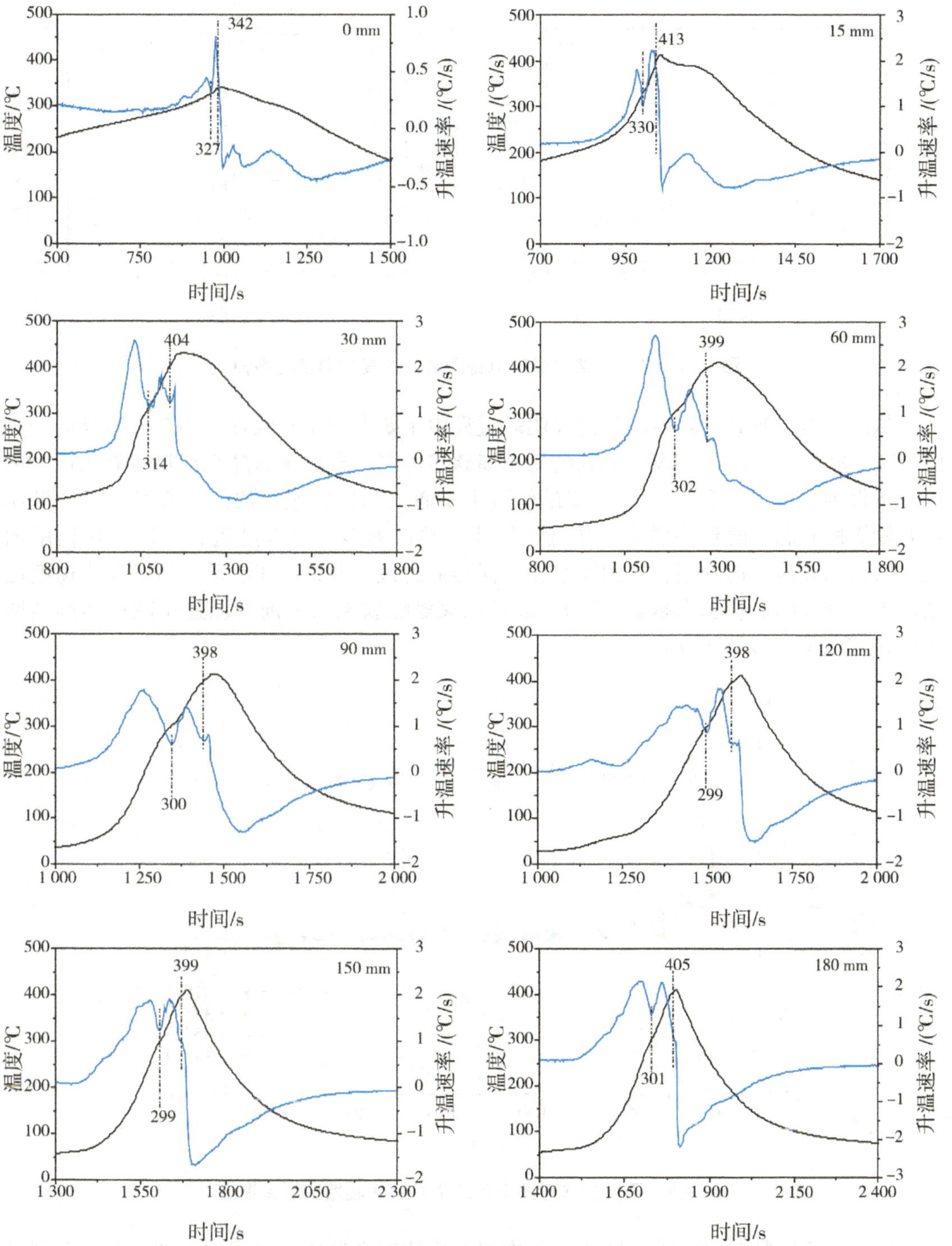

图 5-8（1） 聚氨酯软泡各测量点温度和温度导数曲线

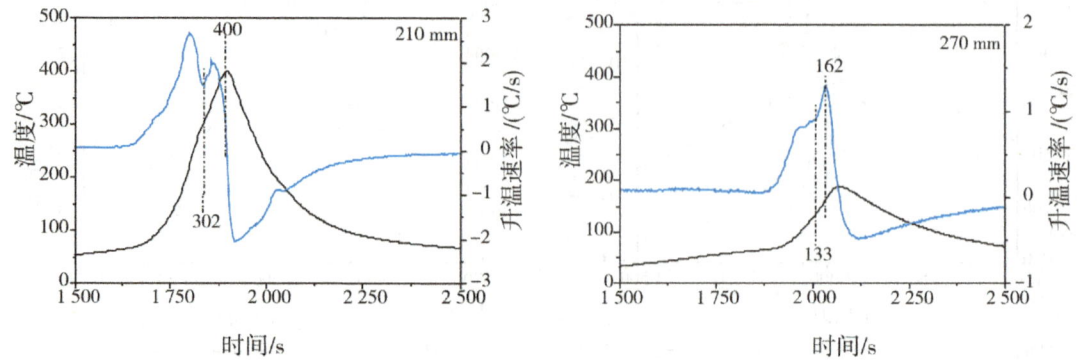

图 5-8（2） 聚氨酯软泡各测量点温度和温度导数曲线

从图中可以看到，聚氨酯软泡在阴燃过程中主要有两个升温峰，两个升温峰的分界温度在 300 ℃ 左右。以 180 mm 处的聚氨酯软泡为例，根据聚氨酯软泡热解氧化行为可以分析得到，小于 300 ℃ 时，聚氨酯软泡主要通过阴燃区域释放的热量经对流传导作用开始缓慢升温，随着阴燃向前传播，氧化放热区离该点越来越近，对流导热作用加强，聚氨酯软泡快速升温；当阴燃氧化前锋传播到该处时，由于物质与氧气反应速度逐渐增大，释放的热量越来越多，180 mm 处的聚氨酯软泡从先前升温速率减小到逐渐增大，在 400 ℃ 时开始降温。

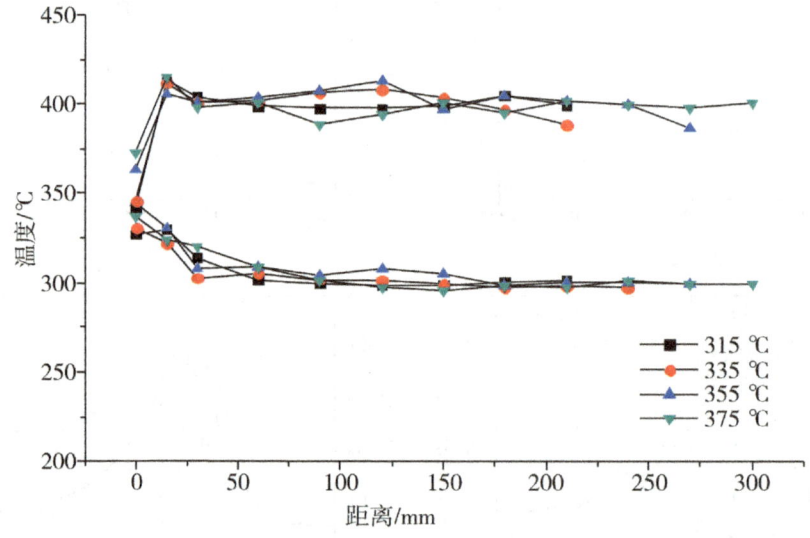

图 5-9 不同加热时间下第二个升温峰起始和结束温度

同理，不同加热时间下，阴燃过程中聚氨酯软泡升温速率呈现相同的规律，首先是经对流导热作用开始缓慢升温,随着聚氨酯软泡阴燃向前传播,升温速率逐渐增大,阴燃反应过程中释放出大量烟气,经冷却,冷凝物附着在未反应的聚氨酯软泡上,导致升温速率开始减小。300 ℃时,聚氨酯软泡氧化反应开始加剧,热释放速率快速增加,升温速率开始增大,在 400 ℃ 时氧化反应逐渐停止。

因此,将聚氨酯软泡阴燃传播过程中的温度变化分为预热、热解吸热、氧化放热和冷却散热四个阶段。预热阶段主要是未反应的聚氨酯软泡在对流作用下缓慢升温;热解吸热是聚氨酯软泡从开始热解到升温至 300 ℃ 的阶段,由于正向阴燃在向内部传播过程中,氧气经冷却散热、氧化放热区域进入热解吸热区,使得氧气浓度降低,聚氨酯软泡氧化反应起始温度滞后;氧化放热区是推动阴燃向前传播的热量来源,区域厚度和氧化反应程度的变化是导致阴燃传播变化最主要的影响因素,反应区温度范围在 300 ~ 400 ℃;冷却散热区是阴燃反应后的聚氨酯软泡在对流作用下降温,该阶段对氧化剂进行预热。典型阴燃波结构图如图 5 - 10 所示。

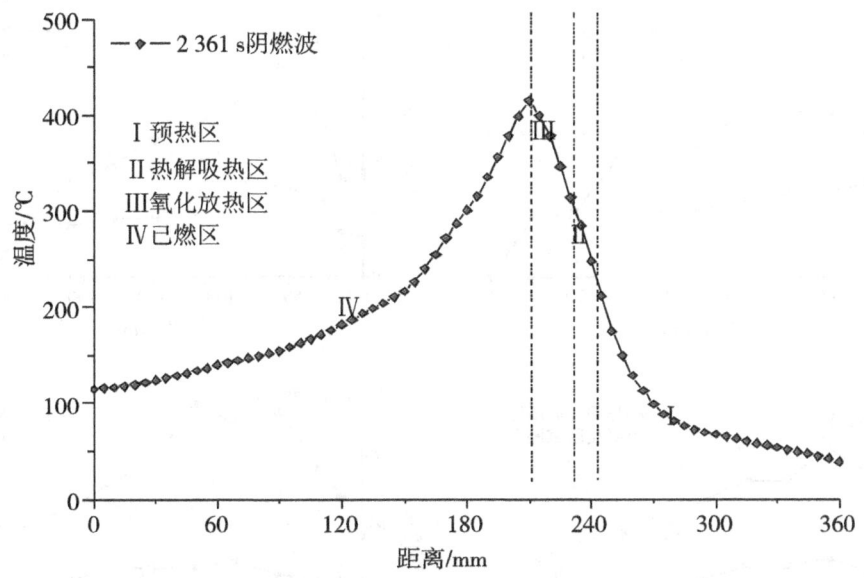

图 5 - 10 聚氨酯软泡阴燃过程中某时刻典型阴燃波结构图

下面分别对聚氨酯软泡阴燃在传播过程中不同区域的变化进行分析,得到聚氨酯软泡阴燃传播特性。聚氨酯软泡气固异相氧化放热反应是推动阴燃波向前传播的热源,不同加热时间主要是要形成具有一定氧化热解区域厚度的阴燃区,在向聚氨酯软泡内部传播过程中,通过自身氧化释放的热量大于预热前方聚氨酯软泡和向周围损失的热量。在该实验工况下,氧化剂流量和氧气浓度保持不变,即加热由于对流导热导致的阴燃氧化区域向四周传递的热量是不变的,又因为氧气供给速率和浓度不变,假设单位时间内进入阴燃氧化区域内的氧气不变。聚氨酯软泡阴燃传播过程中不同时刻阴燃波中热解吸热和氧化放热区域厚度和温度的变化是导致阴燃熄灭、继续向前传播最主要的影响因素。

图 5-11 为聚氨酯软泡各测量点在最高温度时刻阴燃波中热解和氧化区域在竖直方向上的厚度变化规律。从图中可以得到，在外加热流作用下聚氨酯软泡开始升温，在 225 ℃ 左右开始热解吸热反应；随着温度的继续升高，在 265 ℃ 聚氨酯软泡开始发生氧化放热反应，反应速率很低，聚氨酯软泡升温速率并没有显著提高，氧化放热区域逐渐形成并向内部推进；当温度升高至 300 ℃ 时，氧化放热反应加剧，释放出大量的热量。加热时间的延长使聚氨酯软泡吸收更多的热量，在 60 mm 处升高至最高温度时，阴燃热解和氧化区域最大。随着阴燃波向前传播，TC1 加热至 315 ℃，335 ℃ 和 355 ℃ 条件下的阴燃区域开始减小直到阴燃停止。而加热至 375 ℃ 还维持在 35 mm 厚度的氧化放热区，随后在 120 mm 处开始减小，吸热热解区域的厚度则维持在 10 mm 左右，聚氨酯软泡阴燃能继续向前传播至 300 mm 处。

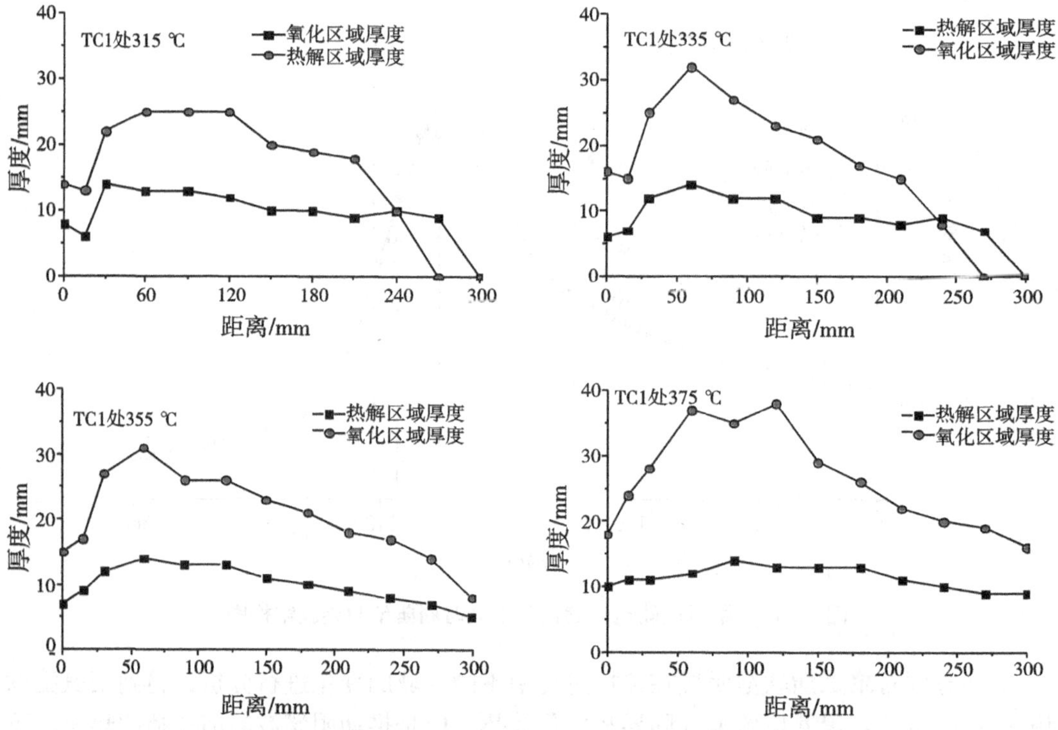

**图 5-11　各测量点最高温度时聚氨酯软泡阴燃波热解和氧化区域**

综上所述，如果温度高于 300 ℃ 的聚氨酯软泡阴燃氧化放热区域太小，通过氧气与聚氨酯软泡氧化反应释放的热量小于热损失时，阴燃波峰值温度和氧化区域的厚度逐渐减小，单位时间释放的热量也慢慢减少，使得阴燃波慢慢停止。图 5-12 为不同加热时间下间隔 30 s 的阴燃波向前传播过程中的变化规律。

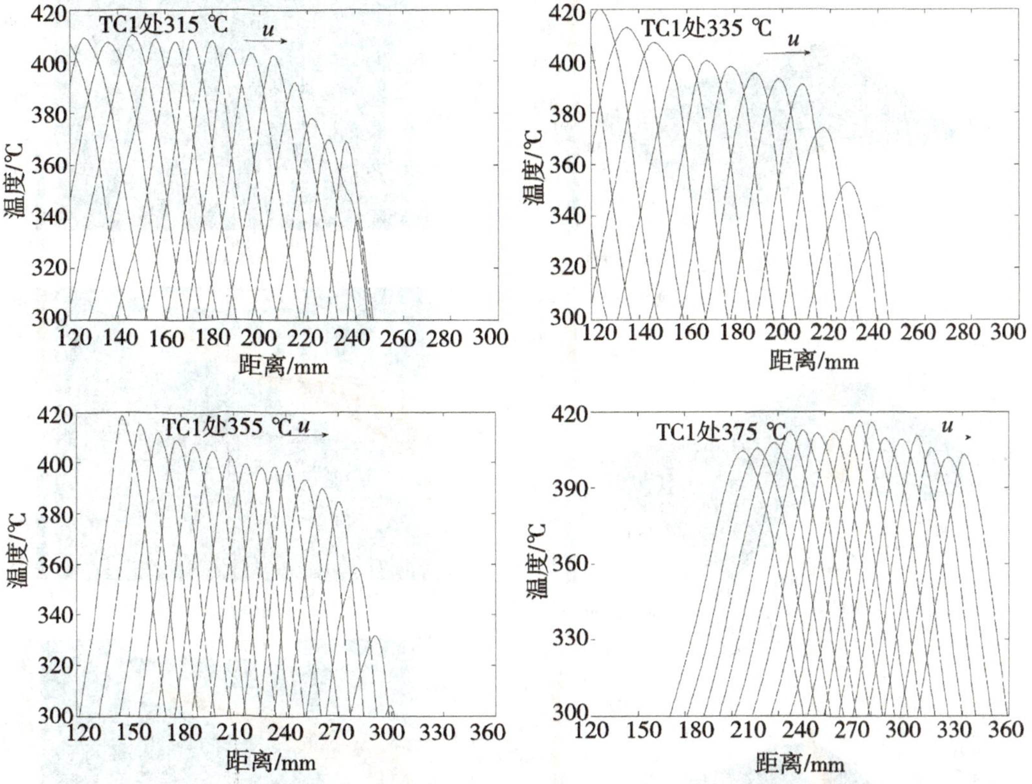

图 5-12 不同加热时间下聚氨酯软泡阴燃传播过程中阴燃波变化曲线

图 5-13 是采用向前差分拟合法得到的聚氨酯软泡阴燃在传播过程中的二维和三维变化图。从图中也可以看到不同加热时间对聚氨酯软泡阴燃传播的影响。

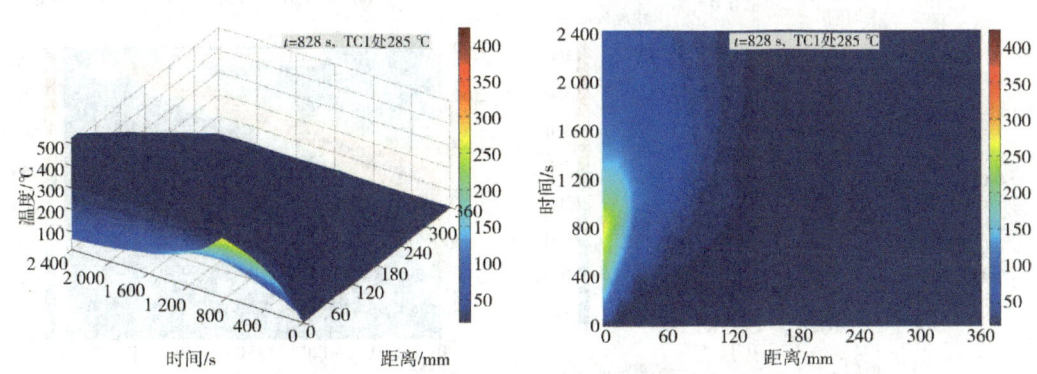

图 5-13（1） 聚氨酯软泡阴燃传播过程中二维和三维分布图

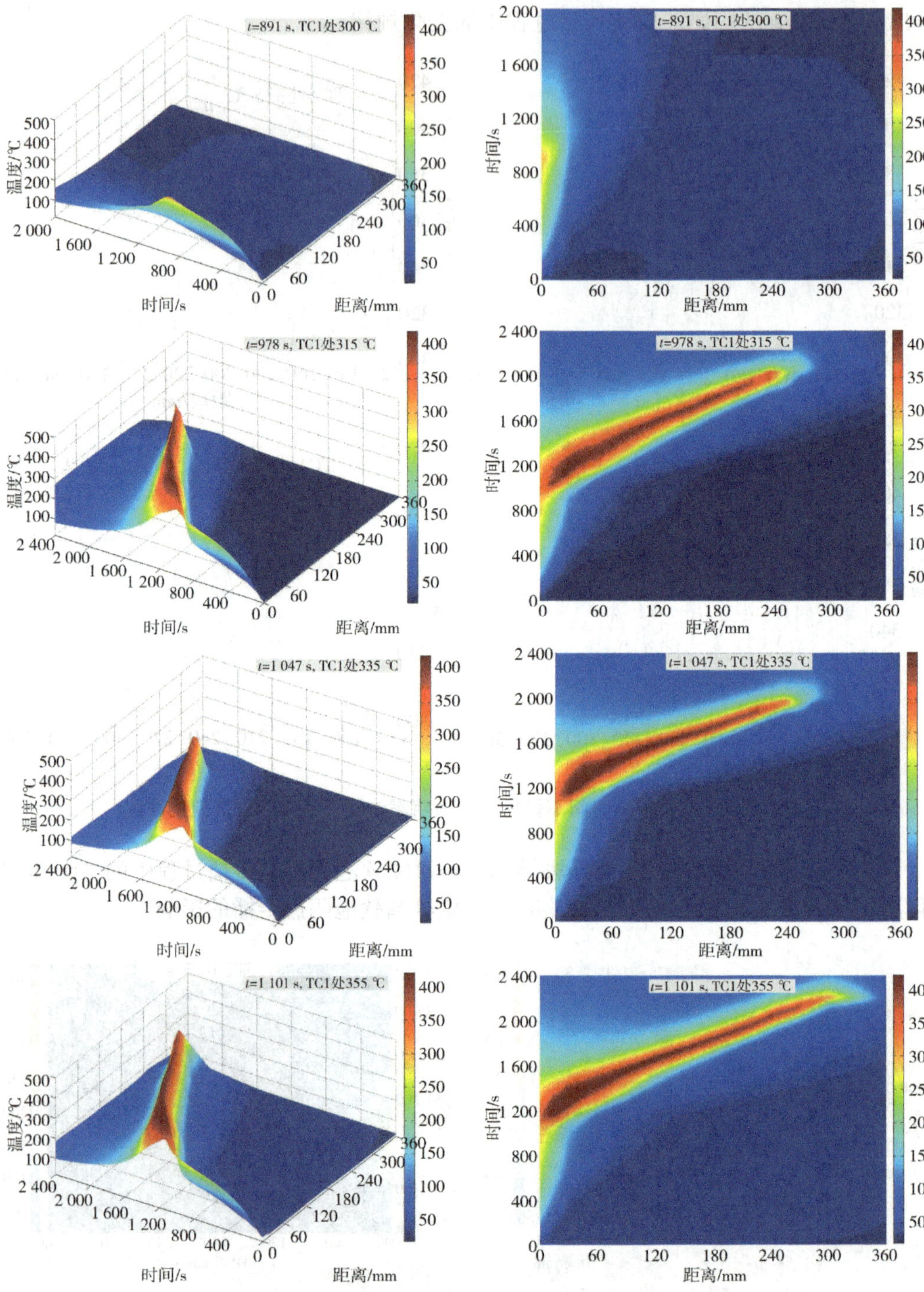

图 5-13（2） 聚氨酯软泡阴燃传播过程中二维和三维分布图

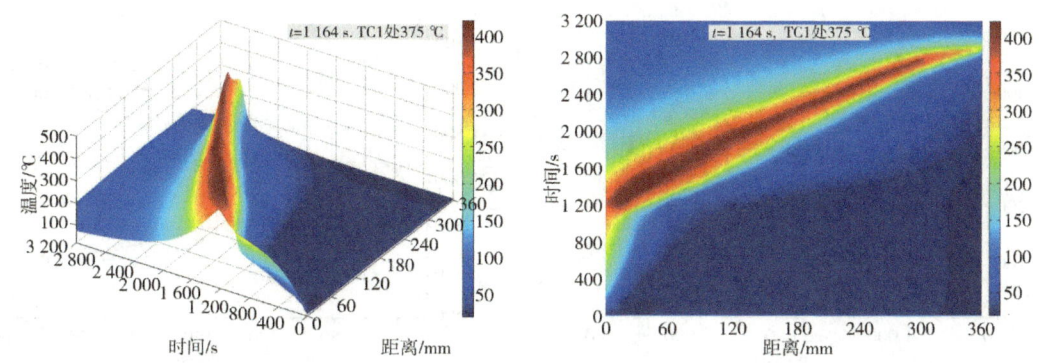

图 5-13（3） 聚氨酯软泡阴燃传播过程中二维和三维分布图

## 5.2.2 热流强度的影响

图 5-14 为热流强度为 1.62 kW/m² 和 2.02 kW/m²，即加热电压为 40 V 和 45 V 时聚氨酯软泡阴燃过程中各中心点温度二维变化图。从图中可以分析得到：40 V 条件下不能使聚氨酯软泡加热至 300 ℃，阴燃不能点燃；当增加至 45 V 时，由于外加热流较低，聚氨酯软泡需要很长的时间才能达到阴燃点燃条件，即 TC3 处温度为 300 ℃；当停止加热后，TC1 和 TC2 开始快速降温，而 TC3 处此时温度已经升高到 300 ℃，氧气与聚氨酯软泡发生剧烈的化学反应，其中氧化反应释放的热量远大于热解反应吸收的热量和向外界散失的热量。当 TC3 处温度升高到 400 ℃ 后就开始快速降低，从 FTIR 红外分析可以发现，聚氨酯软泡阴燃后的残留物含有较多的可燃组分，但由于对流传导的作用，热量无法蓄积，使得 TC3 处温度升高到 400 ℃ 后就开始降温，而温度的降低使聚氨酯软泡残留物不能进一步发生氧化反应，使得阴燃的反应温度较低，对于聚氨酯软泡而言，400 ℃ 是阴燃能否向前传播的临界点。

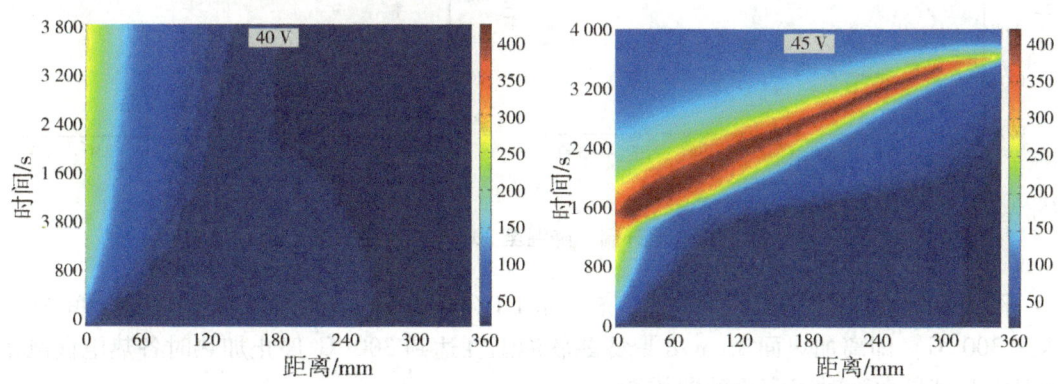

图 5-14 40 V 和 45 V 阴燃二维变化图

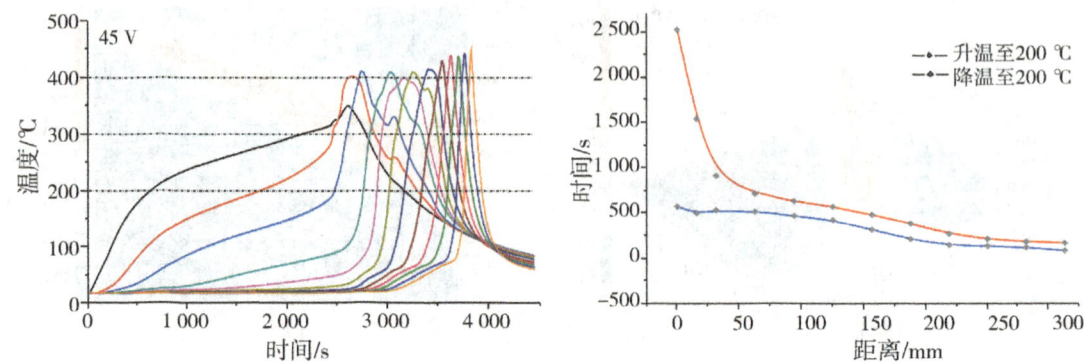

图5-15　45 V时温度分步、聚氨酯软泡升温、降温至200 ℃所需时间曲线

从各热电偶温度变化可以看到：靠近加热点附近的TC3，TC4，TC5，TC6，TC7温度变化与后面的各点温度相比是比较缓慢的，离加热点的距离越远，从温度升高到200 ℃到降温到200 ℃的时间越短，各点间隔时间如图5-15所示。从图中可以看到TC1，TC2，TC3处温度变化所需的时间呈指数降低，这主要是因为这些测量点靠近加热面，在聚氨酯软泡点燃过程中已经开始升温到200 ℃，当停止加热后，由于各点在聚氨酯软泡横截面上吸收较多的热量，反应充足，使其能较长时间地处于高温状态，各点之间聚氨酯软泡阴燃传播的速率也比较小。从TC3开始，后面的各面之间温度间隔缓慢减小，同时各测量点从温度升高到300 ℃到降温到300 ℃的时间也出现相同的规律。

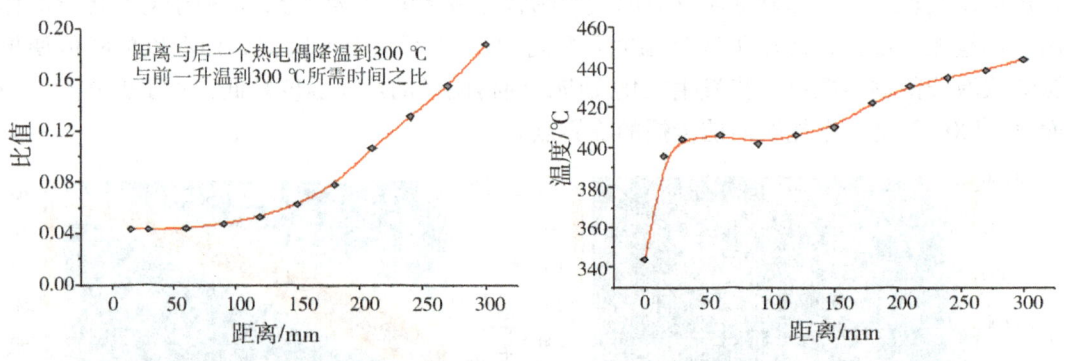

图5-16　聚氨酯软泡升温、降温至300 ℃的比值及各点最高温度

图5-17为加热电压50 V，氧化剂流量1 L/min，氧气浓度21.7%，加热时间为T3达到300 ℃，即离加热面3 cm处聚氨酯软泡温度达到300 ℃停止加热时各热电偶测量点温度及其导数随时间变化的曲线图。

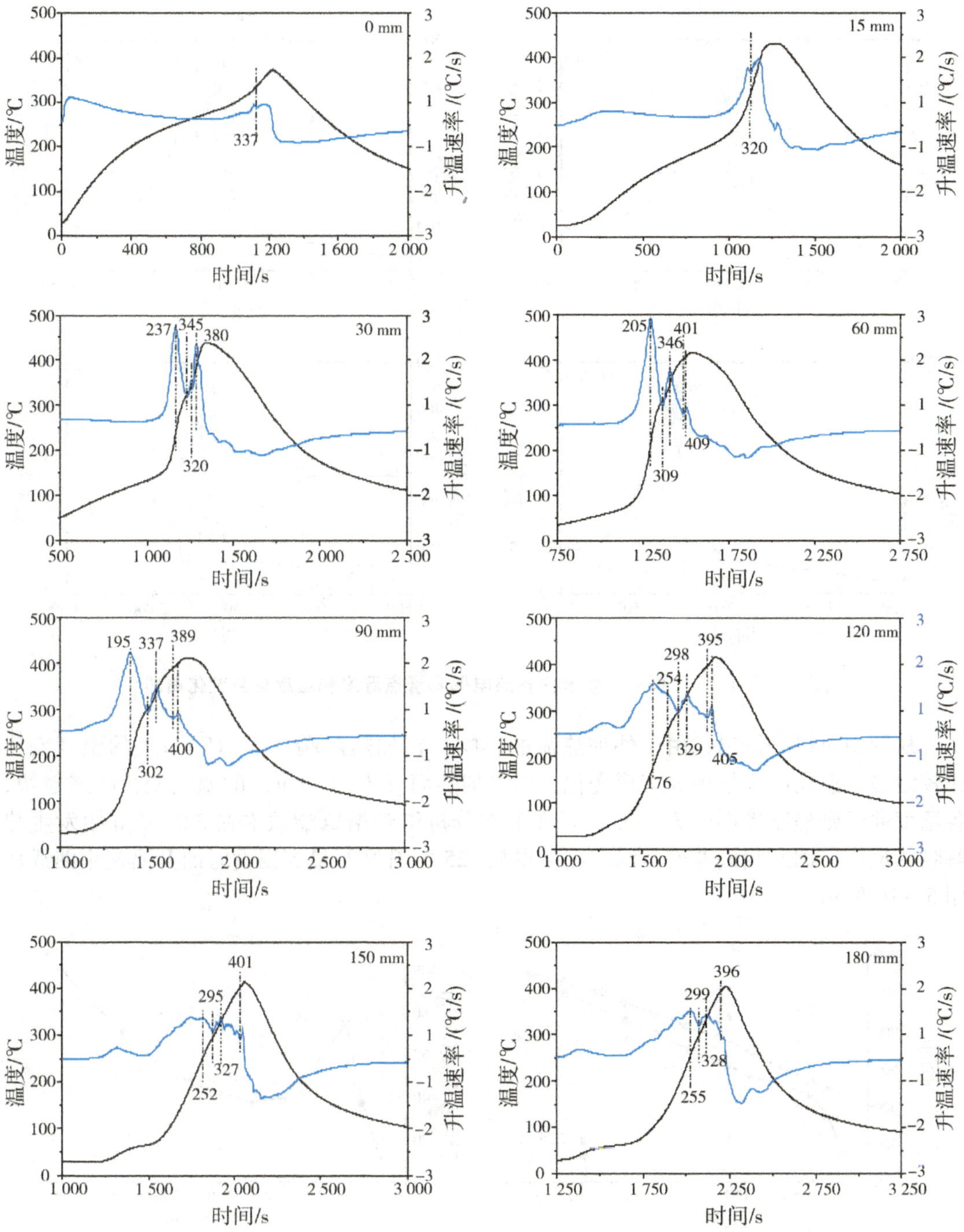

图 5-17（1） 聚氨酯软泡内各热电偶测量点温度和温度导数变化曲线

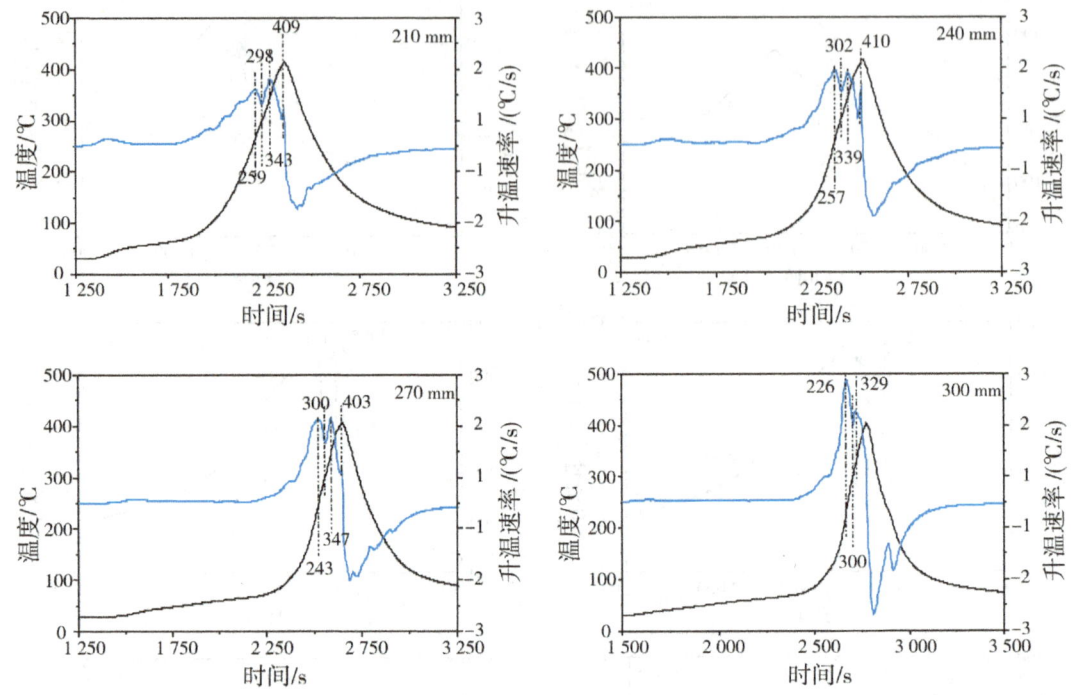

图5-17（2） 聚氨酯软泡内各热电偶测量点温度和温度导数变化曲线

从图中可以分析出：由于外加热流的影响，在加热前端（$d<15\ cm$）的温度变化比较缓慢，温度曲线呈现n字形变化，远离加热面（$d \geqslant 15\ cm$）的温度变化越来越快，各温度曲线则呈锯齿形（∧）变化。在上文分析得到聚氨酯软泡在225 ℃开始发生热解吸热反应，因此我们考察各温度测量点从225 ℃升高至最高温度时的升温速率曲线如图5-18所示。

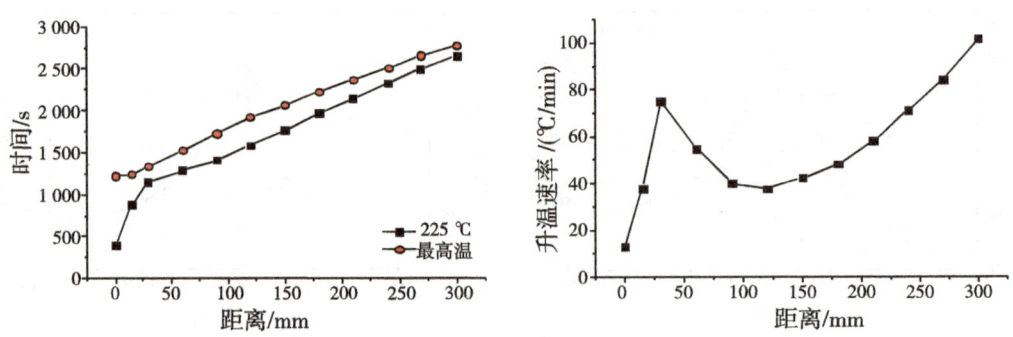

图5-18 聚氨酯软泡内各点升温至225 ℃、最高温所需时间和平均升温速率变化曲线

在聚氨酯软泡加热面处的升温速率最小，这主要是由外加热流较低和该处热损失最大导致，而推动阴燃峰向前传播的热量主要是外加热流；在 30 mm 处升温速度增大后开始降低，主要是当 TC3 的温度升高到 300 ℃ 后停止外加热流的供给，使得推动阴燃峰传播的热量主要依靠聚氨酯软泡氧化放热的热量向前传播。但在传播过程中由于聚氨酯软泡的化学反应导致其各处的孔隙率发生变化，使聚氨酯软泡的热量损失从中部向四周逐渐增大，在竖直方向上阴燃峰呈锥形向前传播，在中间部位的聚氨酯软泡氧气供给相对四周则比较充分，从 12 cm 处升温速率开始逐渐增大。

分析各热电偶测量点从 225 ℃ 到最高温的升温曲线含有 3 个升温峰，这主要由聚氨酯软泡自身化学反应和氧气供给变化决定。以 9 cm 处的温度测量点为例：第一个升温峰主要是由前面聚氨酯氧化反应释放的热量通过对流辐射的作用开始缓慢升温，随着阴燃峰逐步向前传播，离 9 cm 处越近，单位时间获得的热量增大，使得该处的升温速率快速增加，当 TC5 升温至 195 ℃ 时，升温速率开始降低，主要是由于此时聚氨酯软泡开始发生吸热热解反应，该处获得的热量（通过对流辐射获得的热量、吸热热解和向周围损失的热量）开始减少；当聚氨酯软泡温度升高至 300 ℃ 附近时，升温速率开始迅速增加，则主要是聚氨酯软泡在 300 ℃ 时开始发生氧化反应释放出热量，使得该处升温速率增加，当达到最大氧化反应速率后，升温速率开始减小；随着聚氨酯软泡温度的升高，在 400 ℃ 出现第三个比较短暂的升温峰，这是聚氨酯软泡经过热解氧化后的残留物与氧气发生的反应，由于该步反应的活化能较大，反应的温度高，而单位体积的可燃物较少，残留物孔隙率增大，使得对流散热增强，因此升温速率迅速降低到负数，聚氨酯软泡开始降温。

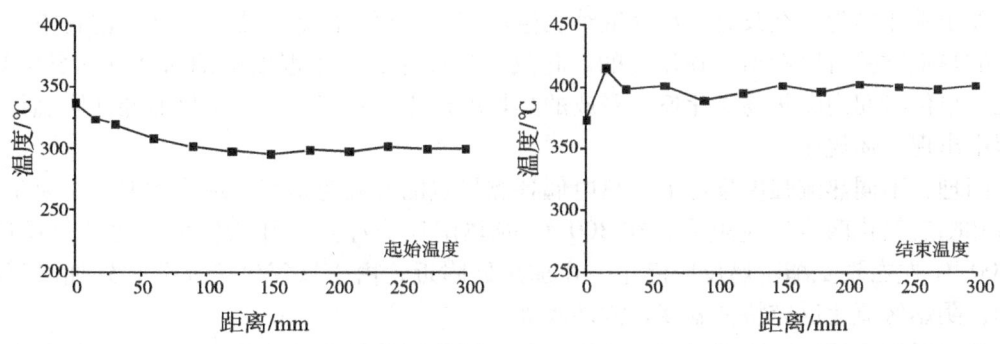

图 5-19　聚氨酯软泡第二个升温峰起始和结束温度

图 5-19 为各位置第二个升温峰时聚氨酯软泡氧化反应开始温度和结束温度分布图。从上面的分析可以看到：第二个升温峰是推动阴燃峰向前传播时热量的主要来源，而 300 ℃ 是一个非常关键的温度点，是聚氨酯软泡氧化反应逐渐增大、升温速率迅速增加的临界点，400 ℃ 是第二个升温峰结束点。由于开始外加热流的影响，阴燃前端附

近在第二个升温峰的变化较大，随着阴燃向聚氨酯软泡内部传播，阴燃开始趋于稳定，第二个升温峰各特征温度点波动较小，氧化反应温度始于 300 ℃，在 400 ℃ 结束。但由于氧气供给、阴燃反应面积和热损失的影响，第一个升温峰和第二个升温峰的最大升温速率变化较大。

通过上述在特定实验条件关于阴燃传播过程中聚氨酯软泡化学反应分析可以得到：聚氨酯软泡主要由两步反应组成，试样在 225～300 ℃ 范围内主要是受到前方阴燃反应释放热量所引起热解反应；当升温至 300 ℃ 后，阴燃前锋传播至此，之前热解后的残留物与氧气发生氧化反应释放出大量的热量，升温速率开始快速增加，在 400 ℃ 左右温度开始降低，氧化反应后的碳化物并没有与氧气继续发生反应，使得阴燃在传播过程中最高温度维持 400 ℃ 附近。

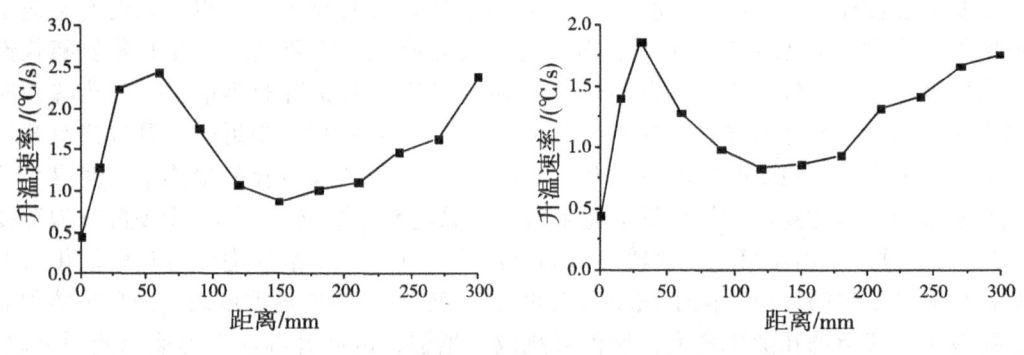

图 5-20　第一个升温峰和第二个升温峰最大升温速率

关于碳化物为什么没有与氧气继续发生反应，主要是因为：由聚氨酯软泡在空气气氛下的热重试验可以看出，碳化物的氧化反应速度小，失重温度范围从 400～600 ℃。因此，单位时间内碳化物氧化反应释放的热量就远小于热损失，使得聚氨酯在阴燃传播过程中出现上述规律。

同理，不同热流强度条件下，热电偶各测量点的升温速率变化规律类似，主要是由热解和随后氧化两步反应组成：在 300 ℃ 时热解反应停止，开始发生氧化放热反应；在 400 ℃ 左右聚氨酯阴燃反应停止。在加热处附近，由于氧气供给充分和外加热流的影响，阴燃区氧化反应特征温度点波动较大。

通过对聚氨酯软泡阴燃过程中热解氧化区域温度分解点的分析，对不同热流条件下各测量点升温至最高温时所对应的热解区域、氧化区域在竖直反向上的反应区厚度和最高温度进行对比分析。

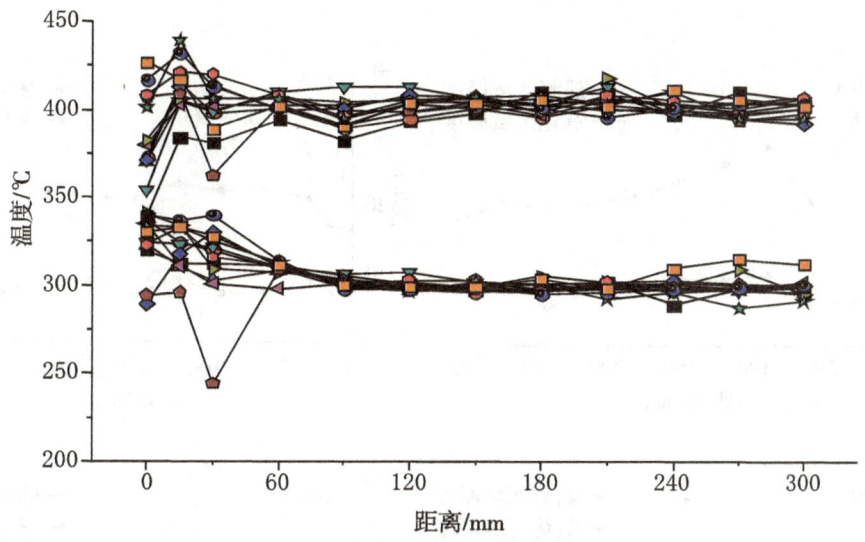

图 5-21　不同热流条件下阴燃氧化放热前锋开始和结束温度点

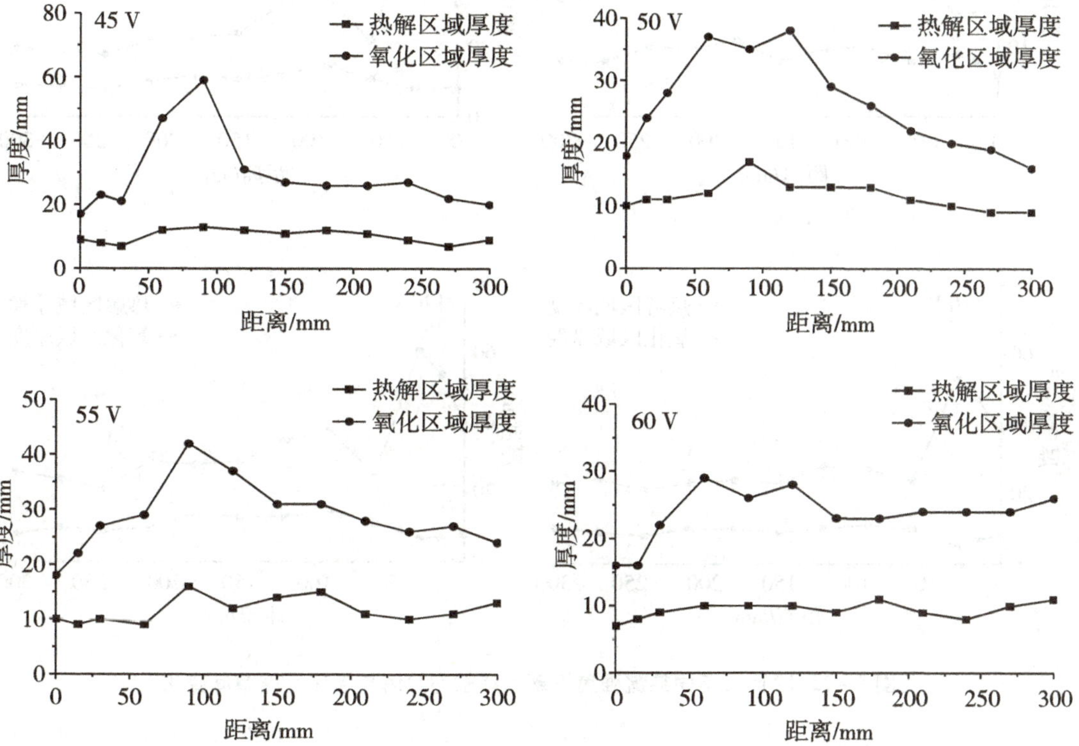

图 5-22（1）　不同热流强度下聚氨酯软泡热解与氧化区域厚度变化

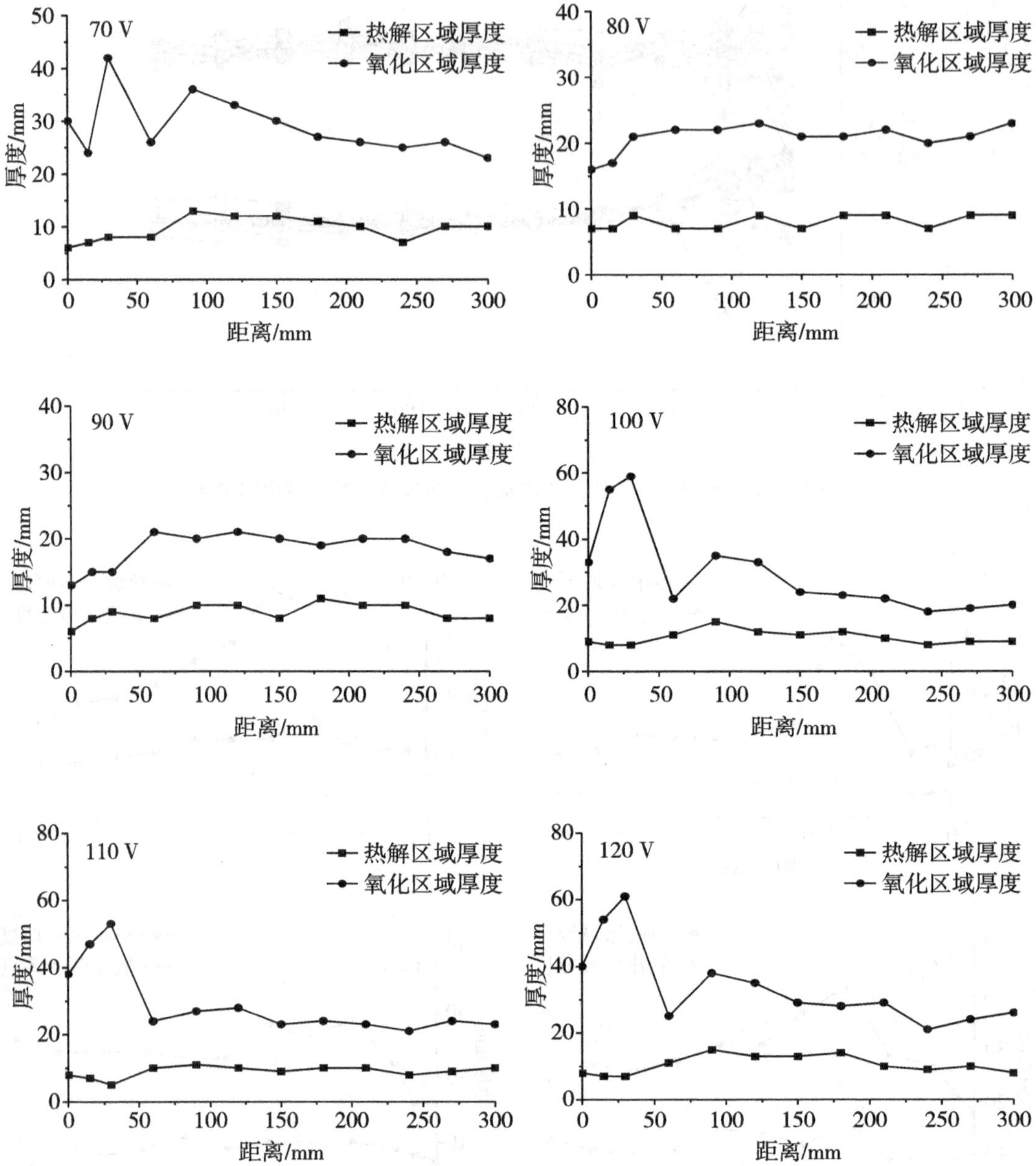

图 5-22（2） 不同热流强度下聚氨酯软泡热解与氧化区域厚度变化

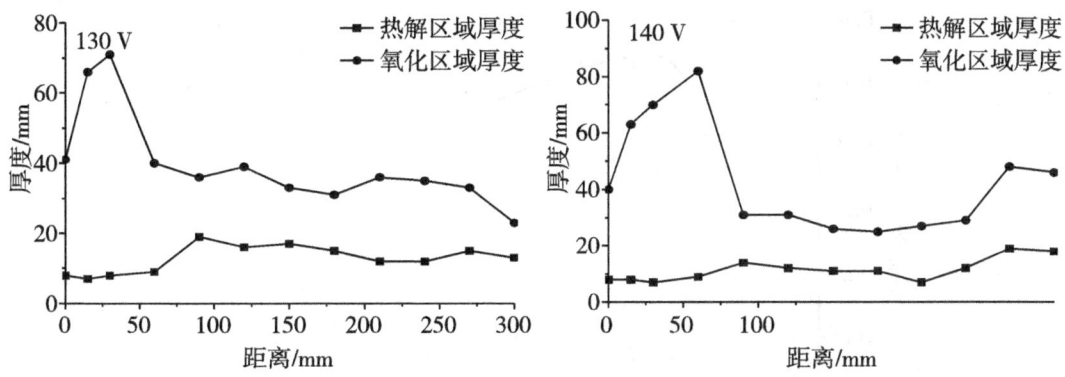

图 5-22（3） 不同热流强度下聚氨酯软泡热解与氧化区域厚度变化

图 5-22 中可以得到，加热电压在 45~70 V，由于热流强度不大，点燃需要较多的时间，靠进加热片附近的聚氨酯软泡形成具有一定厚度的加热层，停止加热后，阴燃氧化放热区域的厚度较大，在 120 mm 处逐渐减小至 20 mm，而聚氨酯软泡阴燃热解区域的厚度在整个阴燃过程中维持在 10 mm 左右；随着热流强度的增加，加热时间减小，30 mm 处的氧化放热区域厚度达到最大后迅速开始减小，热流强度越大，最大氧化区域和阴燃过程中平均氧化放热区的厚度也越大。同样，热解区域的厚度变化不大，维持在 10 mm 左右。这主要是聚氨酯软泡导热系数小，阴燃反应温度在 400 ℃，辐射强度不高。在阴燃传播过程中，热解吸热区域的热量主要是通过氧化剂的对流作用提供，而整个过程中，氧化剂流量和氧气浓度保持不变，使得阴燃点燃后氧化放热区的厚度逐渐减小至 20 mm，热解吸热则在 10 mm 附近。

通过上述对不同热流强度条件下阴燃在传播过程中各点温度和温度导数的分析可以得到：靠近加热处（$d<60$ mm）的聚氨酯软泡由于受外加热流的影响，在阴燃传播过程中聚氨酯软泡升温速率缓慢，阴燃氧化放热区域临界温度波动较大；当阴燃传播稳定后（距离加热面 60 mm 时），阴燃氧化前锋的温度在 300 ℃ 左右，400 ℃ 结束，热解吸热前锋以热重实验得到的 225 ℃ 作为开始温度。阴燃平均传播速度如图 5-23 所示。

不同热流强度下的二维和三维图如图 5-24 所示。

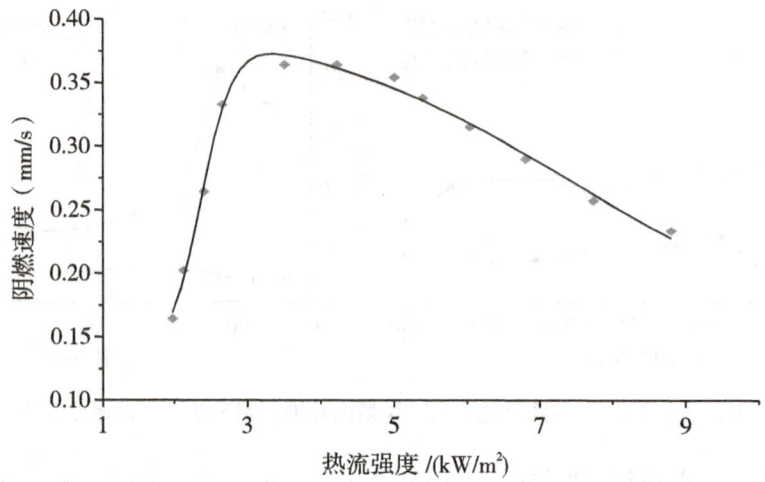

图5-23 聚氨酯软泡阴燃平均传播速度随热流强度变化曲线

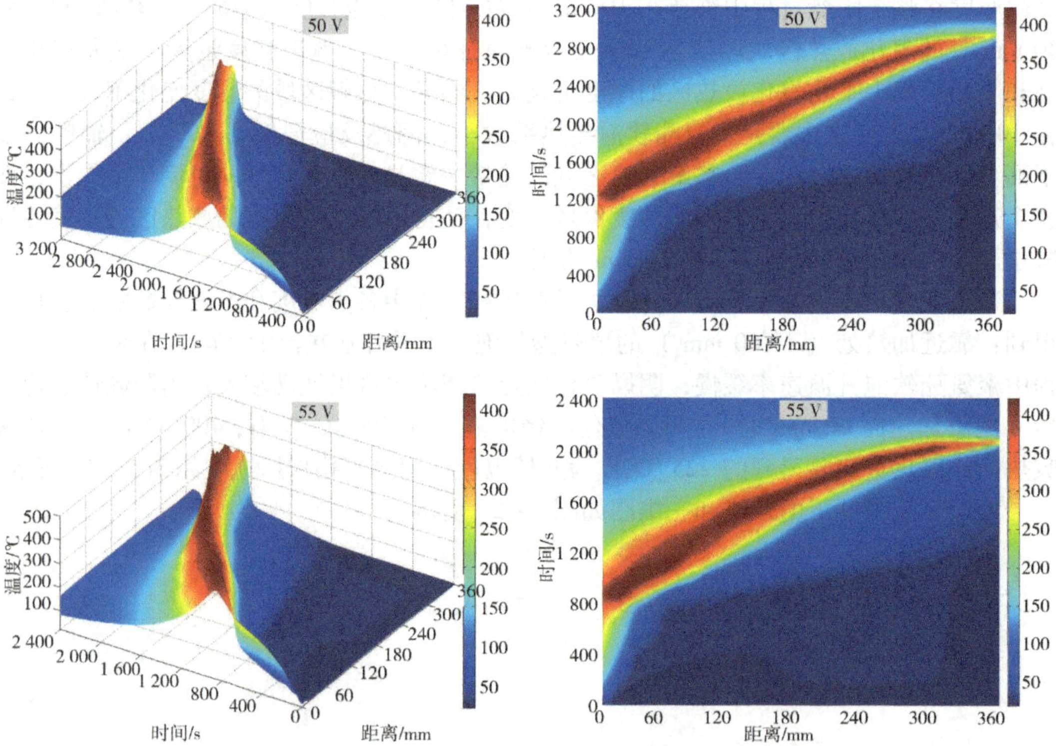

图5-24（1） 不同热流强度下聚氨酯软泡二维和三维温度图

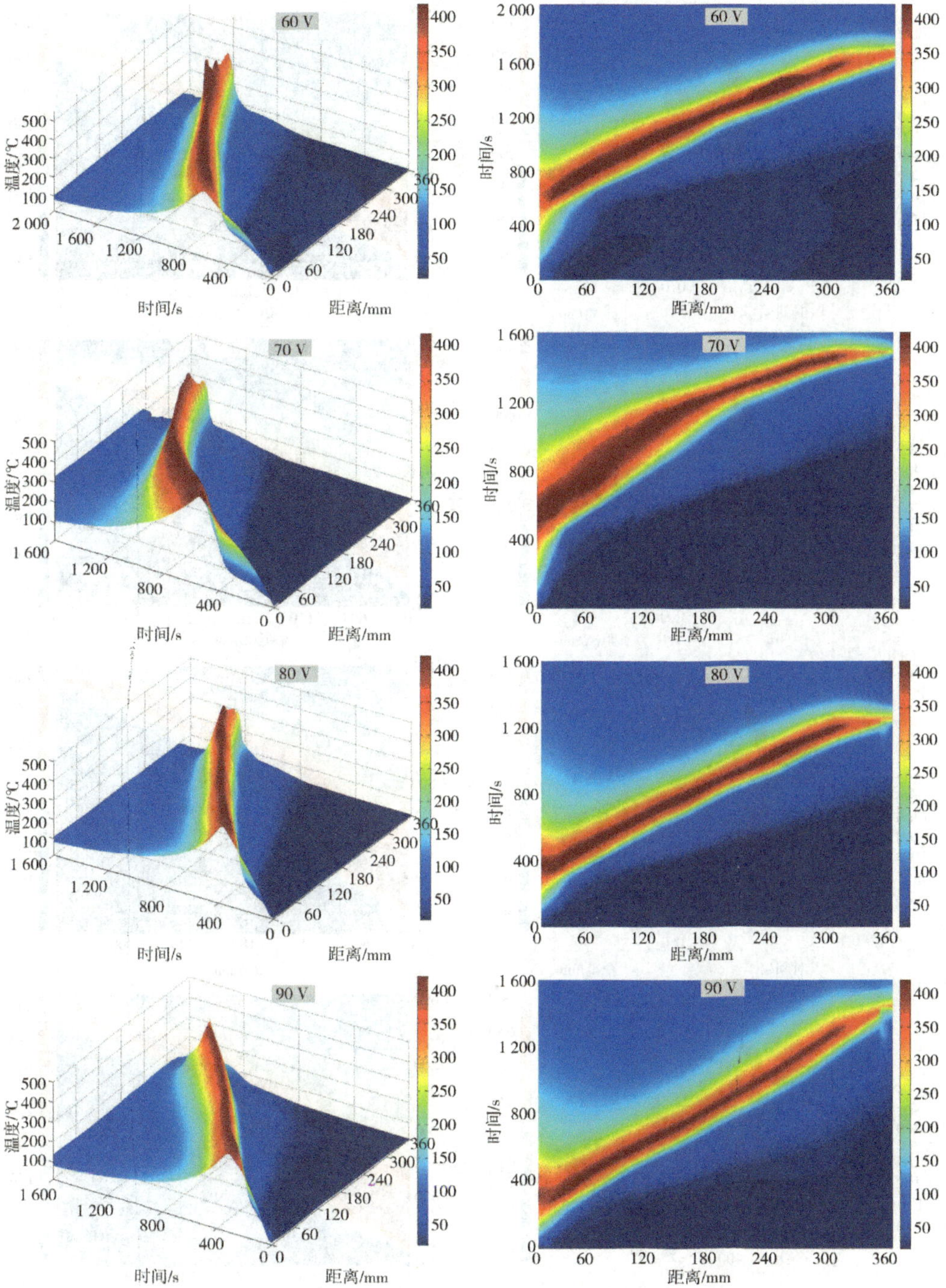

图 5-24（2） 不同热流强度下聚氨酯软泡二维和三维温度图

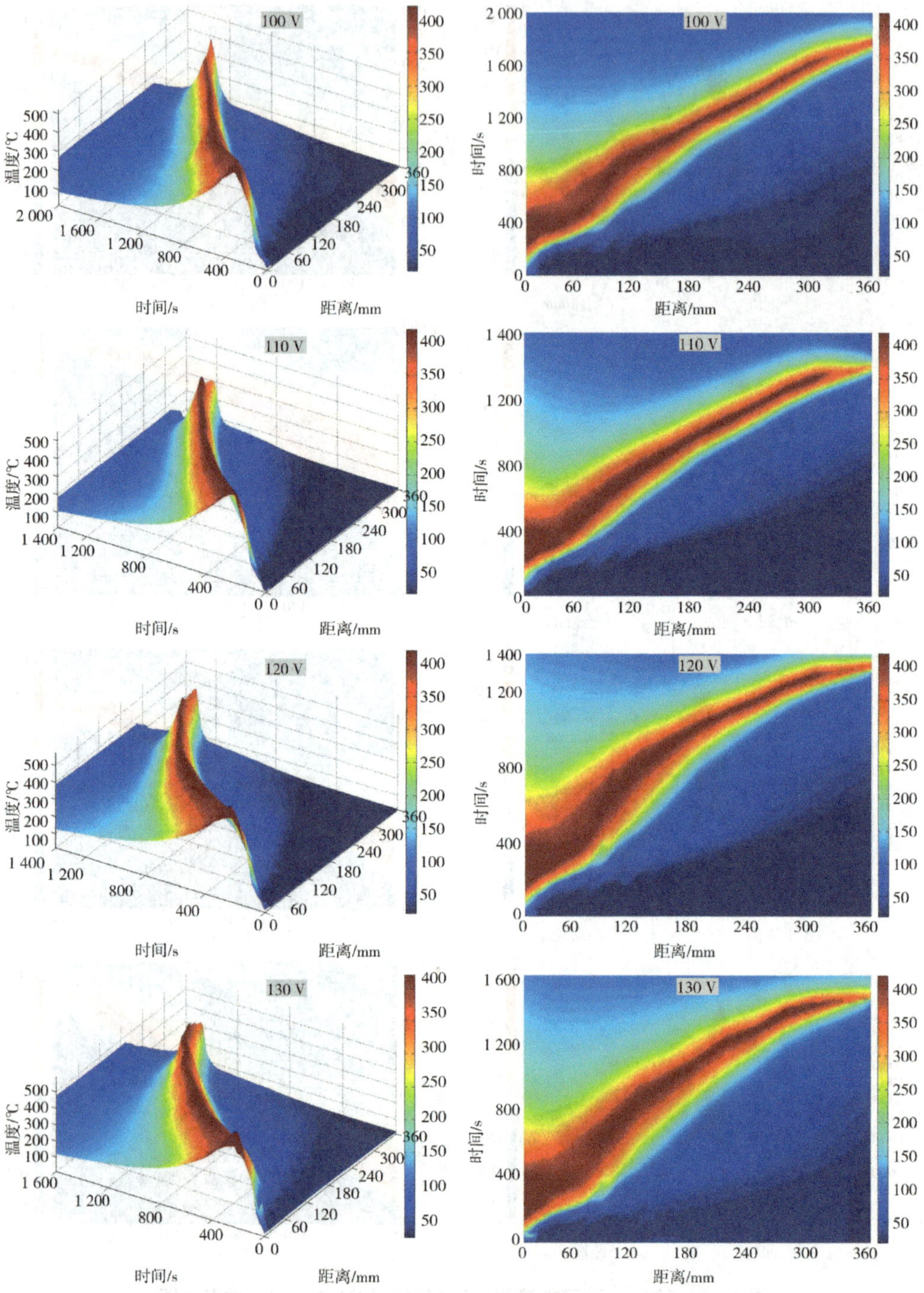

图5-24（3） 不同热流强度下聚氨酯软泡二维和三维温度图

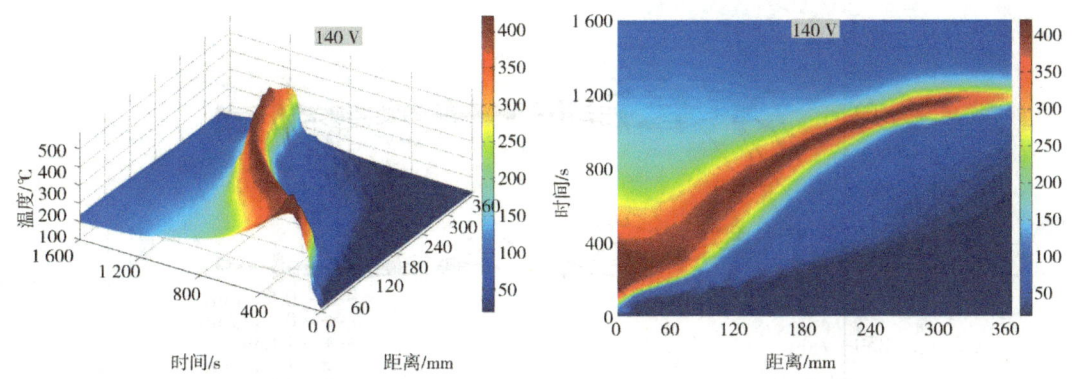

图 5-24（4） 不同热流强度下聚氨酯软泡二维和三维温度图

## 5.2.3 氧化剂流量的影响

不同氧化剂流量下，聚氨酯软泡在阴燃过程中各测量点温度变化过程与不同加热时间、热流强度工况下呈现相同的规律。聚氨酯软泡升温速率曲线主要由两个升温峰组成，温度低于 300 ℃ 的主要是通过聚氨酯软泡阴燃区气固异相氧化放出的热量在对流导热作用下开始缓慢升温，随着阴燃波向上传播，升温速率逐渐增大，下方聚氨酯软泡阴燃后释放出大量烟气在传播过程中降温冷凝附着在聚氨酯软泡上，当达到最大升温速率后就急速减小。聚氨酯软泡在 265 ℃ 附近开始发生氧化反应，但由于温度和氧气浓度较小，通过氧化反应释放的热量并不能使聚氨酯软泡快速升温。当聚氨酯软泡升温至 300 ℃ 左右，聚氨酯软泡与氧气化学反应加剧，升温速率曲线快速增加。图 5-25 是不同氧化剂流量下第二个升温峰起始和结束温度特征点，从中可以看出，离加热面越近的聚氨酯软泡其温度特征点波动越大，这主要是由于外加热流和氧气供给的影响，随着阴燃向前传播，起始和结束温度维持在 300 ℃ 和 400 ℃ 左右。

阴燃从聚氨酯软泡表面向内部传播过程中，阴燃氧化放热区中氧气供给变化对聚氨酯软泡热量的释放影响很大。从图 5-26 不同氧化剂流量下阴燃过程中各测量点升温到最高温度时阴燃波热解和氧化区域厚度可以看出：随着氧化剂流量的增加，阴燃过程中热解和氧化反应区厚度也随之增大。当聚氨酯软泡被外加热流引燃后，热解区域变化较少，而氧化区域逐渐增大，在 60～90 mm 处达到最大。随后氧化区域开始减小，单位时间阴燃区释放的热量也开始减小，当释放的热量小于加热聚氨酯软泡和向周围散失的热量时，没有足够的热流推动阴燃向前传播，阴燃逐渐熄灭。

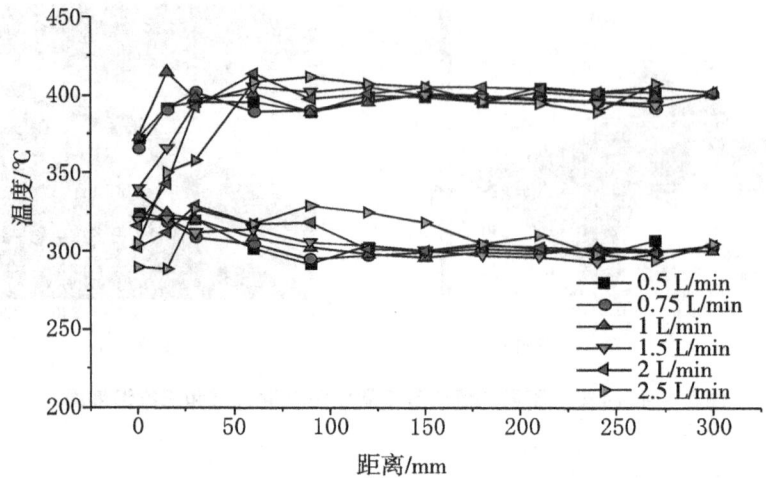

图 5-25　不同氧化剂流量下聚氨酯软泡第二个升温峰起始和结束温度

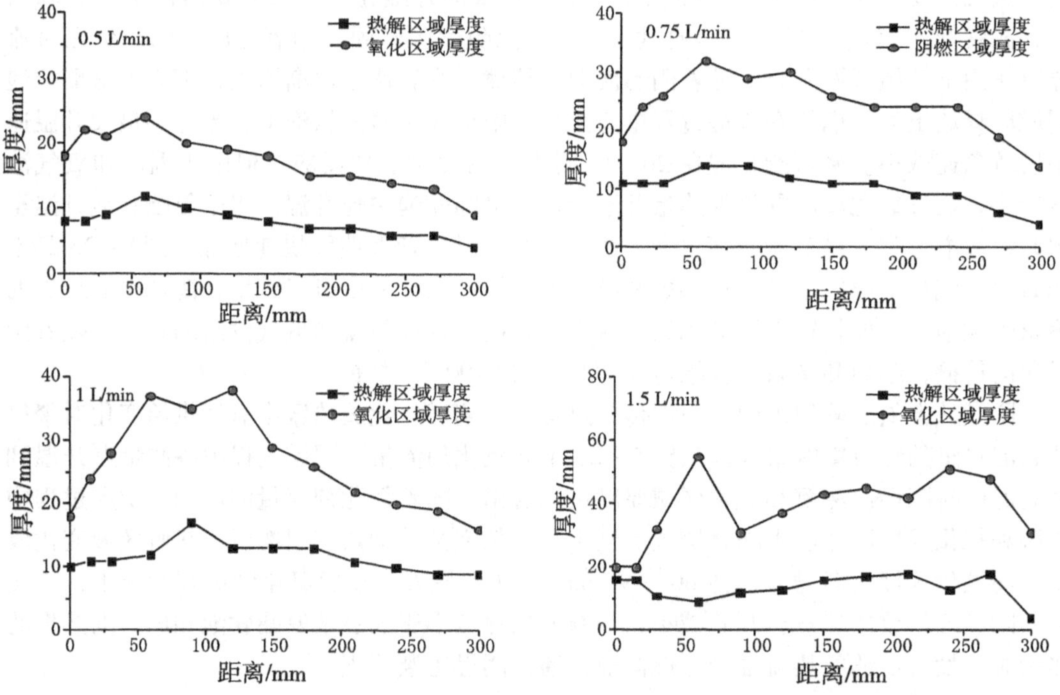

图 5-26（1）　不同氧化剂流量下聚氨酯软泡阴燃热解与氧化区域厚度变化

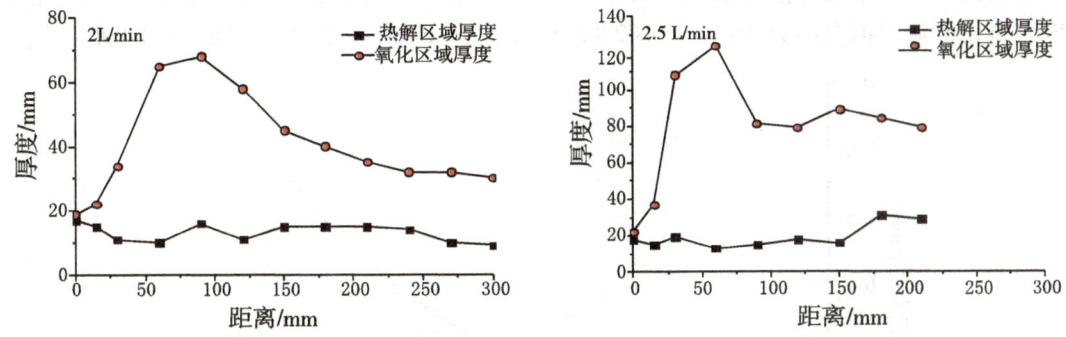

图5-26（2） 不同氧化剂流量下聚氨酯软泡阴燃热解与氧化区域厚度变化

在0.5 L/min工况条件下，随着阴燃向聚氨酯软泡上方传播，热解和氧化逐渐减小，热解吸热区域厚度从12 mm减小至4 mm，氧化放热区域从24 mm减小到9 mm。分析整个聚氨酯软泡阴燃过程中热解前锋和阴燃前锋传播速度可以得到：在15 mm处，热解前锋速度主要是外加热流通过对流作用使聚氨酯软泡缓慢升温，而氧化前锋由于聚氨酯软泡氧化反应释放出热量使其传播速度增加，阴燃最高温时的传播速度达到最大，之后开始减小。各特征传播速度与聚氨酯软泡阴燃热解氧化区域厚度变化是相对应的，随着聚氨酯软泡阴燃反应区厚度减小，传播速度逐渐增大。

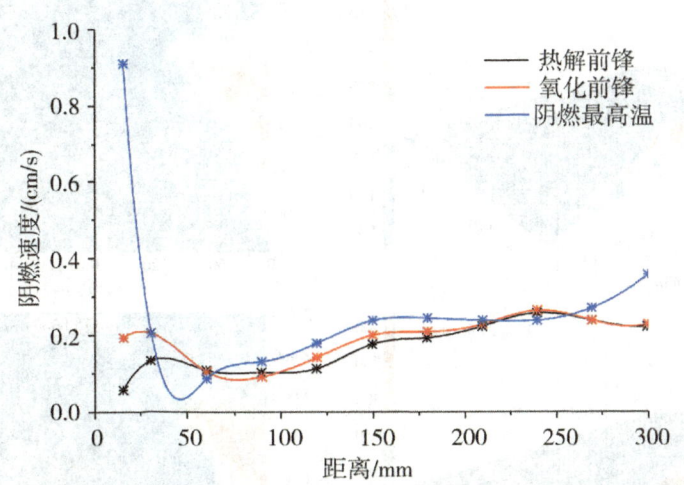

图5-27 聚氨酯软泡阴燃传播速度随氧化剂流量变化曲线

图5-28为聚氨酯软泡阴燃传播速度随氧化剂流量变化的曲线。从图中可以看到，阴燃平均传播速度与氧化剂流量变化呈幂函数关系，这主要是由于氧化剂流量的增加，单位时间内进入阴燃氧化区域的氧气含量增大，聚氨酯软泡与氧气化学反应速度增加，

释放出大量的热量加热前方聚氨酯软泡使其快速升温。其中，聚氨酯软泡阴燃平均传播速度与氧化剂流量拟合函数为：$y = 0.02282\exp(x/0.85142) + 0.14095 (R^2 = 0.99564)$。

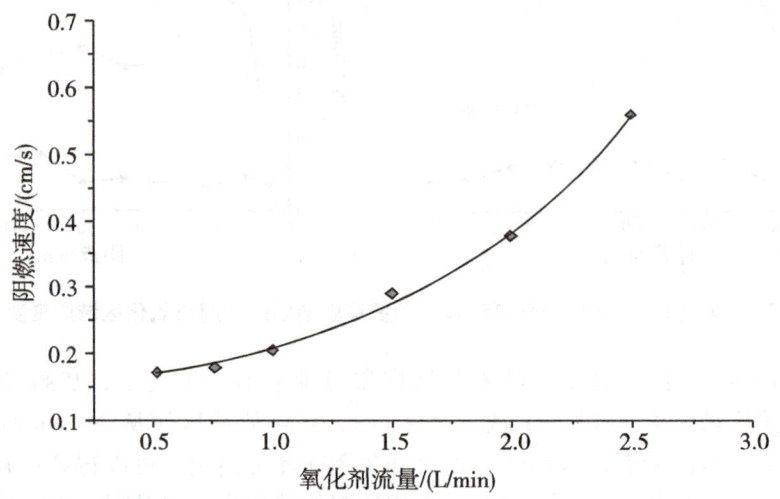

图 5-28　聚氨酯软泡阴燃传播速度随氧化剂流量变化曲线

同理，不同氧化剂流量下详细的聚氨酯软泡二维和三维温度如图 5-29 所示。

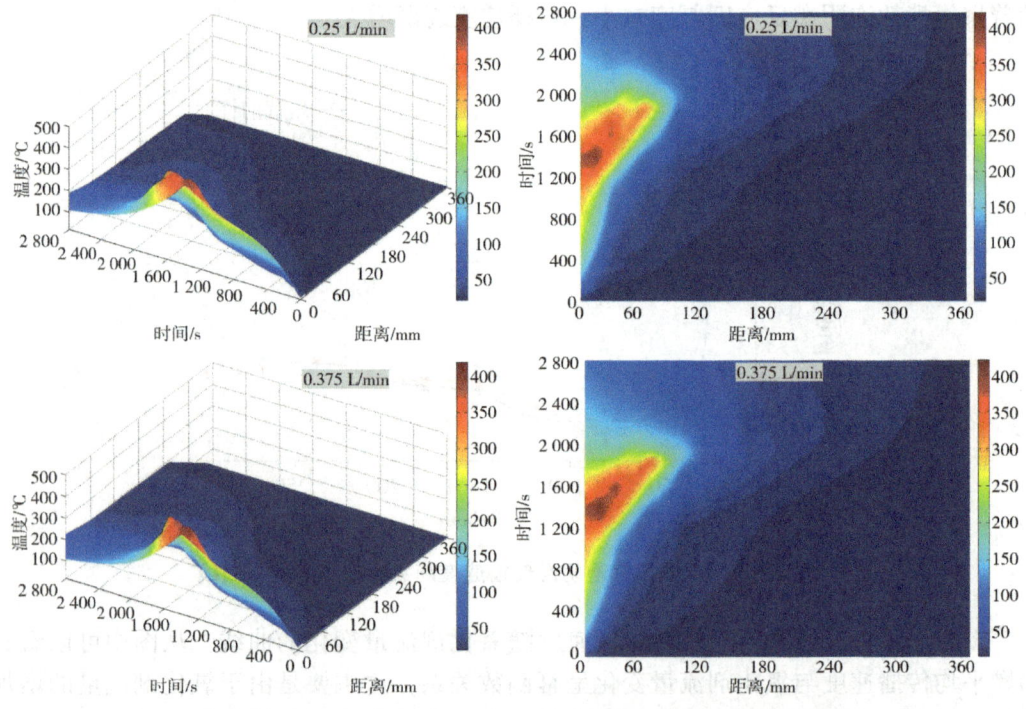

图 5-29（1）　不同氧化剂流量下聚氨酯软泡二维和三维温度图

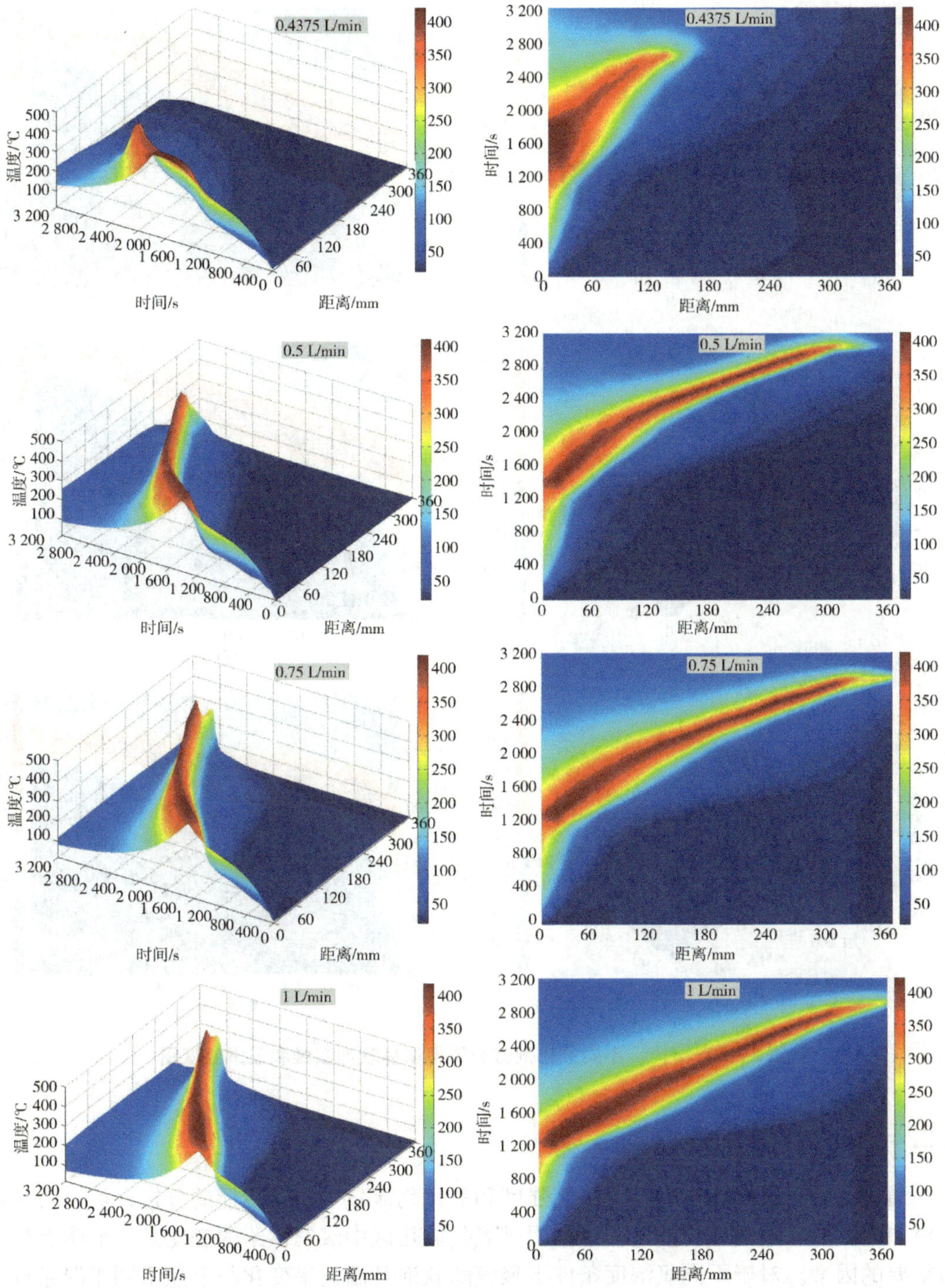

图 5-29（2） 不同氧化剂流量下聚氨酯软泡二维和三维温度图

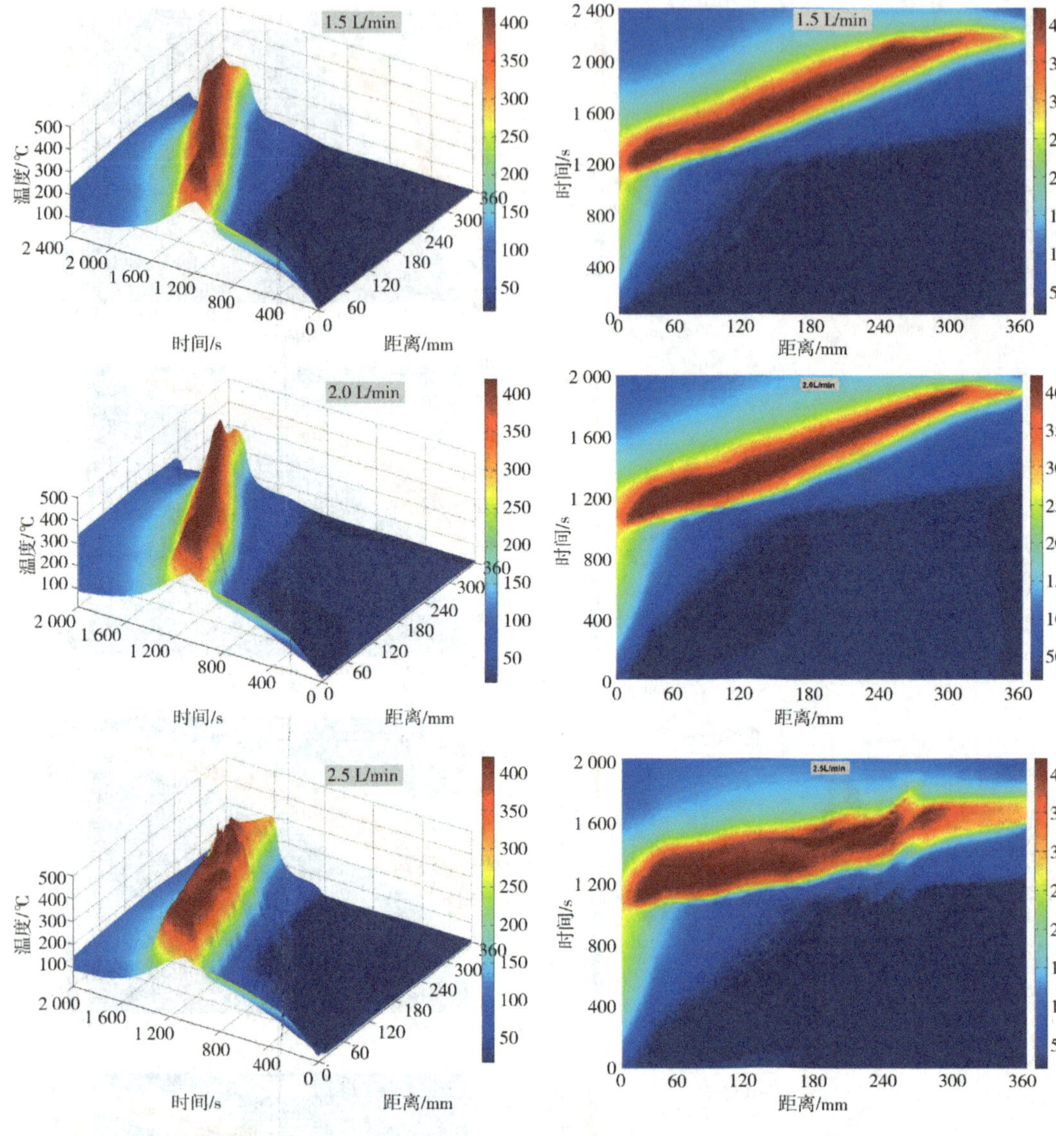

图 5-29（3） 不同氧化剂流量下聚氨酯软泡二维和三维温度图

## 5.2.4 氧气浓度的影响

通过上面对不同加热时间、热流强度和氧化剂流量下阴燃传播的分析，可以得到在阴燃向聚氨酯软泡内部传播过程中，阴燃氧化放热区中氧气供给的变化是影响阴燃传播最重要的因素。对于不同氧浓度条件下聚氨酯软泡升温速率变化与上述不同工况条件类似，升温速率变化主要由两个升温峰组成，聚氨酯软泡温度小于 300 ℃ 时主要是受热升温和热解吸热变化过程，在 300～400 ℃ 主要是氧气与聚氨酯软泡异相反应，释放热量推动阴燃波向前传播。大于 400 ℃ 主要是氧化后附着在聚氨酯软泡多孔表面的残炭的氧化反应，但由于聚氨酯软泡残炭含量较少及对流冷却的作用，使其反应最高温度维持在 420 ℃ 左右。随着氧浓度增加值 0.50，聚氨酯软泡阴燃过程最高温度为 540 ℃，但并没有焰火产生。

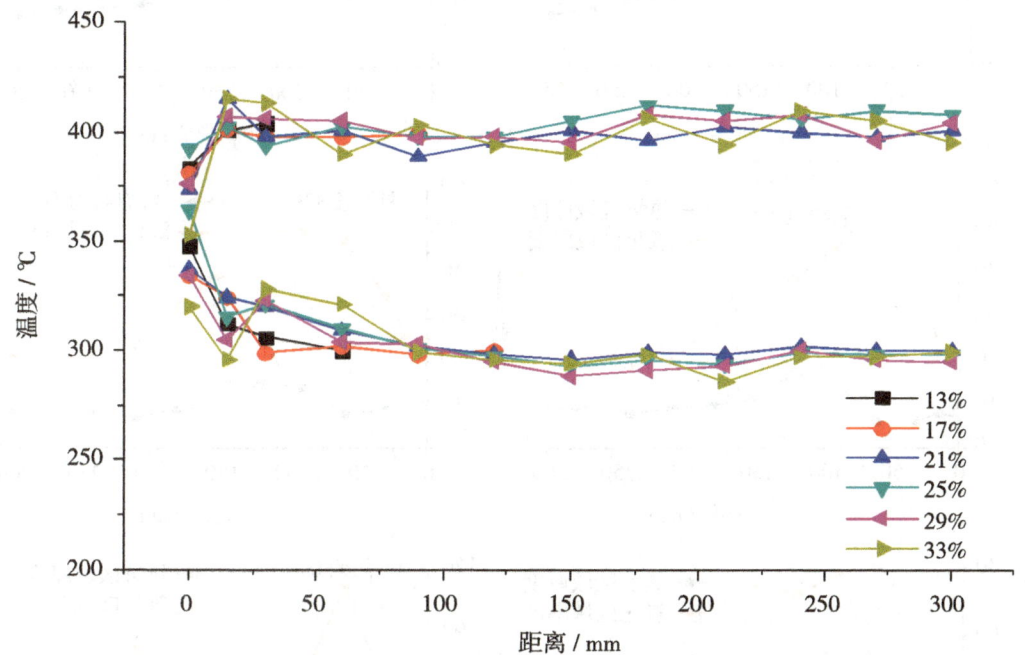

图 5-30　不同氧气浓度下聚氨酯软泡第二个升温峰起始和结束温度

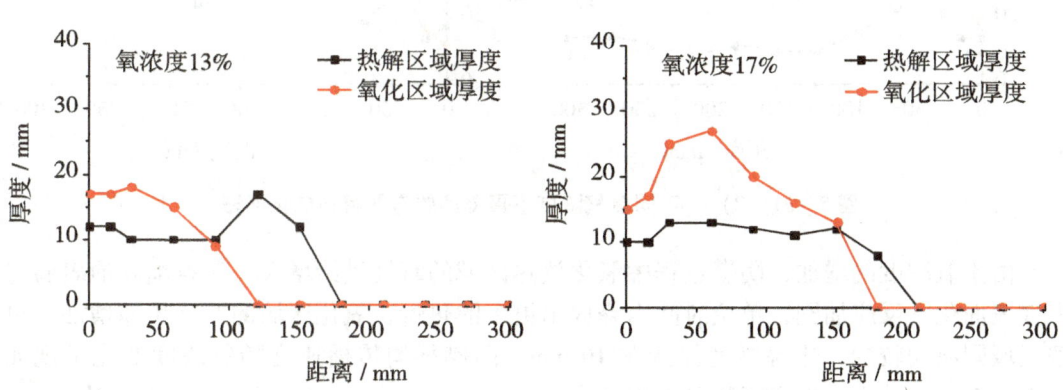

图 5-31（1）　不同氧气浓度下聚氨酯软泡热解和氧化区域

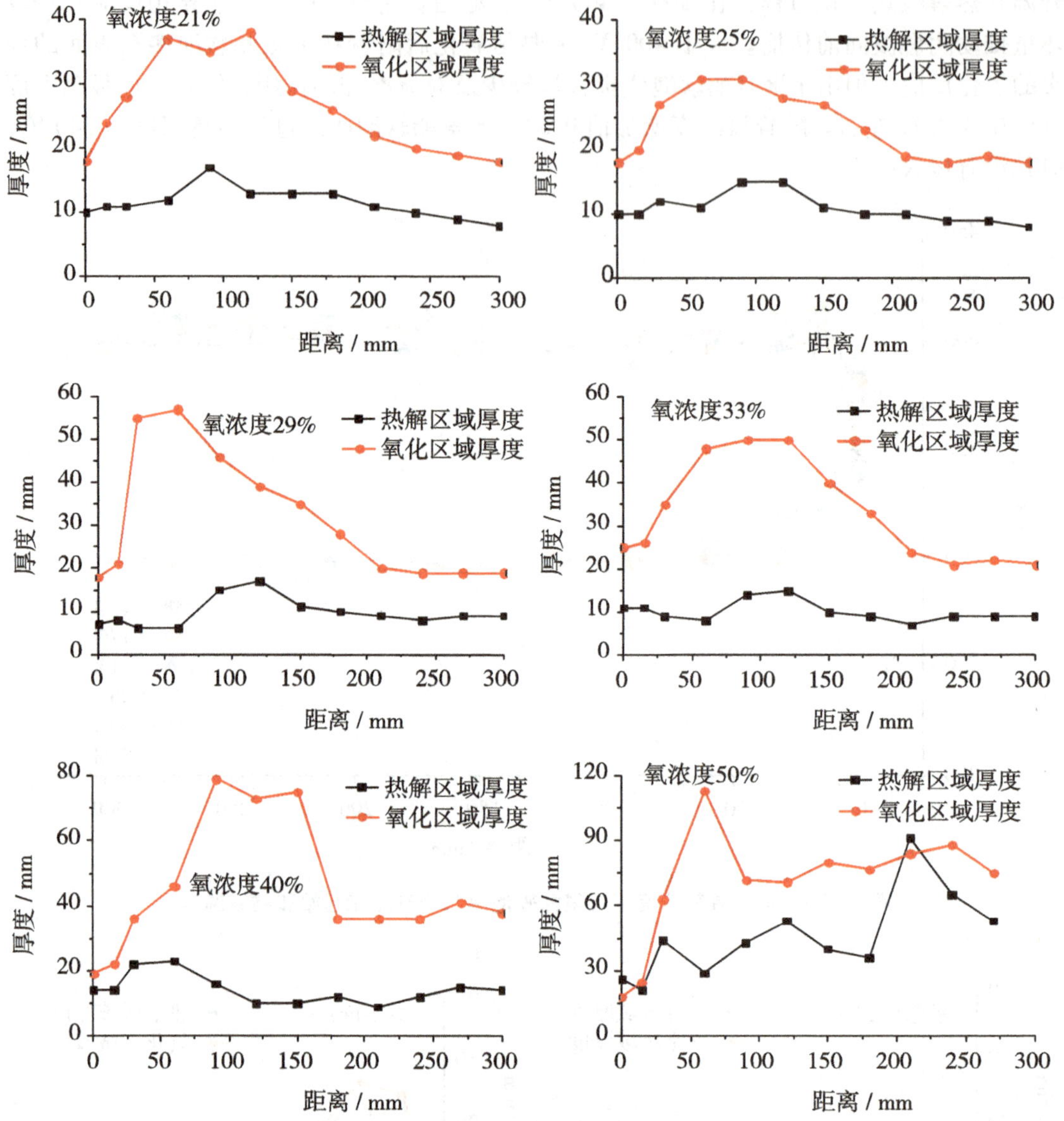

图 5-31(2) 不同氧气浓度下聚氨酯软泡热解和氧化区域

由于氧浓度的增加，阴燃过程中氧化放热区域的氧气供给增大，聚氨酯软泡表面与氧气表面化学反应加剧，单位时间内释放出更多的热量，氧化区域的厚度快速增加；热解区域则波动较少，热解厚度保持在 10 mm。阴燃平均传播速度随氧浓度变化呈现如图 5-31 所示关系，拟合函数可以表示为 $y = y_0 + A\exp(-\exp(-z) - z + 1)$，其中 $z = (x - xc)/w$，相关系数为 0.993。

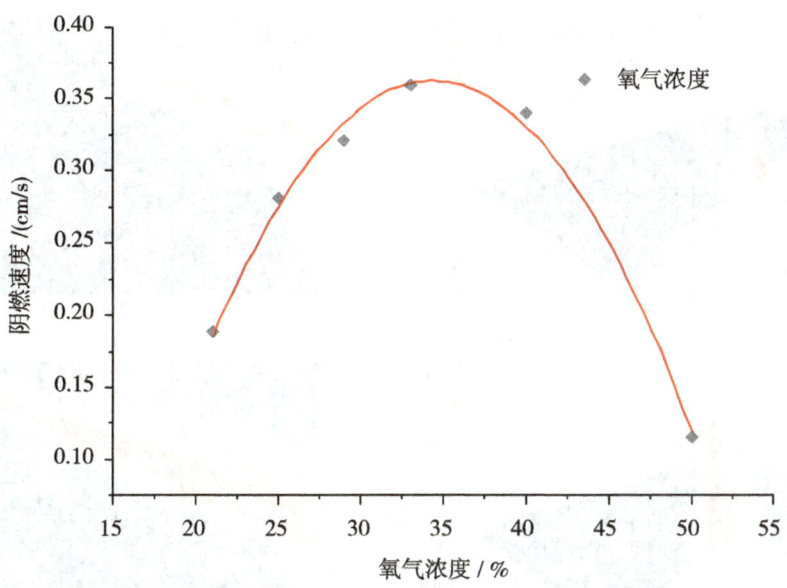

图 5-32　聚氨酯软泡阴燃传播速度随氧气浓度变化曲线

采用 Matlab 拟合计算得到的随氧浓度变化的聚氨酯软泡阴燃二维和三维温度分布如图 5-33 所示。

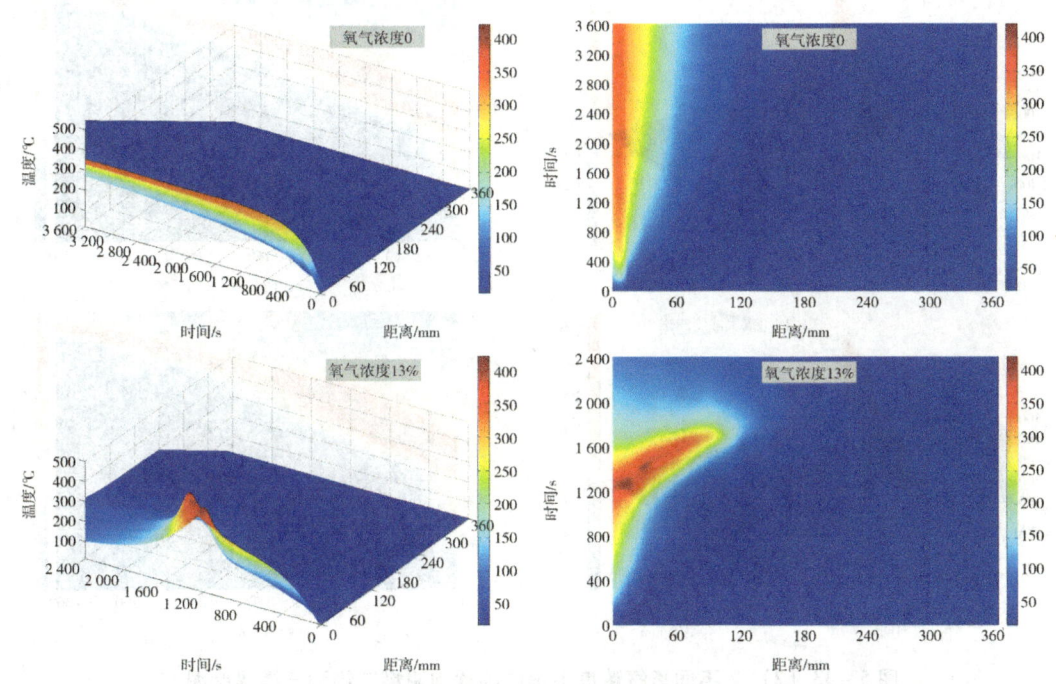

图 5-33（1）　不同氧气浓度下聚氨酯软泡阴燃二维和三维温度图

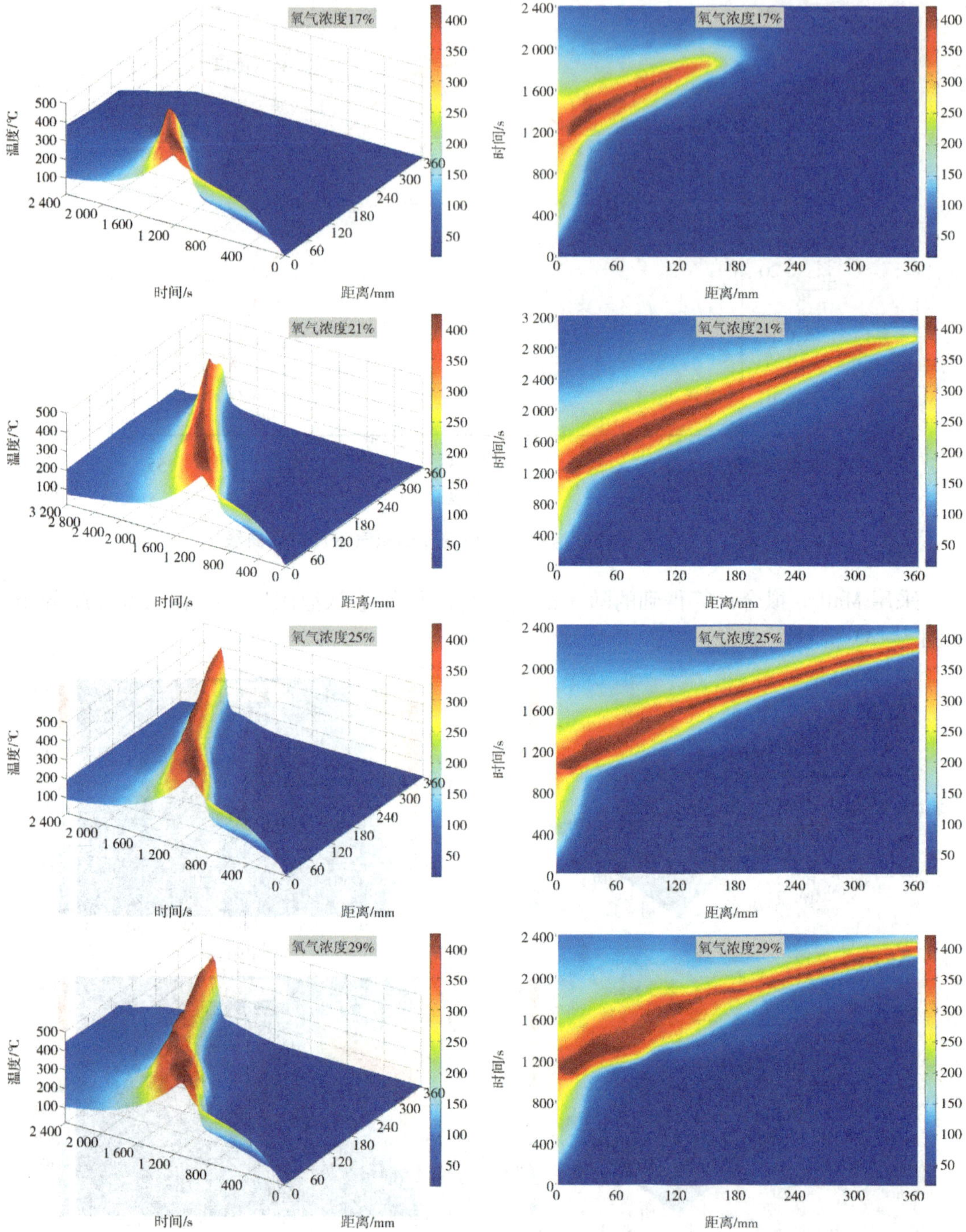

图 5-33（2） 不同氧气浓度下聚氨酯软泡阴燃二维和三维温度图

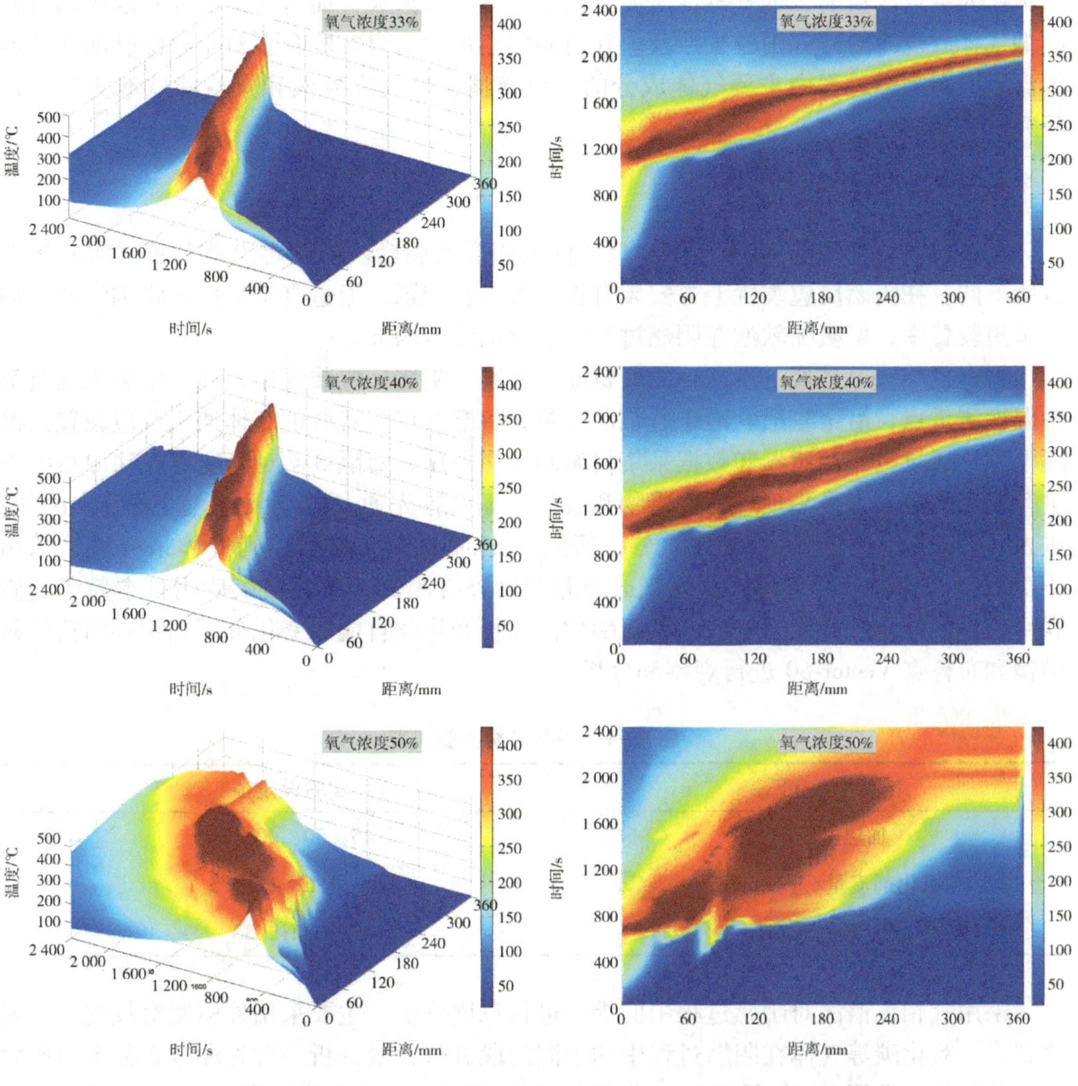

图 5-33（3） 不同氧气浓度下聚氨酯软泡阴燃二维和三维温度图

## 5.3 聚氨酯软泡阴燃过程中烟气和燃烧产物变化特性的研究

火灾的主要危害是燃烧高辐射热、有害烟气和缺氧人员三种因素的耦合作用[126]。据统计，火灾中85%以上人员死亡的原因是吸入有毒烟气，其中大部分人是吸入烟尘及有毒气体昏迷后致死[127]。与大多数明火火灾相比，阴燃火灾是一种缓慢、低温、无焰的燃烧现象，具有维持时间长、难以觉察、释放出大量有毒气体，严重危害人的健康甚至使人窒息。目前，烟气毒性研究主要基于有焰火火灾，而对于聚氨酯软泡阴燃过程的烟气释放规律的研究则较少涉及。在自制的小尺寸阴燃实验台上对聚氨酯软泡在强迫气流下同向阴燃过程中主要气体成分的生成特性、烟气冷凝液和聚氨酯软泡变化进行研究。

### 5.3.1 实验系统和实验方法

实验主体装置为图4-1所示小尺寸同向阴燃实验台。与阴燃点燃和传播实验条件有所不同，在阴燃反应装置上方安装有密封锥形吸烟罩，通过真空采样泵将烟气抽入烟气采集装置中，聚氨酯软泡在阴燃过程中氧化剂流速增加。

将直径10 mm、高360 mm的聚氨酯软泡置于阴燃反应装置中，插入铠装热电偶至各温度测量点，沿聚氨酯软泡中心轴向布置，将配气仪配置好的气体通入反应装置。接通电源，通过电压调压器和数据采集仪调制加热电压，每隔3 s对温度测点和加热电压进行记录采集。为采集理想的冷凝物和气体，烟气首先通过真空泵进入冷凝管中冷却，进入装有硅胶的干燥管以去除水分，每隔一定时间将气体采集到气体采样袋，采用GC7890Ⅱ双通道热导色谱仪对烟气成分和浓度进行测量。实验结束后用日本岛津气质联用仪对冷凝液进行成分分析，聚氨酯软泡孔径和化学官能团变化分别利用蔡司孔径显微镜和布鲁克Vector-60进行观察和分析。

表5-1 烟气分析实验工况

| 参数变量 | 实验设定值 |
| --- | --- |
| 加热电压/V | 45，50，60，75 |
| 氧化剂流量/（L/min） | 1，1.5，2，2.5 |
| 氧气浓度/% | 17，21，33 |

采用气相色谱法对阴燃过程中的烟气进行色谱分析，主要采用外标法对氧气、二氧化碳、一氧化碳等气体在阴燃过程中的不同阶段进行含量分析。首先配置3种不同比列的组分气体，采用5A分子筛柱（分析氮气、氧气、一氧化碳）和P柱（分析二氧化碳）进行定性和定量分析，在T20009色谱工作站中计算各组分的峰面积，采用最少二乘法对各组分标准气体测量点进行拟合，得到各组分的标准曲线。图5-35分别为氧气、氮气、二氧化碳和一氧化碳特征拟合曲线。

5 聚氨酯软泡阴燃传播过程和生成物分析

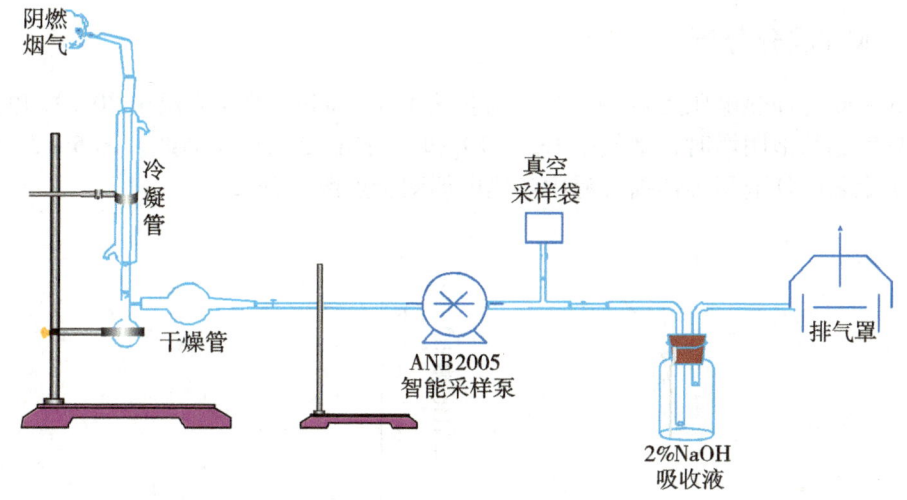

图 5-34 烟气采集装置简图

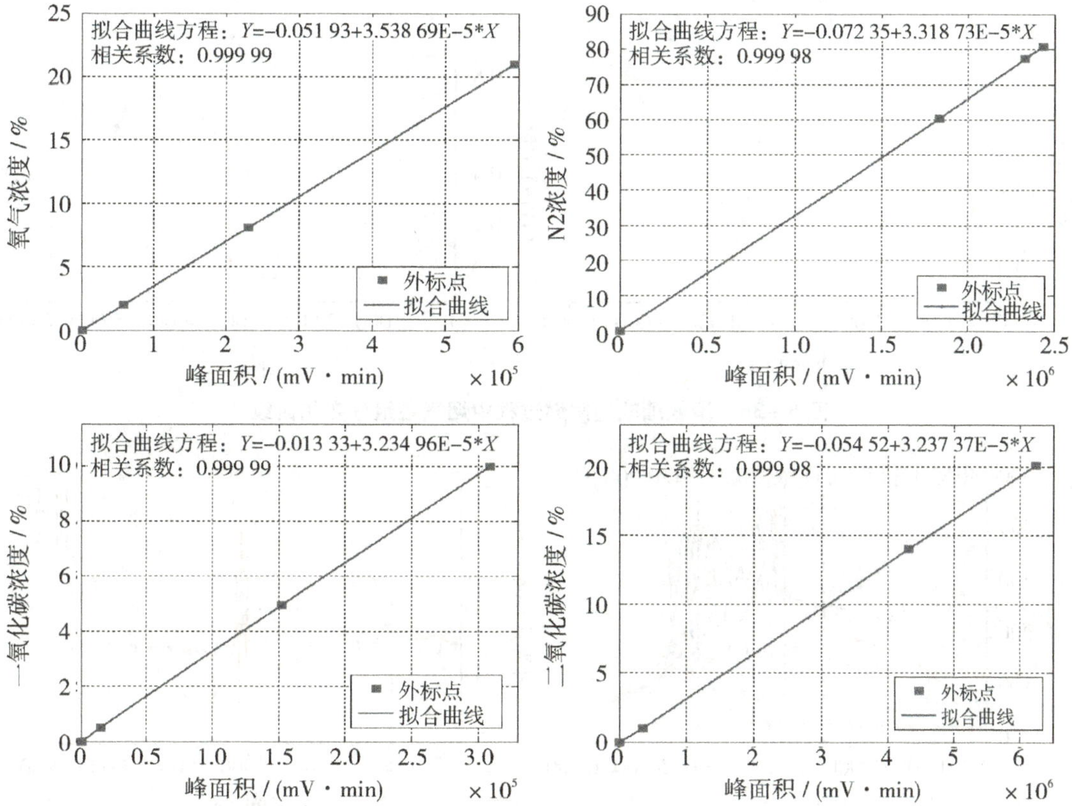

图 5-35 标准气体曲线拟合

## 5.3.2 烟气成分分析

图 5-36 是加热电压为 40 V、空气流量为 1.5 L/min、TC4 升温至 300 ℃ 停止加热条件下聚氨酯软泡阴燃时，烟气中 CO，$CO_2$ 和 $O_2$ 浓度变化规律曲线。图 5-37 是该实验条件下聚氨酯软泡阴燃传播过程中各热电偶测量点温度分布。

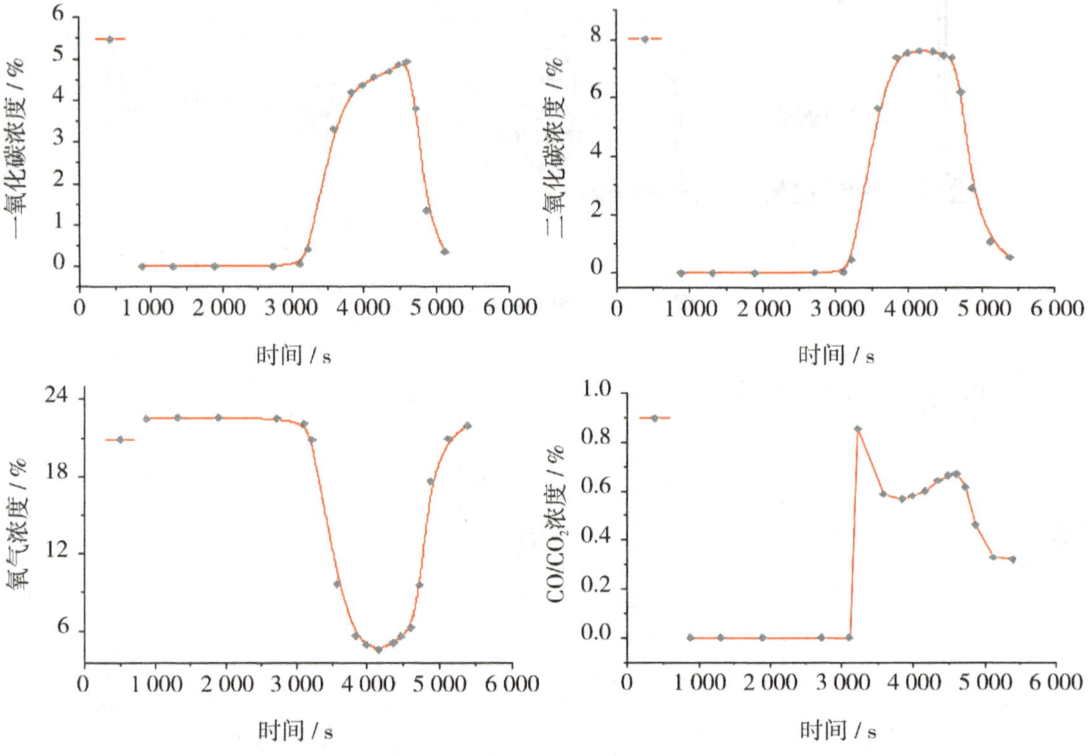

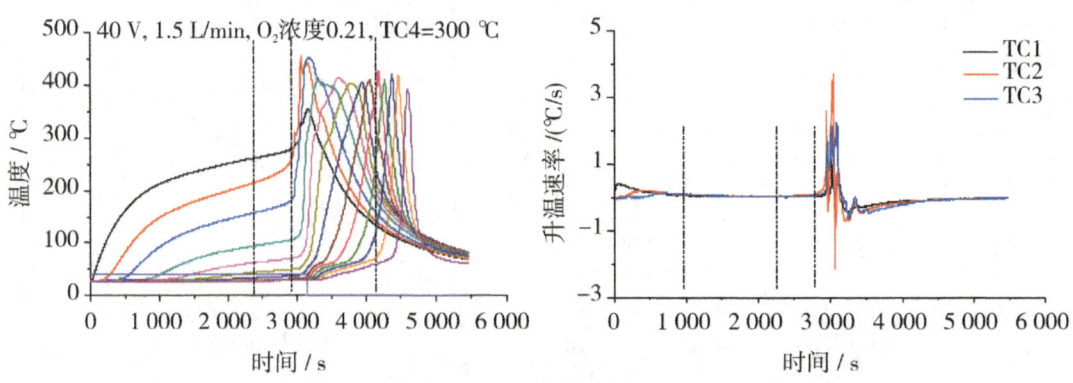

图 5-36　聚氨酯软泡阴燃过程中烟气各组分变化曲线

图 5-37　聚氨酯软泡阴燃传播过程中各热电偶测量点温度分布

从图 5-37 可以看到，在加热初期，由于 TC1 处聚氨酯软泡温度较低，该阶段试样吸热并通过对流导热将热量向内部传递，由于试验温度较低，烟气组分与空气相同；随着加热时间的增加，TC1 逐渐升温至热解起始温度，根据遗传算法模拟得到在该升温速率下，即 TC1 的平均升温速度约为 3 ℃/min 时，聚氨酯软泡的热解开始温度为 210 ℃，其对应的阴燃时间为 975 s，由于此温度条件热解反应速率较小，且聚氨酯软泡质量很少，在气相色谱仪上并没有检测到 CO 等气体；当 TC1 经过 2 360 s 加热至 260 ℃ 时，TC1 开始发生氧化放热反应，但反应速率很小，TC1 升温并不明显，因 TC1 上方的聚氨酯软泡与 TC1 处相比对流散热较小，随着温度的升高，TC2 的升温速率慢慢偏离 TC1；加热至 2 925 s 时，TC2 快速升温到 265 ℃，并在 2 955 s 高于 TC1 的温度，表明在加热面附近，即试样高度在 0～15 mm 之间的聚氨酯软泡开始发生氧化反应，速率增加，表现在烟气组分 CO 和 $CO_2$ 浓度开始增加，而 $O_2$ 浓度慢慢减小；经过 3 135 s，TC4 升温至 300 ℃ 停止加热，此时 CO 和 $CO_2$ 浓度分别为 0.058% 和 0.031%；随着阴燃反应时间的增加，热解前锋和阴燃前锋以不同的速度向聚氨酯软泡内部传播，热解和氧化反应区域的厚度增大，3576s 时烟气中 CO 和 $CO_2$ 浓度以指数方式增大至 3.3% 和 5.64%；阴燃反应进行至 4 160 s 时，$O_2$ 浓度降低至最低 4.55%，$CO_2$ 浓度升高至最大值 7.6%，而 CO 浓度还在不断升高，此时阴燃反应区传播至 200～220 mm 高度处；经过 4 597 s 阴燃传播至聚氨酯软泡末端，CO 浓度升高至最大值 4.92%，$O_2$ 和 $CO_2$ 浓度分别从极大值降至 7.36% 和 6.25%；随后阴燃传播停止，烟气中各组分浓度迅速降低。

下面对不同工况下烟气组分变化进行研究，为了便于对比分析，对聚氨酯软泡阴燃过程中各组分浓度随时间变化的曲线进行拟合，对停止加热至阴燃传播结束时间段内的曲线进行积分，计算聚氨酯软泡阴燃过程中各组分平均浓度，分析参数变化对烟气释放的影响。

#### 5.3.2.1 热流强度对烟气析出的影响

图 5-38 是在加热电压为 45 V，50 V，60 V 和 75 V 条件下，聚氨酯软泡阴燃过程中主要烟气组分随时间的变化曲线。从图中可以看到，各组分平均浓度变化很少，并不随外加热流强度的变化而变化，烟气中 $O_2$，CO 和 $CO_2$ 的平均浓度分别在 4.5%，4.6% 和 8.8% 左右。

聚氨酯软泡阴燃过程中烟气各组分浓度随热流强度变化较小，这主要是因为阴燃传播中聚氨酯软泡热解氧化反应受热流强度影响较小。从前面各章可知，热流强度与点燃时间成幂函数变化，当阴燃点燃能够自维持传播后停止加热，阴燃波向聚氨酯软泡内部传播。由于阴燃区域氧气供给不足，聚氨酯软泡通常反应不完全，阴燃后的聚氨酯软泡固体还含有大量聚氨酯软泡质，因而阴燃在传播过程主要受氧气供给的影响。而在不同加热强度条件下，氧化剂流量维持在 1.5 L/min，这使在阴燃反应区域中氧气供给差异较小，传播过程中各时刻阴燃波、各点温度分布曲线相差不大，最高温度在 400 ℃

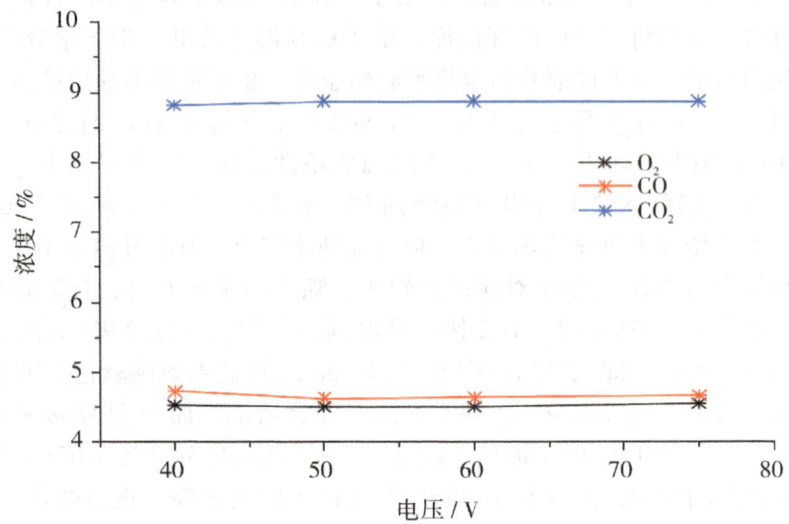

图 5-38　不同加热电压下烟气浓度变化

左右，在烟气各组成浓度呈现变化不大的情形。

#### 5.3.2.2　空气流量对烟气析出的影响

图 5-39 是空气流量为 1 L/min，1.5 L/min，2 L/min 和 2.5 L/min 条件下，聚氨酯软泡阴燃过程中主要烟气组分随时间的变化规律曲线。从图中可以看到，各组分平均浓度变化很大。一氧化碳和二氧化碳的浓度分别从 3.78% 和 6.9% 增大到 5.85% 和 9.5%，而氧气浓度则从 6.11% 减小至 3.3%，表明增大氧气浓度使阴燃氧化放热区域中聚氨酯软泡表面与氧气接触增加，单位时间内聚氨酯软泡发生氧化反应的质量也随之增大，释放出更多的热量，阴燃区域的厚度也较大，氧气进入阴燃氧化区域并且与可燃物反应的时间增加，因此氧气浓度减小。

#### 5.3.2.3　氧气浓度对烟气析出的影响

图 5-40 是氧气浓度为 17%，21% 和 33% 条件下，聚氨酯软泡阴燃过程中主要烟气组分随时间的变化曲线。与不同空气流量条件相类似，各组分平均浓度变化也很大。因为氧浓度的增加，使得单位时间内有较多的氧气进入阴燃氧化反应区，增大聚氨酯软泡与氧气反应并释放出更多的热量，从而使阴燃氧化区域厚度增加，氧气进入阴燃区域与聚氨酯软泡表面接触并发生氧化反应的机会增加。如图 5-40，氧气浓度从 17% 增大至 33%，阴燃传播过程中烟气组分一氧化碳、二氧化碳平均浓度从 3.3% 和 6.0% 增大至 5.1% 和 9.2%，而氧气浓度从 4.6% 减小到 3.37%。

### 5.3.3　烟气冷凝液分析

下图为聚氨酯软泡阴燃后烟气冷凝液的总离子流图。与明火燃烧相比，由于阴燃为

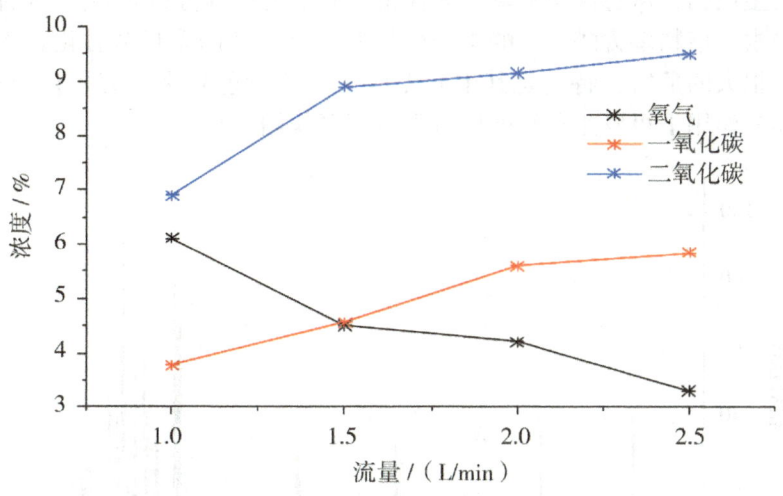

图 5-39 不同空气流量烟气浓度变化

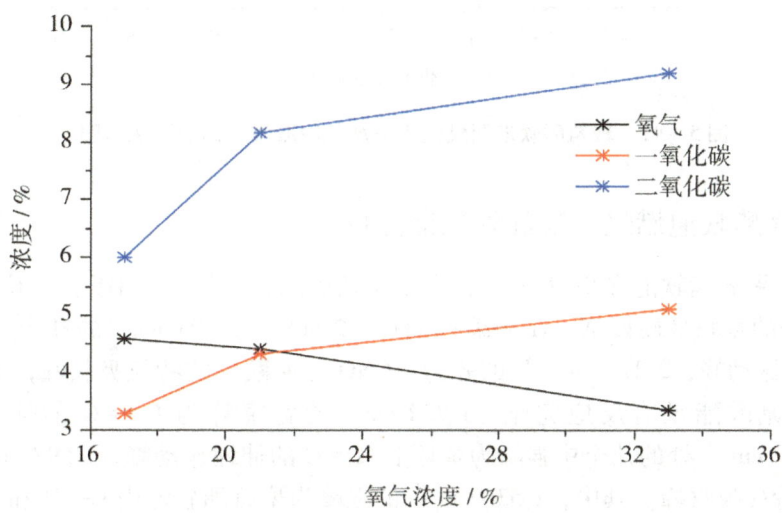

图 5-40 不同氧浓度时烟气浓度变化

不完全燃烧反应，聚氨酯软泡受热氧化热解释放出大量的黄色刺激性烟雾，当阴燃从聚氨酯软泡表面反应至内部时，生成的烟雾由于冷却使热解液附着在未燃物上。当阴燃峰反应到附着有热解液的聚氨酯软泡时，使得热解液体受热升温和聚氨酯软泡一起发生氧化热解反应，直到阴燃峰穿透材料，大量的黄色烟雾释放到空气中。阴燃由于其自身燃烧的特殊性，与明火燃烧热解释放出的烟雾有很大的差异，阴燃中由于热解液受热反应后形成烟雾再冷却再受热不断反应直到释放到空气中，使得热解液经过多次氧化热解反应生成较多的生成物,从总离子流图不同保留时间下的谱峰分析有多达 73 种有机产物。从岛津谱库检索,产物多为醇类、醚类和少量的含有苯环的多环芳香化合物这些物质,有些对人体有很大的危害,特别是其中的无色(或淡黄色)多环芳香化合物,具有荧光性,在光和氧作用下可发生分解变质有强致癌等作用[128]。

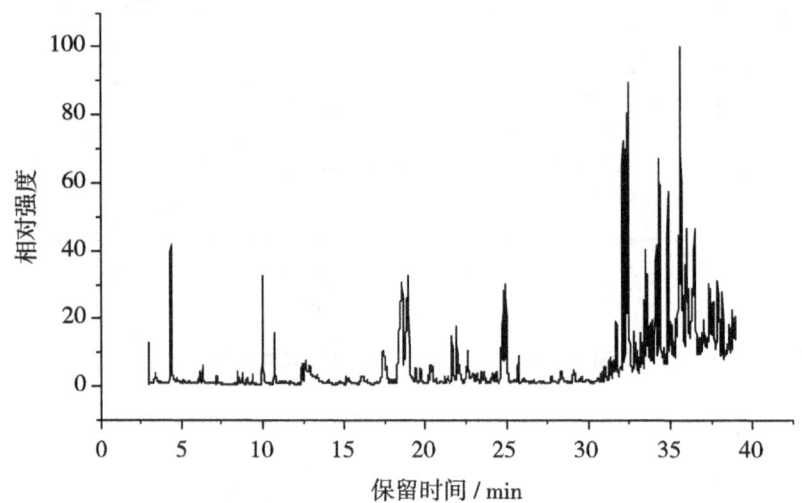

图 5-41　聚氨酯软泡阴燃过程中烟气冷凝液总离子流色谱图

### 5.3.4　聚氨酯软泡燃烧产物红外光谱分析

图 5-42 聚氨酯软泡在空气常温下的红外光谱图,根据 IR 图吸收峰位置的分析,3 286 $cm^{-1}$ 处的宽峰是硬段 N—H 伸缩振动峰,2 868～2 971 $cm^{-1}$ 的几个强峰主要是 C—H 的伸缩振动峰,2 272 $cm^{-1}$ 处的峰为—CNO 异氰酸键的特征吸收峰,说明还有少量残余的异氰酸酯没有反应完全。1 722 $cm^{-1}$ 的宽窄峰为 C=O 的伸缩振动峰,1 451～1 639 $cm^{-1}$ 处的几个中强峰为苯环上 C=C 的伸缩振动峰,1 598 $cm^{-1}$ 处的峰为苯环骨架特征吸收峰。其中,1 536 $cm^{-1}$ 的强峰为聚氨酯软泡中 C—N 和 N—H 的混合吸收特征谱带,它反应聚氨酯中氨基甲酸酯的量。1 373 $cm^{-1}$ 和 1 343 $cm^{-1}$ 分布为 $CH_3$ 和 CH 的弯曲振动峰,1 296 $cm^{-1}$ 主要是 $\delta$C—N 和 $\nu$N—H 重叠吸收带,1 224 $cm^{-1}$ 的窄强峰为 C—C 伸缩振动峰,1 093 $cm^{-1}$ 的强峰为酯 O=C—O 不对称伸缩峰,926 $cm^{-1}$ 的弱吸收峰为多取代苯环上 C—H 振动峰,867 $cm^{-1}$ 的 C—$CH_3$ 的面外摇摆峰,816 $cm^{-1}$ 为取代苯环上的面外弯曲振动峰,758 $cm^{-1}$ 为 O=C—O—弯曲振动峰。

图 5-42 中左图为聚氨酯软泡放大 800 倍的微观显微图片,可以看到聚氨酯软泡是一种聚氨酯软泡,聚合物主要以五边形和六边形结构分布在泡沫的经络内,不同尺寸的结构和开孔率极大影响材料的强度和回弹性。实验中的聚氨酯软泡多孔度高达

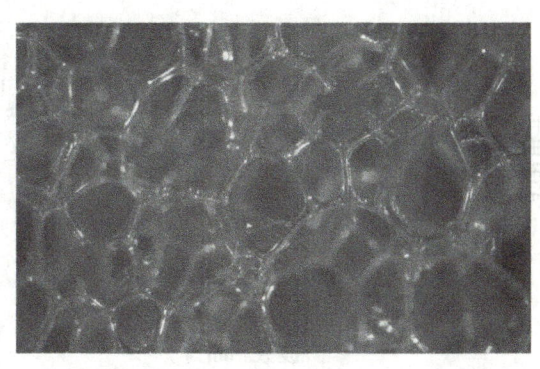
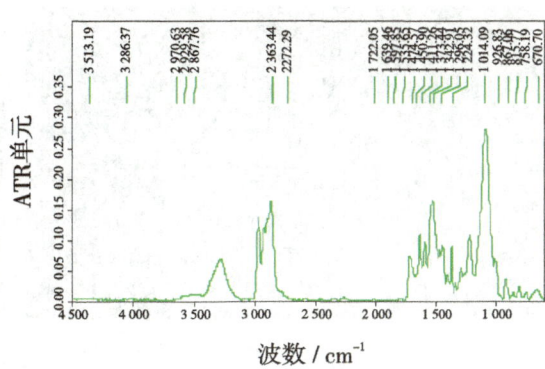

图 5-42　聚氨酯软泡微观结构及红外光谱图

96.88%，密度为 18.97 kg/m³，具有很大的表面积，作为一种低密度多孔材料，较高的多孔度增大了材料与空气的接触面积，因此泡沫塑料的密度越低，其多孔率就越高，越容易燃烧。

　　通过实验可以看到，随着聚氨酯软泡温度的升高，较少的水分和残留的小分子有机物从聚氨酯软泡中释放出来，如图 5-43 右图由粉红色变为黄色，与原有聚氨酯软泡红外光谱相比，各个特征官能的比例并未发生变化，材料的内部结构保持不变。在 225 ℃ 左右聚氨酯软泡发生吸热热解反应，产生含有刺激性气味的黄色异氰酸酯气体和热解物，如图 5-44 右图所示，多孔结构孔径开始断开，聚合物主链上的—NH-COO—基团断裂为异氰酸酯并释放出来。随着温度的升高，聚氨酯软泡继续发生热解反应，在 265 ℃ 左右开始与氧气发生氧化反应，如图 5-45 右图所示，此时聚氨酯软泡表面附着着大量热解产物，多为醇类、醛类、脂类有机物，颜色变为黄褐色物质。当温度继续升高，聚氨酯软泡增大与氧气反应速率增大，热解后的残留物与氧气燃烧生产更难分解的芳香脂有机物，如图 5-46 右图在聚氨酯软泡的孔径上附着大量燃烧后的黑色反应物，内部还有大量的黄色醇类、醛类有机物，阴燃后聚氨酯软泡内部还保持原有多孔网络结构，由于阴燃反应时材料温度和氧气浓度较低，使得聚氨酯软泡阴燃过后还有大量的聚氨酯软泡未反应完全。

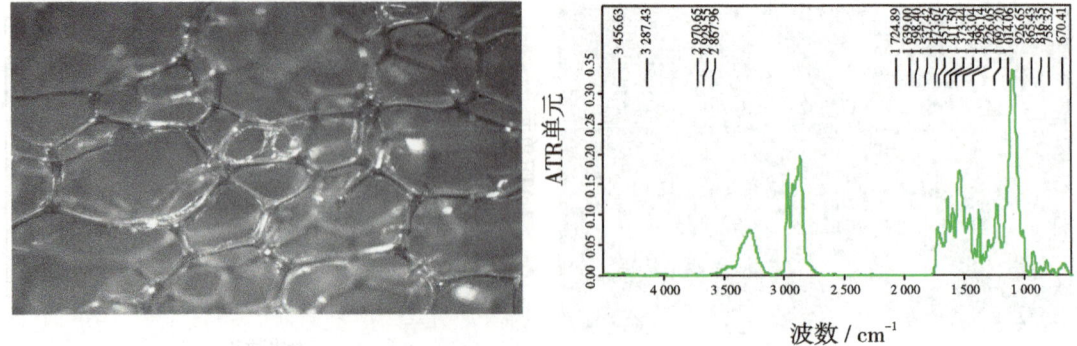

图5-43　预热阶段时聚氨酯软泡微观结构和红外光谱图

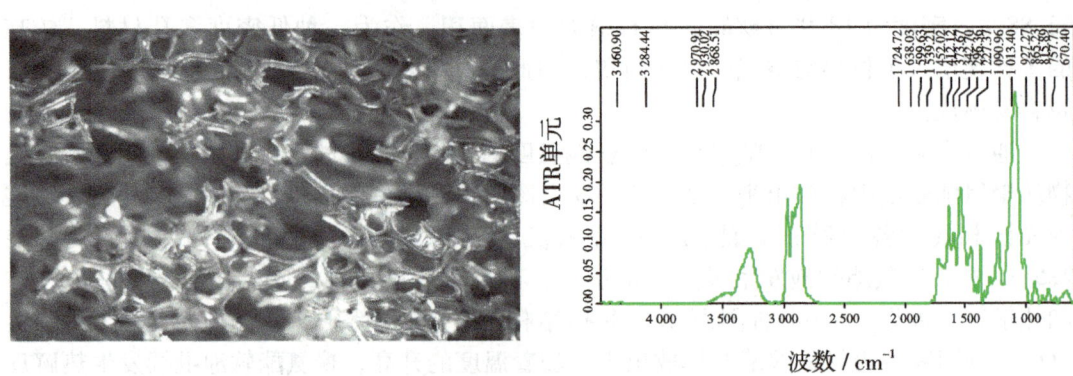

图5-44　热解吸热初期阶段时聚氨酯软泡微观结构和红外光谱图

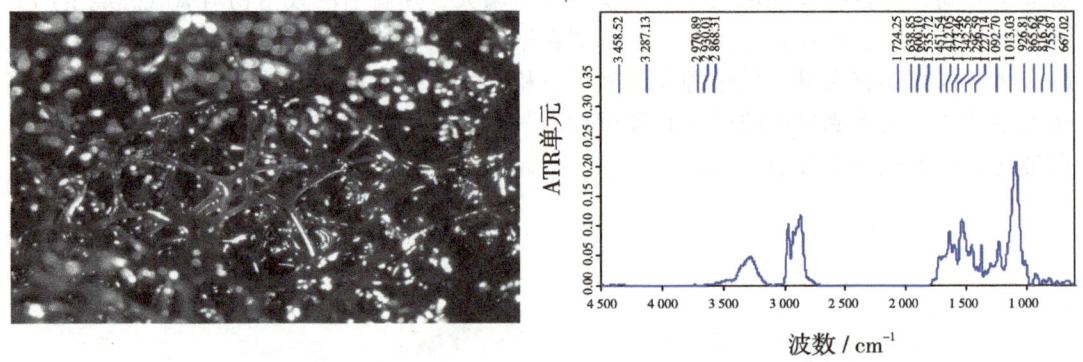

图5-45　热解吸热阶段时聚氨酯软泡微观结构和红外光谱图

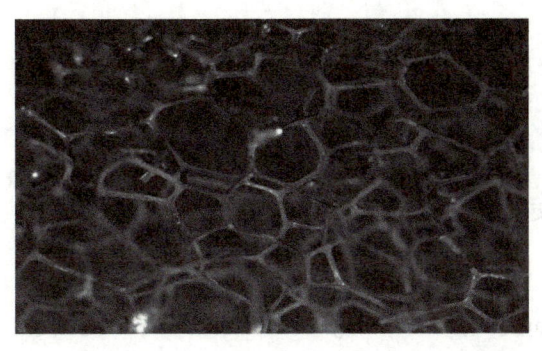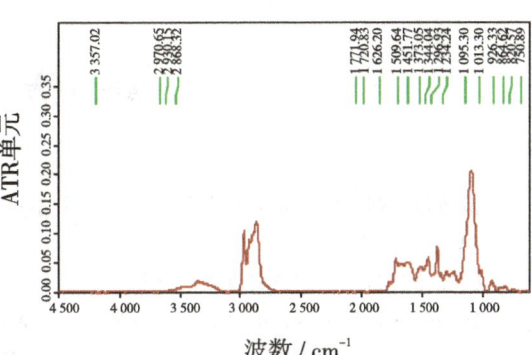

图 5-46　阴燃氧化放热后聚氨酯软泡微观结构和红外光谱图

## 5.4　小结

根据聚氨酯软泡阴燃点燃过程的实验数据，分析不同工况下聚氨酯软泡阴燃反应速度、阴燃波形成、传播过程中各阴燃反应区域的变化状况，以及各测量点温度、温度导数和烟气中各组分变化，采用向前差分拟合的方法得到聚氨酯软泡阴燃二维和三维温度变化图。研究表明，聚氨酯软泡在阴燃过程中温度变化由预热、热解吸热、阴燃区氧化放热和冷却散热四个阶段组成，在聚氨酯软泡热解吸热和氧化放热时升温速率变化最大，其中 300 ℃ 和 400 ℃ 是阴燃传播过程中聚氨酯软泡氧化放热的起始温度和结束温度。阴燃氧化区域中氧气与聚氨酯软泡化学变化是推动阴燃波向前传播的主要因素，而导致聚氨酯软泡阴燃区氧气供给变化的氧化剂流量和氧气浓度对阴燃传播影响较大，热流强度影响较小，从烟气释放过程中 $O_2$，$CO_2$ 和 CO 浓度变化也可以得到上述规律。

# 参 考 文 献

[1] 范维澄,刘乃安. 火灾安全科学——一个新兴交叉的工程科学领域 [J]. 中国工程科学,2001,3 (1): 6-14.

[2] 国家统计局. 中国统计年鉴. 北京.

[3] Quintiere J G, Birky M, Macdonald F, et al. An analysis of smoldering fires in closed compartments and their hazard to carbon monoxide [J]. Fire and Materials, 1982, 6 (3-4): 99-110.

[4] Ohlemiller T. J. The SFPE handbook of fire protection engineering [M]. 3rd ed. Michigan US: National Fire Protection Association, 1995.

[5] Damant G H. Recent United States developments in tests and materials for the flammability of furnishings [J]. Journal of the Textile Institute. 1994, 85 (4): 505-525.

[6] Stracher G B., Taybr T P. Coal fires burning out of control around the world: thermodynamic recipe for environmental catastrophe [J]. International Journal of Coal Geology, 2004 (59): 7-17.

[7] 范维澄,王清安. 火灾学简明教材 [M]. 合肥:中国科技大学出版社,1995.

[8] Ohlemiller T J, Bellan J, Rogers F. A model of smoldering combustion applied to flexible polyurethane foams [J]. Combustion and Flame. 1979 (36): 197-215.

[9] Ohlemiller T J, Lucca D A. An experimental comparison of forward and reverse smolder propagation in permeable fuel beds [J]. Combustion and Flame, 1983 (54): 131-147.

[10] Amnon Avishai Bar-Ilan. Ph. D. Thesis, the Universtiy of California, Berkeley, 1996.

[11] Amnon Avishai Bar-Ilan. Transition from forward smoldering to flaming in small polyurethane foam samples [J]. Fire Science and Technology, 2006, 25 (2): 176-184.

[12] Stephen Shafer. An ecological history of coal refuses bank fires in Scranton [J]. Pennsylvania Social Science and Medicine, 1979, 13 (1): 33-38.

[13] Nichol D, Tovey N P. Remediation and monitoring of a burning coal refuse bank affecting the Southsea Looproad at Brymbo [J]. North Wales Combustion and Flame, 1993, 95 (2): 170-182.

[14] Woolley W D, Ames S A, Pitt A I, et al. The ignition and burning characteristics of fabric covered foams [J]. Fire Safety Journal, 1980, 2 (1): 39-59.

[15] Yves Alarie, Maryanne F S, Michelle Matijak-Schaper, et al. Toxicity of smoke during chair smoldering tests and small scale tests using the same materials [J]. Fundamental and Applied Toxicology, 1983, 3 (6): 619-626.

[16] Changkook Ryu, Anh N P, Vida N S, et al. Combustion of textile residues in a packed bed experimental [J]. Thermal and Fluid Science, 2007, 31 (8): 887-895.

[17] Daniel T. G, Michelle J P, Richard J R, et al. Advanced fire detection using multi-signature alarm algorithms [J]. Fire Safety Journal, 2002, 37 (4): 381-394.

[18] Gugan K. Natural smoulder in cigarettes [J]. Combustion and Flame, 1966, 10 (2): 161-164.

[19] Ali Rostami, Jayathi Murthy, Mohammad Hajaligol. Modeling of a smoldering cigarette [J]. Journal of Analytical and Applied Pyrolysis, 2003, 66 (1−2): 281−301.

[20] Ayako Sawada, Tsubasa Higashino, Takashi Oyabu, et al. Gas sensor characteristics for smoldering fire caused by a cigarette smoke [J]. Sensors and Actuators B: Chemical, 2007, 26: 125−142.

[21] McKenzie L M, Wei M H, Geoffrey N, et al. Ward Quantification of major components emitted from smoldering combustion of wood [J]. Atmospheric Environment, 1994, 28 (20): 3285−3292.

[22] Li XR, Hiroshi Koseki, Yusaku. Risk assessment on processing facility of raw organic garbage [J]. Journal of Hazardous Materials, 2007, 2: 189−204.

[23] de Zárate I O, Ezcurra A, Lacaux J P, et al. Emission factor estimates of cereal waste burning in Spain [J]. Atmospheric Environment, 2000, 34 (19): 3183−3193.

[24] Stephen D T, Carlo A, Ferna Nde-Pello, et al. Controlling mechanisms in the transition from smoldering to flaming of flexible polyurethane foam [J]. Symposium (International) on Combustion, 1996, 26 (1): 1505−1513.

[25] Melissa K A, Randall T S, Jose L T. Downward smolder of polyurethane foam: ignition signatures [J]. Fire Safety Journal, 2000, 35 (2): 131−147.

[26] Palmer K N. Smouldering combustion in dusts and fibrous materials [J]. Combustion and Flame, 1957, 1 (2): 129−154.

[27] Egerton A, Gugan K, Weinberg F J. The mechanism of smouldering in cigarettes [J]. Combustion and Flame, 1963, 7: 63−78.

[28] Moussa N A, Toong T Y, Garris C A. Mechanism of smoldering of cellulosic materials [J]. 16th Symposium (international) on Combustion, the Combustion Institute, 1976: 1447−1457.

[29] Ortiz-Molina M G, Toong T, Moussa N A, et al. Smolderingcombustion of flexible polyurthane foams and its transition to flaming or extinguishment [J]. 17th Symposium (international) on Combustion, the Combustion Institute, 1979: 1191−1200.

[30] Torero J L, Fernandez-Pello A C. Natural convection smolder of polyurethane foam, upward propagation [J]. Fire Safety Journal, 1995, 24 (1): 35−52.

[31] Ulrich K, Martin S. Initiation of smouldering fires in combustible bulk materials by glowing nests and embedded hot bodies [J]. Journal of Loss Prevention in the Process Industries, 1997, 10 (4): 237−242.

[32] Melissa K A, Randall T S, Jose L T. Ignition signatures of a downward smolder reaction [J]. Experimental Thermal and Fluid Science, 2000, 21 (1−3): 33−40.

[33] Dosanjh S, Peterson J, Fernandez-Pello A C, et al. Buoyancy effects on smoldering combustion [J]. Acta Astronautica, 1986, 13 (11−12): 689−696.

[34] Dosanjh S, Patrick J P, Fernandez-Pello A C. Forced cocurrent smoldering combustion [J]. Combustion and Flame, 1987, 68 (2): 131−142.

[35] Thomas J O. Forced smolder propagation and the transition to flaming in cellulosic insulation [J]. Combustion and Flame, 1990, 81 (3−4): 354−365.

[36] 孙文策, 解茂昭, 张明阁, 等. 水平燃料床阴燃的传播及其向明火转捩的实验研究 [J]. 火灾科

学，1995，4（3）：23-29．

[37] 孙文策，解茂昭，徐敏．纤维质颗粒燃料阴燃引燃过程的研究［J］．大连理工大学学报，1998，38（2）：218-222．

[38] 郭晓平，解茂昭．二维碳粒床中阴燃传播的数值模拟［J］．燃烧科学与技术，1998，1（1）：86-93．

[39] 郭晓平，解茂昭，孙文策．水平碳粒床中阴燃过程的数值计算［J］．大连理工大学学报，1998，38（1）：63-69．

[40] 郭晓平，解茂昭，孙文策．水平碳粒填充床上方气体热辐射对阴燃影响［J］．大连理工大学学报，2000，40（6）：702-705．

[41] 解茂昭，孙文策．纤维质颗粒床阴燃特性的数值模拟［J］．大连理工大学学报，1998，38（1）：58-62．

[42] 路长，周建军，林其钊，等．水平阴燃向有焰火转化的研究［J］．燃烧科学与技术，2005，11（1）：41-46．

[43] 路长，周建军，张林鹤，等．聚亚安酯材料阴燃转为有焰燃烧的实验研究［J］．燃烧科学与技术，2005，11（3）：268-272．

[44] 周建军，彭磊，路长，等．逆向阴燃传播的积分模型［J］．中国科学技术大学学报，2006，31（1）：86-90．

[45] 路长，陈亮，林棉金，等．逆向阴燃传播过程和模型［J］．消防科学与技术，2008，27（5）：313-316．

[46] Lua A C, Su J. Isothermal and non-isothermal pyrolysis kinetics of Kapton polyimide [J]. Polymer Degradation and Stability, 2006, 91: 144-53.

[47] Erceg M, Kovacic T, Perinovic S. Kinetic analysis of the nonisothermal degradation of poly (3-hydroxybutyrate) nanocomposites [J]. Thermochimica Acta, 2008, 476: 44-50.

[48] 江治，袁开军，李疏芬，等．聚氨酯的FTIR光谱与热分析研究［J］．光谱学与光谱分析，2006，26（4）：624-628．

[49] Li L, Guan C, Zhang A, et al. Thermal stabilities and the thermal degradation kinetics of polyimides [J]. Polymer Degradation and Stability, 2004, 84: 369-73.

[50] Carmen B, Colomba D B, Angela C, et al. Reaction kinetics and morphological changes of a rigid polyurethane foam during combustion [J]. Thermochimica Acta, 2003, 399: 127-137.

[51] Esperanza M M, Garcia A N, Font R L. Pyrolysis of varnish wastes based on a polyurethane [J]. Journal of Analytical and Applied Pyrolysis, 1999, 52: 151-162.

[52] 朱吕民，刘益军．聚氨酯泡沫塑料（第三版）［M］．北京：化学工业出版社．

[53] Chattopadhyay D K, Raju K V S N. Structural engineering of polyurethane coatings for high performance applications [J]. Progress in Polymer Science, 2007, 32: 352-418.

[54] 袁开军，江治，李疏芬．聚氨酯的热分解研究进展［J］．高分子通报，2005，12（6）：22-26．

[55] Petrovic Z S, Zavargo Z, Flynn J H, et al. Thermal degradation of segmented polyurethanes [J]. Journal of Applied Polymer Science, 1994, 51: 1087-1095.

[56] Lage L G, Kawano Y. Thermal degradation of biomedical polyurethanes - a kinetic study using high-res-

olution thermogravimetry [J]. Journal of Applied Polymer Science, 2001, 79: 910 – 919.

[57] Day M, Cooney J D, MacKinnon M. Degradation of contaminated plastics: a kinetic study [J]. Polymer Degradation and Stability, 1995, 48: 341 – 349.

[58] Zhang Y, Shang S, Zhang X. Influence of structure of hydroxyl-terminated maleopimaric acid ester on thermal stability of rigid polyurethane foams [J]. Journal of Applied Polymer Science, 1995, 58: 1803 – 1809.

[59] Font R, Fullana A, Caballero J A, et al. Pyrolysis Study of Polyurethane [J]. Journal of Applied Polymer Science, 2001, 58: 927 – 941.

[60] Carmen B, Colomba D B, Angela C, et al. Reaction kinetics and morphological changes of a polyurethane foam during combustion [J]. Thermochimica Acta, 2003, 399: 127 – 137.

[61] Wang J H. Ph. D. Thesis. the Hong Kong University of Science and Technology. 2002.

[62] Holland J. Adaptation in Natural and Artificial Systems. TheUniversity of Michigan Press. Ann Arbor, 1975.

[63] 冯冬青, 王非, 马雁. 一种扩大交叉规模的自适应遗传算法 [J]. 计算机工程与应用, 2008, 44 (9): 73 – 75.

[64] 郑根让, 冯友前, 张善文. 基于遗传算法的一种高分辨率雷达目标识别方法 [J]. 航空计算技术, 2004, 34 (1): 28 – 30.

[65] 张文修, 梁怡. 遗传算法的数学基础 [M]. 西安: 西安交通大学出版社, 2000.

[66] Rodante F, Vecchio S, Tomassetti M. Kinetic analysis of thermal decomposition for penicillin sodium salts model-fitting and model-free methods [J]. Journal of Pharmaceutical and Biomedical Analysis, 2002, 29: 1031 – 1043.

[67] 汪涛, 祝美丽, 鲁玉祥, 等. 固态反应动力学热分析研究方法浅析 [J]. 材料导报, 2002, 16 (1): 18 – 23.

[68] Vyazovkin S, Sbirrazzuoli N. Isoconversional kinetic analysis of thermally stimulated processes in polymers [J]. Macromolecular Rapid Communications, 2006, 27 (18): 1515 – 1532.

[69] 曹薇, 张乃洲. 基于遗传算法的非线性方程组求解 [J]. 计算机时代, 2009, 9: 27 – 31.

[70] Cao H Q, Yub J X, Kang L S, et al. The kinetic evolutionary modeling of complex systems of chemical reactions [J]. Computers and Chemistry, 1999, 23: 143 – 151.

[71] Chris Lautenberger, Guillermo Rein, Carlos Fernandez-Pello. The application of a genetic algorithm to estimate material properties for fire modeling from bench-scale fire test data [J]. Fire Safety Journal, 2006, 41: 204 – 214.

[72] Elliott L, Ingham D B, Kyne A G, et al. Genetic algorithms for optimisation of chemical kinetics reaction mechanisms [J]. Progress in Energy and Combustion Science, 2004, 30: 297 – 328.

[73] Park S J, Bhargava S, George G C. Fitting of kinetic parameters of NO reduction by CO in fibrous media using a genetic algorithm [J]. Computers and Chemical Engineering, 2010, 34: 485 – 490.

[74] 谷艳昌, 肖浩波. 基于遗传算法的 GNA 优化反演方法 [J]. 武汉大学学报（工学版）, 2010, 43 (3): 283 – 287.

[75] 宋晓峰, 陈德钊, 胡上序, 等. 基于优进策略的遗传算法对重油热解模型参数的估计 [J]. 高校

化学工程学报, 2003, 17 (4): 411 - 417.

[76] Averson A E, Barzykin V V, Merzhanov A G. Laws of ignition of condensed explosive systems with perfect heat transfer at the surface and allowance for burnup [J]. Journal of Engineering Physics and Thermophysics, 1968, 9 (2): 172 - 174.

[77] Walther D C, Anthenien R A, Fernandez-Pello A C. Smolder ignition of polyurethane foam: Effect of oxygen concentration [J]. Fire Safety Journal, 2000, 34 (4): 343 - 359.

[78] Walther D C, Fernandez-Pello A C, Urban D L. Space shuttle based micmgravity smoldering combustion experiments [J]. Combustion and Flame, 1999, 116: 398 - 414.

[79] 路长, 彭磊, 周建军, 等. 聚氨酯泡沫材料阴燃的点燃过程 [J]. 燃烧科学与技术, 2005, 11 (6): 487 - 492.

[80] Schult D A, Matkowsky B J, Volpert V A, et al. Forced forward smolder combustion [J]. Combustion and Flame, 1996, 104: 1 - 26.

[81] Buckmaster J, Lozinski D. Anelementary discussion of forward smoldering [J]. Combustion and Flame, 1996, 104: 300 - 310.

[82] Torero J L, Fernandez-Pello A C. Forward smolder of polyurtheane foam in a forced air flow [J]. Combustion and Flame, 1996, 106: 89 - 109.

[83] Leach S V, Rein G, Ellzey J L, et al. Kinetic and fuel property effects on forward smoldering combustion [J]. Combustion and Flame, 2000, 120: 348 - 358.

[84] Ohlemiller T J, Rogers F E. A survey of several factors influencing smoldering combustion in flexible and polymer foams [J]. Journal of Fire and Flammability, 1978, 9: 489 - 509.

[85] Ortiz-Molina M G, Toong T, Moussa N A, et al. Smoldering combustion of flexible polyurthane foams and its transition to flaming or extinguishment. Seventeenth Symposium on Combustion [J]. The Combustion Institute, 1979, 17: 1191 - 1200.

[86] Leisch S O, Kauffman C W, Sichel M. Smolderingcombustion in horizontal dust layers. 20th Symposium on Combustion. The Combustion Institute. 1984, 20: 1601 - 1610.

[87] Tse S. D. Ph. D. Thesis. The University of California, Berkeley, 1996.

[88] Chen Y, Kauffman C W, Sichel M, et al. The transition from smoldering to glowing to flaming combustion. Fall Meeting. The Combustion Institute, Eastern States Section, 1990.

[89] Chao Y H, Wang J H. Transition fromsmoldering to flaming combustion of horizontally-oriented flexible polyurethane foam with natural convection [J]. Combustion and Flame, 2001, 127: 2252 - 2264.

[90] Ohlemiller T J. Modeling of smoldering combustion propagation [J]. Progress in Energy and Combustion Science, 1985, 11: 277 - 310.

[91] Summerfield M, Ohlemiller T J, Sandusky H W. A thermophysical mathematical model of steady-draw smoking and prediction of overall cigarette behavior [J]. Combustion and Flame, 1978, 33: 263 - 279.

[92] Di Blasi. Mechanisms of two - dimensional smoldering propagation through packed fuel beds [J]. Combustion Science and Technology, 1995, 106: 103 - 124.

[93] Mohammad S S, Mohammad R H F R. Numerical simulation of a burning cigarette during puffing [J]. Journal of Analytical and Applied Pyrolysis, 2004, 72: 141 - 152.

[94] 胡荣祖, 史启祯. 热分析动力学 [M]. 北京: 科学出版社, 2001.
[95] 史启祯, 赵凤起, 阎海科. 热分析动力学与热动力学 [M]. 西安: 陕西科学技术出版社, 2001.
[96] 任宁, 张建军. 热分析动力学数据处理方法的研究进展 [J]. 化学进展, 2006, 18 (4): 410-416.
[97] 汪金花, 张兴元, 戴家兵. 不同软段聚氨酯的红外光谱定量分析 [J]. 分析化学, 2007, 4: 964-968.
[98] Bilbao R, Mastral J F, Aldea M E, et al. Kinetic study for the thermal decomposition of cellulose and pine sawdust in an air atmosphere [J]. Journal of Analytical and Applied Pyrolysis, 1996, 37: 69-82.
[99] Chuang F S. Analysis of thermal degradation of diacetylene-containing polyurethane copolymers [J]. Polymer Degradation and Stability, 2007, 92: 1393-1407.
[100] Kissinger H E. Reaction kinetics in differential thermal analysis [J]. Analytical Chemistry, 1957, 29: 1702-1706.
[101] Doyle C D. Kinetic analysis of thermogravimetric data [J]. Journal of Applied Polymer Science, 1961, 5: 285-296.
[102] Vachuska J, Voboril M. Kinetic data computation from non-isothermal thermogravimetric Curves of non-univorm heating rate [J]. Thermochimica Acta, 1971, 2: 379-392.
[103] Savitzky A, Golay M. Smoothing differentiation of data by simplified least squares processes [J]. Analytical Chemistry 1964, 36: 1627-1639.
[104] Sergey V, Charles A W. Model-free and model-fitting approaches to kinetic analysis of isothermal and nonisothermal data [J]. Thermochimica Acta, 1999, 340: 53-68.
[105] Jankovic B. Kinetic analysis of the nonisothermal decomposition of potassium metabisulfite using the model-fitting and isoconversional (model-free) methods [J]. Chemical Engineering Journal. 2008, 139: 128-135.
[106] Rodante F A, Vecchio S, Tomassetti M. Kinetic analysis of thermal decomposition for penicillin sodium salts model-fitting and model-free methods [J]. Journal of Pharmaceutical and Biomedical Analysis, 2002, 29: 1031-1043.
[107] 刘乃安, 范维澄, Dobashi, 林其钊. 一种新的生物质热分解失重动力学模型 [J]. 科学通报, 2001, 46 (10): 876-880.
[108] Pielichowski K, Kulesza K, Pearce E M. Degradation Studies on Rigid Polyurethane Foams Blown with Pentane [J]. Journal of Applied Polymer Science, 2003, 88: 2319-2330.
[109] Piotr Król, Kinga P. Thermal degradation kinetics of polyurethane-siloxane anionomers [J]. Thermochimica Acta, 2010, 10: 91-98.
[110] Jozef R, Agnes L D. Assessing the progress of degradation in polyurethanes by chemiluminescence and thermal analysis. Polymer Degradation and Stability, 2011, 96 (4): 462-469.
[111] 李余增. 热分析 [M]. 北京: 清华大学出版社, 1987.
[112] 陆振荣. 热分析动力学的新进展 [J]. 无机化学学报, 1998, 14 (2): 119-126.
[113] 张堃, 林少琨, 林木良. 热分析动力学多元非线性拟合法简介及其应用 [J]. 现代科学仪器, 2002, 5: 15-18.

[114] Walter Gander, Walter Gautschi. Adaptive quadrature [J]. BIT Numerical Mathematics. 2000, 40 (1): 84 – 101.

[115] Jozef R, Agnes L D. Assessing the progress of degradation in polyurethanes by chemiluminescence and thermal analysis [J]. Polymer Degradation and Stability, 2011, 96 (4): 462 – 469.

[116] Dennis P S, Sandra L O, David L U. Small-scale smoldering combustion experiments in microgravity [J]. Combustion and Flame, 1996, 106 (1): 89 – 109.

[117] Stephen D T, Ralph A A, et al. An application of ultrasonic topographic imaging to study smoldering combustion [J]. Combustion and Flame, 1999, 16 (1): 120 – 135.

[118] Chao Y H, Wang J H. Transition from smoldering to flaming combustion of horizontally oriented flexible polyurethane foam with natural convection [J]. Combustion and Flame, 2001, 127 (4): 2252 – 2264.

[119] 林龙沅, 周建军, 路长, 等. 聚氨酯泡沫材料阴燃发展过程的特性分析 [J]. 火灾科学, 2007, 16 (1): 44 – 47.

[120] Elaine R C, Carlos A G V. Experimental investigation of smouldering in biomass [J]. Biomass and Bioenergy, 2002, 22 (4): 283 – 294.

[121] Guillermo Rein, Simon Cohen, Albert Simeoni. Carbon emissions from smouldering peat in shallow and strong fronts [J]. Proceedings of the Combustion Institute, 2009, 32 (2): 2489 – 2496.

[122] 谭家磊, 汪彤, 宗若雯, 等. 棉被阴燃火灾实验研究 [J]. 消防科学与技术, 2009, 28 (7): 478 – 481.

[123] Bjarne C H, Vidar F, Gisle K. Onset of smoldering in cotton: effects of density [J]. Fire Safety Journal, 2011, 46 (3): 73 – 80.

[124] 王文才, 王瑞智, 贺媛, 等. 褐煤阴燃转化为焰火燃烧的试验研究 [J]. 煤炭科学技术. 2010, 38 (4): 45 – 51.

[125] 路长, 周建军, 刘乃安, 张林鹤, 林其钊, 王清安. 阴燃材料受热升温过程分析 [J]. 工程热物理学报, 2006, 27 (增刊2): 211 – 214.

[126] 范维澄, 孙金华, 陆守香. 火灾风险评估方法学 [M]. 北京: 科学出版社, 2004.

[127] Jukka H, Raija K, Esko M. Burning characteristcs of selected substances: production of heat, smoke and chemical species [J]. Fire and Materials, 1999, 23 (4): 171 – 185.

[128] 王连生, 邹惠仙, 韩朔睽. 芳烃分析技术 [M]. 南京: 南京大学出版社, 1988.